Estudios antracológicos en los espacios de combustión del Alero Deodoro Roca – Ongamira (Córdoba)

Andrés Ignacio Robledo

Archaeopress Publishing Ltd
Gordon House
276 Banbury Road
Oxford OX2 7ED

www.archaeopress.com

ISBN 978 1 78491 343 4
ISBN 978 1 78491 344 1 (e-Pdf)

© Archaeopress and A I Robledo 2016

All rights reserved. No part of this book may be reproduced or transmitted, in any form or by any means, electronic, mechanical, photocopying or otherwise, without the prior written permission of the copyright owners.

Printed and bound in Great Britain by Marston Book Services Ltd, Oxfordshire

Contents

-Primera Parte-

Capítulo 1 Introducción a la problemática de estudio y sus antecedentes 1

1.1. Introducción 1

1.2.- Objetivos de la investigación 1

    1.2.1.- Objetivo general 1

    1.2.2.- Objetivos específicos 3

1.3.- Antecedentes del problema de estudio 3

    1.3.1.- La arqueobotánica y la antracología 3

    1.3.2.- La Arqueología de las Sierras Centrales, los fogones y la antracología 5

    1.3.3.- Antecedentes del caso de estudio: El Alero Deodoro Roca 5

1.4.- Características de las comunidades vegetales del área de estudio 9

    1.4.1.-El Bosque Chaqueño Serrano actual 11

    1.4.2.- Estudios del ambiente del pasado 13

Capítulo 2 Aspectos teóricos-metodológicos

2.1. Introducción general 15

2.2.- Metodología de trabajo arqueobotánica: La antracología 16

    2.2.1.- Confección de la colección de referencia 18

    2.2.2.- Observación y descripción de la colección de referencia 21

2.2.3.- Tratamiento de la muestra arqueológica 23

    2.2.3.1.- Tamaños de la muestra 23

    2.2.3.2.-Aspectos tafonómicos de la muestra 24

2.3.- Las áreas de combustión 25

-Segunda Parte-

Capítulo 3 La muestra de estudio. La colección de referencia y la colección arqueológica de ADR 29

3.1. Introducción 29

3.2. La colección de referencia para la identificación taxonómica de los restos antracológicos 29

3.3.- La muestra arqueológica 34

    3.3.1.- Origen de la muestra 34

    3.3.2.- Descripción de las Unidades Estratigráficas 37

    3.3.3. Cuantificación de la muestra 39

Capítulo 4 Resultados del análisis de la muestra de estudio 47

4.1.- Introducción 47

4.2.- La colección de referencia 47

- 4.2.1.- **Acacia** sp. 47
  - 4.2.1.1.- **Acacia aroma** Gillies ex Hook. & Arn 47
  - **4.2.1.2.- *Acacia caven* Molina 48**
  - 4.2.1.3.- Acacia furcatispina Bukart 50
  - 4.2.1.4.- Acacia praecox Griseb. 53
- 4.2.2.- **Aspidosperma** sp. 55
  - 4.2.2.1.- Aspidosperma quebracho-blanco Schltdl 55
- 4.2.3.- **Boungainvillea** sp. 57
  - 4.2.3.1.- Bougainvillea stipitata Griseb. 57
- 4.2.4.- **Castela** sp. 58
  - 4.2.4.1.- Castela coccinea Griseb. 58
- 4.2.5.- **Celtis** sp. 60
  - 4.2.5.1. - Celtis tala Gillies ex Planch. 60
- 4.2.6.- **Cercidium** sp. 62
  - 4.2.6.1.- Cercidium praecox (Ruiz & Pav. Ex Hook.) Harms 62
- 4.2.7.- **Condalia** sp. 63
  - 4.2.7.1.- Condalia buxifolia Reissek 63
  - 4.2.7.2.- Condalia microphylla Cav. 65
- 4.2.8.- **Geoffraea** sp. 66
  - 4.2.8.1.- Geoffraea decorticans (Gillies ex Hook. & Arn.) Bukart 66
- 4.2.9.- **Jodina** sp. 68
  - 4.2.9.1.- Jodina rhombifolia (Hook. & Arn.) Reissek 68
- 4.2.10.- **Lithraea** sp. 69
  - 4.2.10.1.- Lithraea ternifolia (Gillies) Barkley & Rom 69
- 4.2.11.- **Polylepis** sp. 72
  - 4.2.11.1.- Polylepis australis Bitter 72
- 4.2.12.- **Porliera** sp. 74
  - 4.2.12.1.- Porlieira microphylla (Baill.) Descole, ODonell & Lourteig 74
- 4.2.13.- **Prosopis** sp. 76
  - 4.2.13.1.- Prosopis alba Griseb. 76
  - 4.2.13.2.- Prosopis chilensis (Molina) Stuntz emend. Burkart 78
  - 4.2.13.3.- Prosopis flexuosa DC. Fo Flexuosa 80
  - 4.2.13.4.- Prosopis nigra (Griseb.) Hieron. 82
  - 4.2.13.5.- Prosopis torquata (Cav. ex. Lag.) DC. 84
- 4.2.14.- **Ruprechtia** sp. 85

- 4.2.14.1.- Ruprechtia apetala Wedd. 86
- 4.2.15.- **Schinopsis** sp. 88
  - 4.2.15.1.- Schinopsis balansae Engl. 88
  - 4.2.15.2.- Schinopsis hankeana Engl. 90
- 4.2.16.- **Schinus** sp. 92
  - 4.2.16.1.- Schinus areira L. 92
  - 4.2.16.2.- **Schinus fasciculata** (Griseb.) I.M. Johnst 94
- 4.2.17.- **Senna** sp. 96
  - 4.2.17.1.- Senna aphylla (Cav.) H.S. Irwin & Barneby 96
- 4.2.18.- **Zanthoxylum** sp. 98
  - 4.2.18.1.- Zanthoxylum coco Gillies ex Hook. f. et Arn. 98
- 4.2.19.- **Ziziphus** sp. 100
  - 4.2.19.1.- Ziziphus mistol Griseb. 100
- 4.3.- Las muestras arqueológicas de carbón provenientes del Alero Deodoro Roca. 102
  - 4.3.1.- Caracterización general del registro 102
  - 4.3.2.- Las Unidades Estratigráficas 103
    - 4.3.2.1.- Unidad Estratigráfica 7 104
    - 4.3.2.2.- Unidad Estratigráfica 14 105
    - 4.3.2.3.- Unidad Estratigráfica 15 108
    - 4.3.2.4.- Unidad Estratigráfica 16 108
    - 4.3.2.5.- Unidad Estratigráfica 22 108
    - 4.3.2.6.- Unidad Estratigráfica 26 108
    - 4.3.2.7.- Unidad Estratigráfica 29 109
    - 4.3.2.8.- Unidad Estratigráfica 33 109

-Tercera Parte- 110

Capítulo 5 Discusión de los resultados 111

5.1.- En relación a la formación y composición de los rasgos de combustión 111
  - 5.1.1.- Discusión de los procesos de formación y selección de taxones 111
    - 5.1.1.1.- En relación al conjunto de ca. 3000 años AP 111
    - 5.1.1.2.- En relación al conjunto de ca. 3600 años AP 112
    - 5.1.1.3.- En relación al conjunto de ca. 4000 años AP 113
  - 5.1.2.- En relación al posible uso de los taxones 114
  - 5.1.3.- En relación a los procesos de selección de leñas 117

5.2.- Reflexiones finales 119
  - 5.2.1.-El registro antracológico en el Alero Deodoro Roca para el período temporal entre ca. 3000

    años AP y ca. 4000 años AP. 119

    5.2.2.- El Alero Deodoro Roca, sector B, entre ca. 3000 y ca 4000 años AP en el contexto de las discusiones arqueológicas regionales. 121

-Referencias Bibliográficas-

Referencias Bibliográficas **125**

-Anexo Colección de Referencia-

Anexo Taxonomía **135**

7.1.- Ficha Listado de Caracteres Diagnósticos 135

7.2.- Clave de Género 136

-Anexo Muestras Arqueológicas-

Anexo Colección de Referencia **139**

8.1.- Muestras Arqueológicas Determinadas – Descripción Anatómica 139

8.2.- Muestras Arqueológicas Indeterminables – Descripción Anatómica 149

List of Figures and Tables

Figura 1.1.- A. B. y C. Corresponde a una fotografía de las áreas de combustión con presencia de material arqueológico recuperadas en el sitio Alero Deodoro Roca, Sector B; entre los cuales destacamos los fragmentos de carbón y restantes productos de la combustión (Procedencia: UE34). D. Corresponde a estructura de combustión UE50 E. Corresponde al plano transversal de un fragmento de carbón identificado como Cercidium sp. (100x) perteneciente a la unidad estratigráfica UE14 F. Corresponde a un fragmento de carbón corte longitudinal tangencial identificado como Ruprechtia sp. (100x) perteneciente a la UE34. 2

Figura 1.3.3.1. A. Corresponde mapa de Córdoba con división por departamento, en círculo negro marcado el valle de Ongamira, región de estudio. B. Corresponde imagen satelital Google Earth de una porción del valle de Ongamira, marcado en cuadrado negro el Alero Deodoro Roca 6

Figura 1.3.3.2.- Planta esquemática del Alero Deodoro Roca, donde pueden verse los sectores A y B. El sector B corresponde al área intervenida en la actualidad y de dónde provienen las muestras. Tomado de Cattáneo et al. (2013). 7

Figura 1.3.3.3.- Detalle de la planta esquemática de las excavaciones en ADR, sector B, corresponde al área intervenida en la actualidad y de dónde provienen las muestras. Tomado de Cattáneo et al (2013). 7

Figura 1.3.3.4.- Esquema de los perfiles de las excavaciones de Menghín y González donde se representan en negro los fogones. Tomado de Menghín y González (1954). 8

Figura 1.3.3.5. Perfiles esquemáticos de ADR, Sector B. Tomado de Cattáneo et al. (2013). 9

Figura 1.4.1.1.- A. Mapa de Córdoba, Temperaturas Medias de Enero 1961-1990 (ºC) B. Corresponde a Mapa de Córdoba, Temperaturas Medias de Julio 1961-1990 (ºC) C. Mapa de Córdoba, Precipitaciones Media Anual (mm) 1961-1990. D. Mapa de Córdoba por pisos de vegetación siendo 1: Vegetación de ambientes salinos; 2: Bosque Serrano; 3: Arbustal de altura; 4: Pastizales y bosquecitos de altura; 5: Bosque chaqueño oriental; 6: Bosque Chaqueño Occidental; 7: Espinal; 8: Estepa Pampeana. En círculo está marcada la zona de estudio. Fuente: Suelos y Ambientes de Córdoba, Cruzate et al (2008). 10

Figura 1.4.1.2.- Figura mapa de la provincia de Córdoba con las variaciones de clima. Tomado de Cabido et al. (2010). 11

Figura 1.4.1.3.- Perfiles esquemáticos de las sierras de Córdoba y su composición fitogeográfica. Tomado de Cabido et al. (2010). 12

Figura 2.2.1.- Filtros sucesivos desde la vegetación del pasado hasta la reconstrucción antracológica, tomado de I. Théry-Parisot et al. (2010): 143. 17

Figura 2.2.2.- A Corresponde a presencia de carbón asociado a restos óseos faunísticos, Cuadrícula XIV-C UE29. B. Corresponde a perfil con acumulación de valvas y de carbón, Cuadrícula XIV-C UE34. ... 17

Figura 2.2.3.- A. Corresponde a Muestra de Sedimento de rasgo de combustión UE34 en la cuadrícula XIV-C. B. Corresponde a Muestra de Sedimento en rasgo de combustión UE45 en la cuadrícula XV-C. ... 18

Tabla 2.2.4.- Procedencia de los materiales estudiados por origen 18

Tabla 2.2.1.1.- Listado y especies seleccionadas para la confección de la colección de referencia 20

Figura 2.2.1.1.- Ejemplos de cortes histológicos de *Schinus fasciculata* (Griseb.) I. M. Johnst. A. Corte transversal (100x). B. Corte longitudinal tangencial (100x). 21

Figura 2.2.1.2.- Foto de muestras carbonizadas. A. Corte transversal de *Jodina rhombifolia* (100x). B.

Corresponde a plano transversal de *Polylepis australis* (100x). 21

Figura 2.2.2.1.- Planos en los que se pueden observar los caracteres diagnósticos de las leñosas. Imagen tomada de Fahnn 1990. 23

Figura 2.2.3.1.1.- Fragmentos de carbón separado por tamaños y morfología. A. Corresponde a fragmentos que superaron 1 cm. B. Corresponde a fragmentos que no superan 1 cm. C. Corresponde a fragmentos que son menores a 0,5 cm. D. Corresponde a *ramas finas*. E. Corresponde a *cortezas*. 24

Figura 2.2.3.2.1.- Ejemplos de estados tafonómicos diferentes. A. Corte transversal *Castela* sp.(100x) de UE111, huecos de xilófagos. B. Corresponde a corte transversal de *Schinopsis* sp.(100x) de UE29, grietas por la temperatura. 25

Figura 3.2.1.- Ejemplos de materiales de herbario muestreados. A. *Ruprechtia apetala* Wedd., Departamento Colón, Río Ceballos, L. Ariza Espinar 3663 (CORD). B. *Acacia caven* Molina, Pampa de Pocho, R. Luti 4434 (CORD). C. *Celtis tala* Gillies ex Planch, Cerro Uritorco, Hunziker 18272 (CORD). 29

Tabla 3.2.2.- Listado de las especies de estudio seleccionadas a partir de material de herbario (CORD), indicando su lugar de procedencia (departamento y/o localidad). 31

Figura 3.2.3.- Ejemplo de *Acacia caven*Molina, ubicado en el valle de Ongamira en la actualidad. 31

Tabla 3.2.4.-Listado de especies recolectadas durante 2012-2014 en el valle de Ongamira, en la ciudad de Córdoba y alrededores. 33

Figura 3.2.5.- Ejemplo de muestras de tejido leñoso de las ramas, utilizados para los cortes histológicos y las muestras carbonizadas. A. *Acacia caven* Molina. B. *Prosopis alba* Griseb. B. *Schinus fasciculata*(Griseb.) I. M. Johnst. 34

Figura 3.2.6.- Microfotografía de leño de *Zanthoxylum coco* Gillies ex Hook. f. & Arn. A. Corte transversal a (100x). B. Corte transversal (200x). C. Corte longitudinal tangencial (200x). 34

Figura 3.2.7.- Pasos en la carbonización de las muestras envueltas en aluminio (Fotografías A y B). C. y D. *Cercidium praecox* (Ruiz & Pav. ex Hook.) Harms C. Corte longitudinal radial (200x). D. Corte transversal (100x). 35

Figura 3.2.8.- Colección de referencia A. y B. Cortes histológicos C. Muestras carbonizadas. 35

Figura 3.3.1.1. .- Procedencia de las muestras arqueológicas, planta del Alero Deodoro Roca sector B, tomado de Cattáneo *et. al.* (2014). 36

Figura 3.3.1.2.- Esquema de Unidades Estratigráficas para el Alero Deodoro Roca, sector B. Tomado de Cattáneo *et. al.* (2014). Unidades a estudiar: UE14, UE16, UE22, UE29, UE34, UE35, UE50, UE52, UE65 y UE45designadas como fogones. UE33, UE59, UE 60, UE61, UE62, UE63, UE 66 y UE68, UE109 y UE110 designadas como áreas de combustión. UE7 y UE43 matriz sedimentarias. 36

Figura 3.3.1.3.- Esquema de Unidades Estratigráficas para el Alero Deodoro Roca, sector B. Tomado de Cattáneo *et. al.* (2014). Unidades a estudiar: UE101, UE102 designadas como áreas de combustión. ... 37

Tabla 3.3.3.1. Cantidad de la muestra arqueológica de carbones por Unidad Estratigráfica 40

Tabla 3.3.3.2.- Cantidad de fragmentos de carbón por origen y tamaño de la UE 7 41

Tabla 3.3.3.3.- Cantidad de fragmentos de carbón por origen y tamaño de la UE 14 41

Tabla 3.3.3.4.- Cantidad de fragmentos de carbón por origen y tamaño de la UE 22 41

Tabla 3.3.3.5.- Cantidad de fragmentos de carbón por origen y tamaño de la UE 29 41

Tabla 3.3.3.6.- Cantidad de fragmentos de carbón por origen y tamaño de la UE 33 41

Tabla 3.3.3.7.- Cantidad de fragmentos de carbón por origen y tamaño de la UE 34 42

Tabla 3.3.3.8.- Cantidad de fragmentos de carbón por origen y tamaño de la UE 35 42

Tabla 3.3.3.9.- Cantidad de fragmentos de carbón por origen y tamaño de la UE 43 42

Tabla 3.3.3.10.- Cantidad de fragmentos de carbón por origen y tamaño de la UE 45 42

Tabla 3.3.3.11.- Cantidad de fragmentos de carbón por origen y tamaño de la UE 50 42

Tabla 3.3.3.12.- Cantidad de fragmentos de carbón por origen y tamaño de la UE 52 43

Tabla 3.3.3.13.- Cantidad de fragmentos de carbón por origen y tamaño de la UE 59 43

Tabla 3.3.3.14.- Cantidad de fragmentos de carbón por origen y tamaño de la UE 61 43

Tabla 3.3.3.15.- Cantidad de fragmentos de carbón por origen y tamaño de la UE 65 43

Tabla 3.3.3.16.- Cantidad de fragmentos de carbón por origen y tamaño de la UE 101 43

Tabla 3.3.3.17.- Cantidad de fragmentos de carbón por origen y tamaño de la UE 102 43

Tabla 3.3.3.18.- Cantidad de fragmentos de carbón por origen y tamaño de la UE 111 44

Tabla 3.3.3.19.- Cantidad de fragmentos de carbón por origen y tamaño de la UE 112 44

Tabla 3.3.3.20.- Cantidad de fragmentos de carbón por origen y tamaño de la UE 113 44

Tabla 3.3.3.21.- Unidades Estratigráficas no analizadas antracológicamente..44

Figura 3.3.3.1.- Cantidad de fragmentos menores a 0,5 centímetros por Unidad Estratigráfica.............45

Figura 3.3.3.2.- Cantidad de fragmentos entre 0,5 a 1 centímetros por Unidad Estratigráfica 45

Figura 3.3.3.3.- Cantidad de fragmentos superiores a 1 centímetro por Unidad Estratigráfica...............46

Figura 3.3.3.4.- Cantidad total de fragmentos separados por tamaño. Total: 4787 46

Figura 4.2.1.1.1.- *Acacia aroma*. A. Hábito, fotografía tomada de Demaio et. al. (2002). B. Ejemplar de herbario, leg. Hunziker 22618 (CORD). C. Ejemplar recientemente recolectado en la Ciudad Córdoba, leg. A. Robledo nº 1-4-4 (IDACOR)..48

Figura 4.2.1.1.2.- *Acacia aroma*. Cortes histológicos: A. Corte transversal (50x). B. Corte longitudinal tangencial (200x). C. Corte transversal (100x). D. Corte transversal (200x). Muestras de carbón E. Corte transversal (100x). F. Corte transversal (200x)..49

Figura 4.2.1.2.1.- *Acacia caven*. A. Hábito, fotografía tomada de Demaio *et. al.* (2002). B. Vista de ejemplar de herbario, leg. Luti 4434 (CORD). C. Ejemplar recientemente recolectado en la Ciudad Córdoba, leg. A. Robledo nº 1-1-4 (IDACOR)..50

Figura 4.2.1.2.2.- *Acacia caven*. Cortes histológicos: A. Corte transversal (50x). B. Corte transversal (100x). Muestras de carbón: C. Corte transversal (60x) en lupa. D. Corte transversal (100x). E. Corte transversal (200x). F. Corte longitudinal tangencial (200x). 51

Figura 4.2.1.3.2.- *Acacia furcatispina* Cortes histológico: A. Corte transversal (25x). B. Corte transversal (100x). Muestra de carbón C. Corte transversal (100x). D. Corte transversal (200x). 52

Figura 4.2.1.3.1.- *Acacia furcatispina* A- Hábito, fotografía tomada de Demaio *et. al* (2002). 52

B. Vista de ejemplar de herbario leg. Espinar, nro. 843..52

Figura 4.2.1.4.1.- *Acacia praecox* A. Hábito, fotografía tomada de Demaio *et. al.* (2002). B. Vista de ejemplar de herbario, leg. Bukart, nro. 6107 (CORD). 53

Figura 4.2.1.4.2.- *Acacia praecox* Cortes histológico: A. Corte transversal a (50x). B. Corte transversal

(100x). C. Corte longitudinal tangencial a (100x) Muestra de carbón D. Corte transversal (100x). E. Corte transversal (200x). 54

Figura 4.2.2.1.1.- *Aspidosperma quebracho blanco* A. Hábito, fotografía tomada de Demaio *et. al.* (2002). B. Vista de ejemplar de herbario, leg. Hutzinger, nro. 22014. C. Ejemplar recientemente recolectado en la Ciudad Córdoba, leg. A. Robledo nº 1-7-10. 55

Figura 4.2.2.1.2.- *Aspidosperma quebracho blanco* Cortes histológico: A. Corte transversal a (25x). B. Corte transversal (50x).C. Corte transversal a (100x) D. Corte longitudinal tangencial (100x) Muestra de carbón E. Corte transversal (60x) con lupa. 56

Figura 4.2.3.1.1.- *Bougainvillea stipitata* A. Hábito, fotografía tomada de Demaio *et. al.* (2002). B. Vista de ejemplar de herbario, leg. Subilz, nro. 2552 (CORD). 57

Figura 4.2.3.1.2.- *Boungainvillea stipitata* Cortes histológico: A. Corte transversal a (50x). B. Corte longitudinal tangencial (100x). Muestra de carbón C. Corte transversal a (100x) D. Corte transversal (200x) 58

Figura 4.2.4.1.1 *Castela coccinea*. A. Hábito, fotografía tomada de Demaio *et. al.* (2002). B. Vista de ejemplar de herbario, leg. Hutzinger, nro. 7802 (CORD). 59

Figura 4.2.4.1.2.- *Castela coccinea* Cortes histológico: A. Corte transversal (100x). B. Corte transversal (100x). C. Corte longitudinal tangencial (200x). 59

Figura 4.2.5.1.1.- *Celtis tala* A. Hábito, fotografía tomada de Demaio *et. al.* (2002). B. Vista de ejemplar de herbario, leg Hutzinger, nro.18272. C. Ejemplar recientemente recolectado en la Ciudad Córdoba, leg. A. Robledo nº 1-6-5. 60

Figura 4.2.5.1.2.- *Celtis tala* Cortes histológico: A. Corte transversal a (50x). B. Corte transversal (100x). C. Corte longitudinal tangencial (100x) Muestra de carbón D. Corte transversal a (60x) en lupa E. Corte transversal (100x). F. Corte transversal (200x) 61

Figura 4.2.6.1.1.- *Cercidium praecox*. A. Hábito, fotografía tomada de Demaio *et. al.* (2002). B. Vista de ejemplar de herbario, leg Hutzinger, nro.22014. 62

Figura 4.2.6.1.2.- *Cercidium praecox* Muestra de carbón A. Corte transversal a (100x) B. Corte longitudinal tangencial (100x). 63

Figura 4.2.7.1.1.- *Condalia buxifolia* A. Hábito, fotografía tomada de Demaio *et. al.* (2002). B. Vista de ejemplar de herbario, leg .Hutzinger, nro.6259. C. Ejemplar recientemente recolectado en la Ciudad Córdoba, leg. A. Robledo nº 1-7-7 (IDACOR). 64

Figura 4.2.7.1.2.- *Condalia buxifolia* Muestra histológica: A. Corte transversal (50x) Muestra de carbón B. Corte transversal a (60x) en lupa. 64

Figura 4.2.7.2.1.- A. Ejemplar de Herbario, *Condalia microphylla* leg. Hutzinger, nro.14785 (CORD). 65

Figura 4.2.7.2.2.- *Condalia microphylla* Muestra histológica: A. Corte transversal (50x) B. corte longitudinal tangencial (100x) Muestra de carbón C. Corte transversal a (100x) D. Corte longitudinal radial a (200x). 66

Figura 4.2.8.1.1.- *Geoffraea decorticans*. Hábito, fotografía tomada de Demaio *et. al.* (2002). B. Ejemplar de herbario, leg. Coccuci, nro.360 (CORD). 67

Figura 4.2.8.1.2.- *Geoffraea decorticans* Muestra histológica: A. Corte transversal (50x) B. Corte transversal (100x) Muestra de carbón C. Corte transversal a (100x) D. Corte transversal a (200x) 67

Figura 4.2.9.1.1.- *Jodina rhombifolia* A. Hábito, fotografía tomada de Demaio *et. al.* (2002). B. Ejemplar de herbario, leg. Caro, nro.3527. C. Ejemplar recientemente recolectado en la Ciudad Córdoba, leg. A. Robledo, nro. 1-1-6. 68

Figura 4.2.9.1.2.- *Jodina rhombifolia* Muestra histológica: A. Corte longitudinal radial (100x) B. corte longitudinal tangencial (100x) Muestra de carbón C. Corte transversal a (100x) D. Corte transversal a (200x). 69

Figura 4.2.10.1.1.- *Lithraea ternifolia* A. Hábito, fotografía tomada de Demaio *et. al.* (2002). B. Ejemplar de herbario, leg. Hutzinger, nro.7788 B. Ejemplar recientemente recolectado en la Ciudad Córdoba, leg. A. Robledo, nro. 1-6-6. 70

Figura 4.2.10.1.2.- *Lithraea ternifolia* Muestra histológica: A. Corte transversal (50x) B. corte transversal (100x) Muestra de carbón C. Corte transversal (100x) D. Corte transversal (200x). E. Corte longitudinal radial (200x). F. Corte longitudinal radial (200x). 71

Figura 4.2.11.1.1.- *Polylepis australis* A. Hábito, fotografía tomada de Demaio *et. al.* (2002). B. Ejemplar de herbario, leg. Subils, nro.3171. 72

Figura 4.2.11.1.2.- *Polylepis australis* Muestra histológica: A. Corte transversal (50x) B. corte transversal (100x) C. Corte longitudinal tangencial (100x) Muestra de carbón D. Corte transversal a (100x) E. Corte transversal a (200x). F. Corte longitudinal radial (200x). 73

Figura 4.2.12.1.1.- *Porliera microphylla* Ejemplar de herbario leg. Hutzinger, nro.18791 74

Figura 4.2.12.1.2.- *Porliera microphylla* Muestra histológica: A. Corte transversal (50x) B. Corte transversal (100x) C. Corte longitudinal tangencial (100x) D. Corte longitudinal tangencial (100x) Muestra de carbón E. Corte transversal (100x) F. Corte longitudinal radial (200x). 75

Figura 4.2.13.1.1.- *Prosopis alba* A. Hábito, fotografía tomada de Demaio *et. al.* (2002). B. Ejemplar de herbario, leg. Hutzinger, nro.2648. C. Ejemplar recientemente recolectado de campo, leg. A. Robledo, nro. 1-2-7. 76

Figura 4.2.13.1.2.- *Prosopis alba* Muestra histológica: A. Corte transversal (50x) B. Corte transversal (100x) Muestra de carbón C. Corte transversal (100x) D. Corte longitudinal radial (200x). 77

Figura 4.2.13.2.1.- *Prosopis chilensis* A. Hábito, fotografía tomada de Demaio *et. al.* (2002). B. Ejemplar de herbario, leg. Hutzinger, nro.21785. 78

Figura 4.2.13.2.2.- *Prosopis chilensis* Muestra histológica: A. Corte transversal (50x) B. corte transversal (100x) C. Corte transversal a (200x) D. Corte transversal (200x). 79

Figura 4.2.13.3.1.- *Prosopis flexuosa* A. Hábito, fotografía tomada de Demaio *et. al.* (2002). B. Ejemplar de herbario, leg. Hutzinger, nro.10981. 80

Figura 4.2.13.3.2.- *Prosopis flexuosa* Muestra histológica: A. Corte transversal (50x) B. Corte longitudinal tangencial (100x) Muestra Carbón: C. Corte transversal a (100x) D. Corte transversal (200x). E. Corte longitudinal tangencial (200x). 81

Figura 4.2.13.4.1.- *Prosopis nigra* A. Hábito, fotografía tomada de Demaio *et. al.* (2002). B. Ejemplar de herbario, leg. Hutzinger, nro.9283. C. Ejemplar de campo recolectado recientemente en la ciudad de Córdoba, leg. A. Robledo 1-4-8. 82

Figura 4.2.13.4.2.- *Prosopis nigra* Muestra histológica: A. Corte transversal (50x) B. Corte transversal (100x) Muestra Carbón: C. Corte transversal a (100x) D. Corte transversal (200x). 83

Figura 4.2.13.5.1.- *Prosopis torquata* A. Ejemplar de herbario, leg. Cerana, nro.1650. 84

Figura 4.2.13.5.2.- *Prosopis torquata* Muestra carbón: A. Corte transversal (100x) B. Corte transversal (200x) C. Corte longitudinal tangencial (100x) D. corte longitudinal tangencial (200x). 85

Figura 4.2.14.1.1.- *Ruprechtia apetala* A. Hábito, fotografía tomada de Demaio *et. al.* (2002). B. Ejemplar de herbario, leg. Hutzinger, nro.10514). 86

Figura 4.2.14.1.2.- *Ruprechtia apetala* Muestra histológica: A. Corte transversal (50x) B. Corte transversal (100x) C. Corte transversal (200x) D. Corte longitudinal tangencial (200x) Muestra Carbón: E. Corte transversal a (100x) D. Corte transversal (200x). 87

Figura 4.2.15.1.1.- *Schinopsis balansae* A. Hábito, fotografía tomada de Demaio *et. al.* (2002). B. Ejemplar de herbario, leg. Luti, nro.4239. 88

Figura 4.2.15.1.2.- *Schinopsis balansae* Muestra histológica: A. Corte transversal (50x) B. Corte transversal (100x) C. Corte longitudinal tangencial (200x) Muestra Carbón: D. Corte transversal a (100x) E. Corte longitudinal tangencial (200x). D. Corte longitudinal tangencial (x200). 89

Figura 4.2.15.2.1.- *Schinopsis hankeana* A. Hábito, fotografía tomada de Demaio *et. al.* (2002). B. Ejemplar de herbario, leg. Luti, nro.4239. C. Ejemplar de campo recolectado recientemente en La Quebrada, departamento Colón, leg. A. Robledo, nro. 1-4-5. 90

Figura 4.2.15.2.2.- *Schinopsis hankeana* Muestra histológica: A. Corte transversal (50x) B. Corte transversal (100x) C. Corte longitudinal tangencial (200x) D. Corte longitudinal tangencial (200x) Muestra Carbón: E. Corte transversal a (100x). F. Corte longitudinal tangencial (x200). 91

Figura 4.2.16.1.1.- *Schinus areira* A. Ejemplar de herbario, leg. Scrivanti, nro.11. C. Ejemplar de campo recolectado recientemente en la ciudad de Córdoba, leg. A. Robledo, nro. 1-4-1. 92

Figura 4.2.16.1.2.- *Schinus areira* Muestra histológica: A. Corte transversal (50x) B. Corte transversal (100x) Muestra Carbón: C. Corte transversal a (100x). D. Corte longitudinal tangencial (200x). 93

Figura 4.2.16.2.1.- *Schinus fasciculata* A. Hábito, fotografía tomada de Demaio *et. al.* (2002). B. Ejemplar de herbario, leg. Hutzinger, nro.7716. C. Ejemplar de campo recolectado recientemente del valle de Ongamira, leg. A. Robledo, nro. 1-6-2. 94

Figura 4.2.16.2.2.- *Schinus fasciculata* Muestra histológica: A. Corte transversal (50x) B. Corte transversal (100x) C. Corte longitudinal tangencial (100x) Muestra Carbón: D. Corte transversal a (100x). 95

Figura 4.2.17.1.1.- *Senna aphylla* B. Ejemplar de herbario, leg. Cocucci, nro.168 96

Figura 4.2.17.1.2.- *Senna aphylla* Muestra histológica: A. Corte transversal (50x) B. Corte longitudinal tangencial (100x) Muestra Carbón: C. Corte transversal (200x) D. Corte transversal a (100x). 97

Figura 4.2.18.1.1.- *Zanthoxylum coco* A. Hábito, fotografía tomada de Demaio *et. al.* (2002). B. Ejemplar de herbario, leg. Subils, nro.359. C. Ejemplar de campo recolectado recientemente, leg. A. Robledo, nro. 1-6-7. 98

Figura 4.2.18.1.2.- *Zanthoxylum coco* Muestra histológica: A. Corte transversal (100x) B. Corte transversal (200x) C. Corte longitudinal tangencial (100x) Muestra Carbón: D. Corte transversal (100x) E. Corte transversal a (200x). F. Corte longitudinal radial (200x). 99

Figura 4.2.19.1.1.- *Ziziphus mistol* A. Hábito, fotografía tomada de Demaio *et. al.* (2002). B. Ejemplar de herbario, leg. Hutzinger, nro.14695. 100

Figura 4.2.18.1.2.- *Ziziphus mistol* Muestra histológica: A. Corte transversal (100x) B. Corte transversal (200x) C. Corte longitudinal tangencial (200x) Muestra Carbón: D. Corte transversal (100x) E. Corte transversal a (200x). F. Corte longitudinal radial (200x). 101

Tabla 4.3.2.1.1.- Tabla de material arqueológico correspondiente UE7 104

Tabla 4.3.2.2.1.- Tabla de material arqueológico correspondiente UE14 105

Tabla 4.3.2.7.1.- Tabla de material arqueológico correspondiente a UE29 109

Tabla 4.3.2.8.1.- Tabla de material arqueológico correspondiente a UE33 109

Figura 4.3.1.1.- Distribución total de fragmentos de carbón por Unidad Estratigráfica. 102

Figura 4.3.1.2.- Grafico representando los resultados de la descripción. 103

Figura 4.3.2.2.2.- Muestra de material arqueológico UE14 - Género Castela sp. A- Plano transversal (100x). B- Plano transversal (200x). C- Plano longitudinal tangencial (100x). 106

Figura 4.3.2.2.3.- Muestra de material arqueológico UE14 - Género Cercidium sp. A- Plano transversal (100x). B- Plano longitudinal tangencia (l 00x). 106

Figura 4.3.2.2.4.- Muestra de material arqueológico UE14 - Género Porliera sp. A- Plano longitudinal tangencial a (100x). 107

Figura 4.3.2.2.5.- Muestra de material arqueológico UE14 - Género Ruprechtia sp. A- Plano transversal (100x). B- Plano longitudinal tangencial (100x). C- Plano longitudinal tangencial (100x). 107

Figura 4.3.2.2.6.- Muestra de material arqueológico UE14 - Género Schinopsis sp. A- Plano transversal (200x) B- Plano longitudinal tangencial (100x). 107

Tabla 4.3.2.5.1.- Tabla de material arqueológico correspondiente UE22 108

Figura 5.1.2.1.- Listado de especies por cantidad, identificadas en el conjunto *ca.* 3000 años AP. 114

Figura 5.1.2.2.- Listado de especies por cantidad, identificadas en el conjunto *ca.* 3600 años AP. 116

-Primera Parte-

Capítulo 1
Introducción a la problemática de estudio y sus antecedentes

1.1. Introducción

El presente trabajo aborda el estudio de los restos arqueológicos de carbón vegetal, producto del uso y manejo del fuego por parte de los grupos humanos cazadores-recolectores que habitaron, a lo largo del tiempo, el valle de Ongamira, ubicado en los departamentos de Ischilín y Totoral, provincia de Córdoba. El desarrollo de esta investigación se enmarca en el proyecto arqueológico *"Arqueología de grupos cazadores-recolectores de las Sierras Pampeanas Australes"* (PICT 2122-2011) a cargo de la Dra. Roxana Cattáneo y el Dr. Andrés Izeta. El mismo, radicado en el IDACOR-CONICET/Museo de Antropología (FFyH-UNC) propone el estudio de las sociedades cazadoras-recolectoras en la zona norte de las Sierras Chicas, a los fines de aportar a la construcción de un modelo antropológico de la ocupación humana de ese territorio. Las distintas líneas de investigación, enmarcadas en este proyecto, buscan ser una contribución desde la mirada de la organización de la tecnología lítica, el análisis de las estrategias de apropiación y uso de animales, el análisis de restos vegetales recuperados en contextos arqueológicos a través de la arqueobotánica, el análisis del espacio, el paisaje y las relaciones sociales a distintas escalas.

La línea de trabajo a desarrollar se encuentra entonces dentro del marco de la antracología, la cual permite el estudio sistemático de los restos del carbón vegetal recuperados en yacimientos arqueológicos mediante la comparación con muestras de referencia para realizar la identificación taxonómica. Esto se logra a través de la descripción y análisis de los caracteres diagnósticos presentes en la estructura vegetal observados bajo microscopio estereoscópico y/o lupa binocular en los tres planos anatómicos (transversal, longitudinal radial y longitudinal tangencial) (Figura 1.1). Se entiende al carbón vegetal recuperado en las investigaciones arqueológicas como el resultado de la interacción entre los seres humanos y las plantas a través de distintos factores y criterios de selección que fueron variando a lo largo del tiempo, desde variables de orden social hasta aquellas vinculadas con la disponibilidad de especies en el ambiente y particularmente con las variaciones en el paleoclima.

Siguiendo la metodología propuesta en ese contexto, esperamos resultados que nos permitan poner en discusión distintos temas. En primer lugar, comparar las diferentes modalidades de preservación del registro antracológico en la sucesión de eventos que han constituido los eventos de combustión del sitio particular en estudio: el Alero Deodoro Roca, Sector B, *ca.* 2900-4000 años AP (Montes, 1943; Menghin y González, 1954; Cattáneo *et al.*, 2013 a y b; Cattáneo e Izeta 2014).

En segundo término, discutir la variabilidad presente dentro de la composición florística del combustible leñoso recuperado, proponiendo su asociación funcional para usos diversos como abrigo, cocción de alimentos, preparación de otras materias primas o su utilidad para el tratamiento térmico de rocas, entre algunas posibilidades. Finalmente, generar resultados para aportar a la discusión sobre los procesos de formación del registro arqueológico del Alero Deodoro Roca.

1.2.- Objetivos de la investigación

1.2.1.- Objetivo general

Sobre la base de lo mencionado anteriormente, el objetivo general de este trabajo es el análisis de los espacios de combustión del sitio arqueológico Alero Deodoro Roca, Sector B, desde una mirada antracológica a los restos de carbón vegetal para lograr la caracterización del uso y manejo del fuego por parte de los grupos humanos que habitaron el valle de Ongamira entre *ca.* 3000 y *ca.* 4000 años AP.

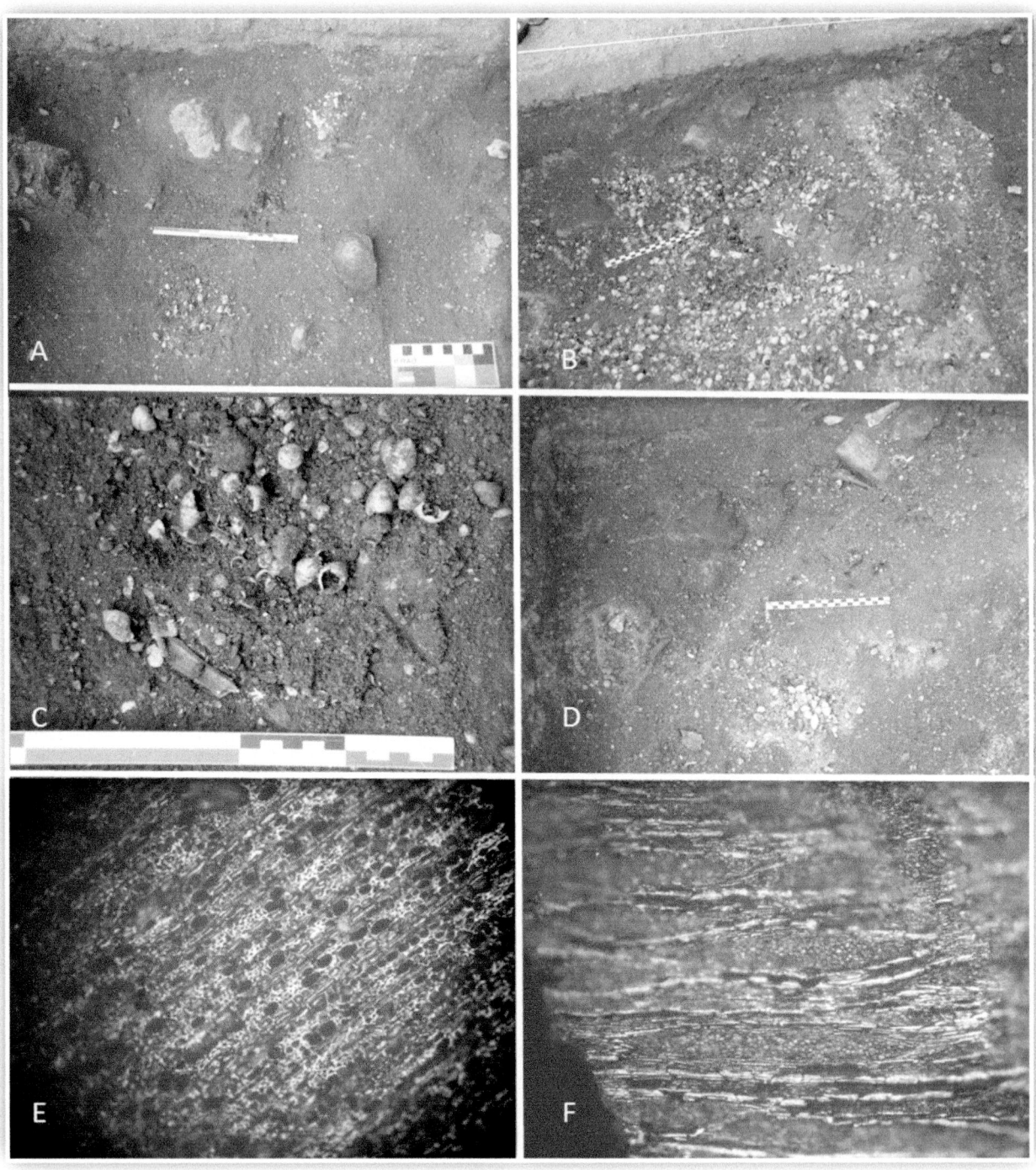

Figura 1.1.- A. B. y C. Corresponde a una fotografía de las áreas de combustión con presencia de material arqueológico recuperadas en el sitio Alero Deodoro Roca, Sector B; entre los cuales destacamos los fragmentos de carbón y restantes productos de la combustión (Procedencia: UE34). D. Corresponde a estructura de combustión UE50 E. Corresponde al plano transversal de un fragmento de carbón identificado como Cercidium sp. (100x) perteneciente a la unidad estratigráfica UE14 F. Corresponde a un fragmento de carbón corte longitudinal tangencial identificado como Ruprechtia sp. (100x) perteneciente a la UE34.

Este estudio permitirá en una etapa posterior discutir la presencia de los taxones de plantas leñosas en relación a cuestiones ambientales como la estacionalidad y/o su actual distribución, dado las profundas modificaciones ambientales que se han producido en el valle por cuestiones climáticas y la acción antrópica (Laguens 1999, Laguens y Bonnin 2009) y/o entender, junto con información de otro tipo (geológica, zooarqueológica, isotópica) los cambios paleoambientales del período en estudio (Díaz *et al*. 1987; Carignano, 1999; Cioccale, 1999; Silva *et al*. 2011; Medina y Merino 2012; Yanes *et al*. 2014).

1.2.2.- Objetivos específicos

Considerando el enfoque central del trabajo, se pretenden alcanzar los siguientes objetivos específicos:

1. Caracterizar antracológicamente los taxones de leñosas de uso común actual del Bosque Chaqueño Serrano *sensu* Sayago (1969), Cabrera (1976), Luti *et al* (1979) y Cabido *et al*. (1991).
2. Dada la prácticamente ausencia total de información, aportar a los estudios de cambios en la flora nativa de Córdoba a lo largo del tiempo a través de la identificación taxonómica de leñosas carbonizadas presentes en el registro arqueológico a los fines de obtener una caracterización paleoflorística.
3. Contribuir a los estudios arqueológicos espaciales intrasitio que se están llevando a cabo en el valle de Ongamira a través de una aproximación a la caracterización y definición de las unidades o rasgos definidos como espacios de combustión de las excavaciones realizadas en el Alero Deodoro Roca.
4. Realizar inferencias sobre los modos de selección o uso de las especies vegetales para la combustión por parte de los grupos humanos que habitaron la región *ca.* 2900 y *ca.* 4000 años AP.

1.3.- Antecedentes del problema de estudio

1.3.1.- La arqueobotánica y la antracología

El análisis del carbón proveniente de sitios arqueológicos comenzó a fines del siglo XIX (ver por ej, Badal García, 1992) y tuvo uno de sus primeros desarrollos a partir de los años ´40 (Salysbury y Jane, 1940; Godwin y Tansley 1941; Balut 1952; Couvert 1968), y se desarrolló cuando la microscopía de luz reflejada permitió la identificación sistemática y rápida de muestras pequeñas de carbón (Western et al 1963; Stieber 1967; Vernet 1972; Leney y Casteel 1975). De acuerdo a Théry-Parisot (2010) a principios de los años 80 este tipo de estudio ya era relativamente frecuente, pero la disciplina todavía sufría de una relativa falta de discusión metodológica. Es en este contexto que las primeras investigaciones sistemáticas se llevaron a cabo en Montpellier, bajo la supervisión de J. L. Vernet (Thiébault 1980; Chabal 1982, 1988, 1990; Heinz 1990; Heinz et al, 1992; Badal - García, 1992; Figueiral, 1992; Théry - Parisot, 2001); no solo fundamentalmente en Francia sino en todo Europa, más tarde en Estados Unidos y luego en Sudamérica.

A la hora de analizar los restos vegetales del pasado, se ofrecen tres perspectivas que entran en relación y discusión, cada una con sus particularidades. La primera de ellas es la Paleoetnobotánica que plantea una reconstrucción de la vegetación del pasado por muestreos xilológicos, antracológicos, palinológicos y carpológicos tanto en sitios naturales como antrópicos para ver los cambios que producen en la vegetación a lo largo del tiempo. Por otro lado, la Etnobotánica refiere a la historia ecológica y etnográfica, la lógica de pensar, clasificar y usar las asociaciones vegetales en las comunidades contemporáneas; y finalmente, la Arqueobotánica ha sido definida como el estudio de los restos vegetales hallados en yacimientos arqueológicos con el fin de contribuir al estudio de las distintas formas en que los seres humanos se relacionaban con las plantas ya sea como forma de alimento, material para construcción, herramientas, entre otros fines (Chabal 1999; Théry-Parisot 1998; Piqué i Huerta 1999). Dentro de ese marco, la antracología permite estudiar el carbón vegetal que fue producto de la combustión y recuperado en las excavaciones arqueológicas; muchas veces asociados a estructuras o actividades en relación con el fuego, como también seleccionados y utilizados para distintos fines. Permite establecer un continuo entre la relación con el ambiente por las comunidades y la percepción arqueológica que de ella se hizo en el pasado (Chabal 2001; Théry-Parisot 2001; Théry-Parisot y Texier 2006).

Uno de los aspectos de la antracología permite el desarrollo de un estudio sistemático del carbón vegetal a partir de la identificación taxonómica en comparación con una colección de referencia confeccionada para tal fin; de este modo interpretar las formas de uso del fuego, recolección de leña y actividades realizadas antes, durante y después de la combustión (termoalteración de materias primas, por ejemplo) (Caruso Fermé 2013; Eichhorn *et al.* 2013; Figueiral I 2013; Lancelotti *et al.* 2013; Picornell Gelabert *et al.* 2013).

Esta mirada nos permite el desarrollo de una línea de investigación que busca complejizar y aportar información sobre las distintas estrategias llevadas a cabo por los grupos humanos para realizar actividades como la recolección de leñas y las distintas prácticas de combustión. Por ello mismo, la gestión de este recurso variará de acuerdo al grado de complejidad y estructura social que posea el grupo humano poniendo en valor no solo la oferta disponible en el ambiente sino también el tiempo de permanencia en el sitio, el grado de movilidad, como así los distintos elementos que interactúan y modifican la selección y uso del material (por ejemplo Picornell Gelabert 2009; Allué *et al.*, 2013).

En Argentina la antracología ha tenido un desarrollo regional de mayor auge en los últimos años, principalmente con investigadores cuyos trabajos realizaron un aporte sobre las formas de vida que los grupos cazadores-recolectores mantuvieron desde los inicios del poblamiento en el continente a través de los distintos paisajes. Para la provincia de Tierra del Fuego, y el sector austral del continente, los trabajos de Piqué i Huerta han servido no solo a los fines interpretativos de los modos de vida y gestión de los recursos leñosos de los cazadores-recolectores costeros (Piqué i Huerta 1999, 2006) sino también realizando un aporte al desarrollo de la metodología antracológica (Piqué i Huerta 1999). Dentro del sector austral del continente los trabajos de Laura Caruso Fermé para contextos arqueológicos asignados a grupos Selknam ha incorporado nuevas formas de análisis como estudios de la anatomía e instancias experimentales para ver la incidencia y formas en las que se altera el registro (Caruso et al. 2008; Caruso 2014). También se mencionan los trabajos de Florencia Ortega para el estudio de concheros en la costa rionegrina pensando la composición del registro antracológico en relación a distintas líneas de análisis (Ortega y Marconetto 2011; F. Ortega 2012) o los trabajos de M. E. Solari para la costa austral de Chile donde se pone en discusión un registro arqueológico presente en otro tipo de contextos y temporalidades (Solari 2009), junto a trabajos donde realiza aportes a la discusión de la metodología del estudio de los restos arqueobotánicos en investigaciones arqueológicas (Solari 2000, Solari 2007).

Los trabajos de la Dra. B. Marconetto realizados para el valle de Ambato, Catamarca, nos aproximan en la discusión de la composición florística del Bosque Serrano. Aunque si bien el objeto de su trabajo refiere a una temporalidad y contexto social diferente del estudiado se comparten taxones en común entre ambos ambientes (por ejemplo Marconetto 2008). En particular sus trabajos realizan un aporte al desarrollo de la metodología y a las discusiones sobre los criterios y formas de selección de las leñas (Marconetto 2006) así como el análisis de los elementos vasculares de *Geoffraea decorticans* (Marconetto 2009) referido a los cambios anatómicos sufridos en el carbón vegetal a partir del estrés hídrico y como esos cambios permiten ser indicadores paleoambientales para el pasado. Esta autora reflexiona sobre las formas de clasificación, y por ende, sobre las formas de construir el objeto de estudio, desde la mirada del arqueólogo hacia un registro arqueológico construido por su mirada pero como resultado de la elección y formas de vida humanas en el pasado (Marconetto 2008b).

Desde su laboratorio se han formado otros investigadores que se suman al panorama internacional de este tipo de enfoques analíticos. Entre ellos, los trabajos de Carina Jofre (2004) y de H. Linskoug (2013), el último realizando un aporte al estudio de microcarbones y ceniza en el valle de Ambato para los contextos finales de ocupación de Aguada (S. X a XII). Allí realiza una problematización en el estudio de los incendios naturales e incendios antrópicos a partir de la composición sedimentaria del registro del valle.

1.3.2.- La Arqueología de las Sierras Centrales, los fogones y la antracología

Los primeros trabajos en la ciudad capital de la provincia de Córdoba van a referirse a aquellos relevamientos y excavaciones llevados a cabo por Florentino Ameghino cuando este se radica en la ciudad en el año 1885 y realiza hallazgos en la llamada Calle de la Universidad (actual calle Obispo Trejo), el Parque Sarmiento, el corte del ferrocarril a Malagueño, y la zona del Observatorio Astronómico (Ameghino 1885). Es así como casi desde el inicio mismo de las investigaciones arqueológicas en la provincia de Córdoba, Florentino Ameghino hizo sus planteos en relación a la aparición de evidencias de fogones y restos quemados para plantear el poblamiento de la zona en épocas muy tempranas. Outes (1911) revisita los sitios trabajados por F. Ameghino volviendo a poner en valor esos datos y en su Memoria sobre la prehistoria de Córdoba resume los antecedentes dispersos para la provincia, mencionando que los restos de los fogones trabajados por Ameghino se encontraban en el Museo de La Plata. A principios del año 2000, los Dres. Andrés Laguens y Roxana Cattáneo muestrean y envían a Arizona restos provenientes de esos fogones (ya muy deteriorados y donde solo se conservaban principalmente los sedimentos) pero resultan insuficientes para un fechado absoluto (Cattáneo com. pers.).

Cuarenta años después, A. Castellanos (1933) va a recorrer y volver sobre las mismas localidades de Ameghino, sumando referencias a algunos sitios como por ejemplo el de las Barrancas del Antiguo Tiro Suizo o el Hipódromo Viejo (Cattáneo *et al.* 2013c) registrando especialmente las evidencias de combustión.

Desde estos primeros inicios hasta la aparición de los fechados radiocarbónicos en la década de los años sesenta era incontrovertible el interés en registrar los fogones pero ningún estudio posterior era realizado. Es así como en relación al desarrollo de la disciplina antracológica son escasísimos los intentos que se orientaron a la identificación taxonómica de las especies carbonizadas. Un primer trabajo, se encuentra en el análisis de la Dra. L. López (CONICET-UNC) de materiales pertenecientes al trabajo de tesis doctoral de Sebastián Pastor (2006). Se pueden mencionar además los trabajos realizados por M. L. López para pobladores prehispánicos (ca. 1200-300 años AP) en los sitios arqueológicos Río Yuspe 11 y 14 (López 2006), dos abrigos rocosos localizados en la Pampa de Achala. Lo cuales permitieron poder referirse a las distintas estrategias llevadas a cabo en la recolección del material leñoso y la diversidad de leñas presentes en registro.

Otro de los trabajos realizados por M. L. López, junto a S. Pastor son para el sitio Tala Cañada 1, un sitio arqueológico prehispánico tardío (ca. 1000 años AP) ubicado en el valle de Salsacate (Pastor 2006) que le permitió registrar la variedad de 12 especies utilizadas en las estructuras de combustión. Entre las principales, *Zanthoxylum coco, Condalia buxifolia, Acacia caven, Schinus fasciculata;* como también notar la ausencia de ciertas especies leñosas consideradas de importancia para la zona como ejemplo, el Molle (*Lithraea ternifolia*).

Finalmente, estos mismos autores realizaron investigaciones para otro sitio prehispánico denominado Talainín 2 (Pastor 2006) del período prehispánico tardío (ca. 700 años AP) y también localizado en el valle de Salsacate, provincia de Córdoba. Allí donde recuperaron lentes de carbón extendidos y una estructura de combustión delimitada por piedras. Los análisis sugirieron un bajo nivel de selección de variedad en especies con predominancia del Espinillo (*Acacia caven*) y Coco (*Zanthoxylum coco*).

1.3.3.- Antecedentes del caso de estudio: El Alero Deodoro Roca

Los primeros estudios arqueológicos en la zona se remontan a la visita de personajes como Deodoro Roca, uno de los primeros en relevar la importancia arqueológica e histórica del valle de Ongamira donde se localiza el Alero Deodoro Roca, objeto de nuestro estudio (Figura 1.3.3.1.) (Montes, 1943; Menghín y González, 1954). Si bien se despierta un interés arqueológico en la zona, en particular para nuestro caso de estudio (González 1960) los análisis no serían retomados hasta cincuenta años después (Cattáneo *et al.*, 2013a y b).

En 1943, el ingeniero Aníbal Montes realiza una de las primeras excavaciones estableciendo dos sectores [A y B] para el mencionado alero. Con una profundidad cercana a los 6 metros y una separación en cuatro estratos o pisos (Figura 1.3.3.2.) allí describe un registro arqueológico compuesto de numerosos fogones, asociados a restos arqueofaunísticos como huesos y valvas de moluscos terrestres del género *Odontostomus*; como también abundante material lítico como el cuarzo como predominante (Montes 1943).

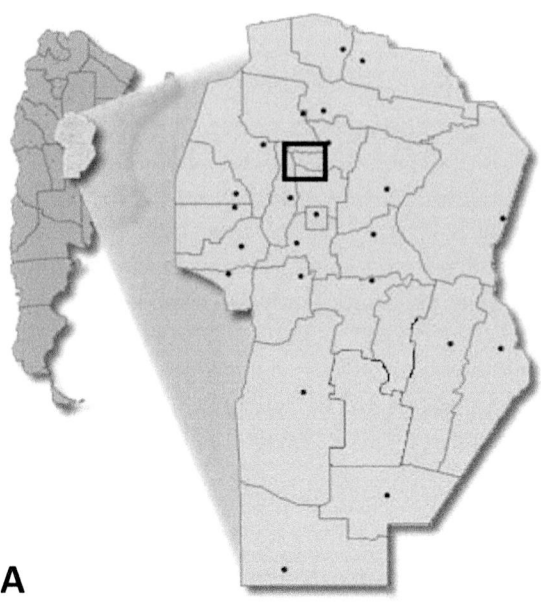

Figura 1.3.3.1. A. Corresponde mapa de Córdoba con división por departamento, en círculo negro marcado el valle de Ongamira, región de estudio. B. Corresponde imagen satelital Google Earth de una porción del valle de Ongamira, marcado en cuadrado negro el Alero Deodoro Roca.

CAPÍTULO 1 INTRODUCCIÓN A LA PROBLEMÁTICA DE ESTUDIO Y SUS ANTECEDENTES

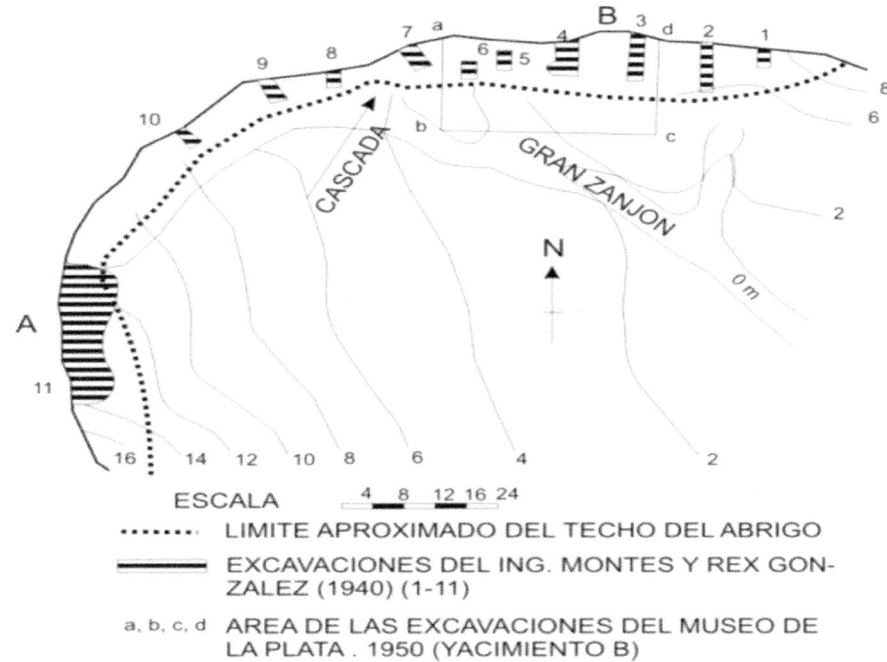

FIGURA 1.3.3.2.- PLANTA ESQUEMÁTICA DEL ALERO DEODORO ROCA, DONDE PUEDEN VERSE LOS SECTORES A Y B. EL SECTOR B CORRESPONDE AL ÁREA INTERVENIDA EN LA ACTUALIDAD Y DE DÓNDE PROVIENEN LAS MUESTRAS. TOMADO DE CATTÁNEO ET AL. (2013).

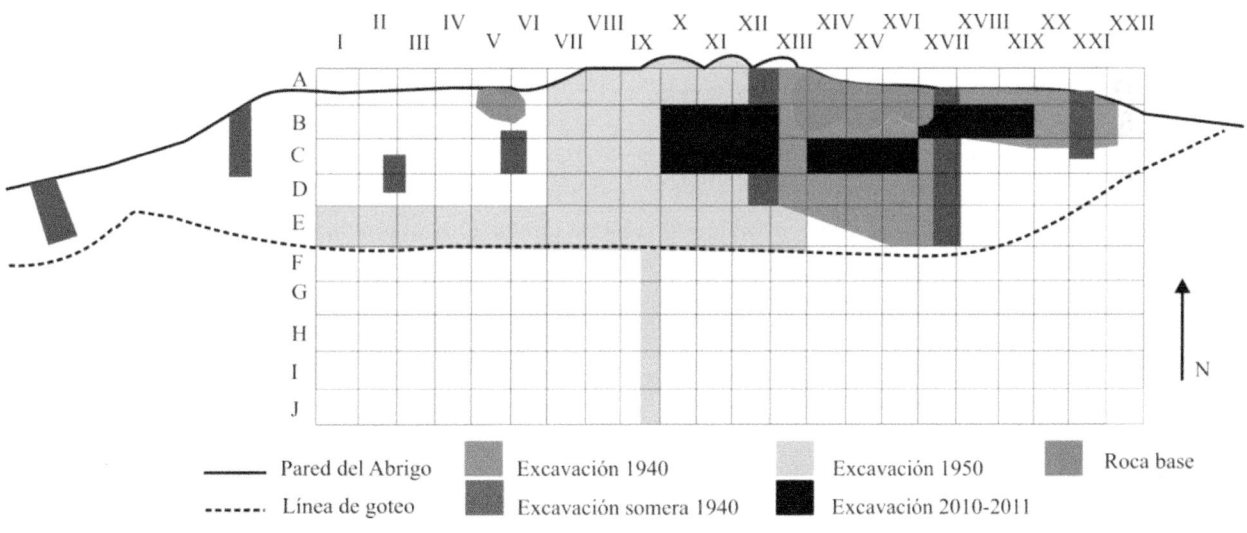

FIGURA 1.3.3.3.- DETALLE DE LA PLANTA ESQUEMÁTICA DE LAS EXCAVACIONES EN ADR, SECTOR B, CORRESPONDE AL ÁREA INTERVENIDA EN LA ACTUALIDAD Y DE DÓNDE PROVIENEN LAS MUESTRAS. TOMADO DE CATTÁNEO ET AL (2013).

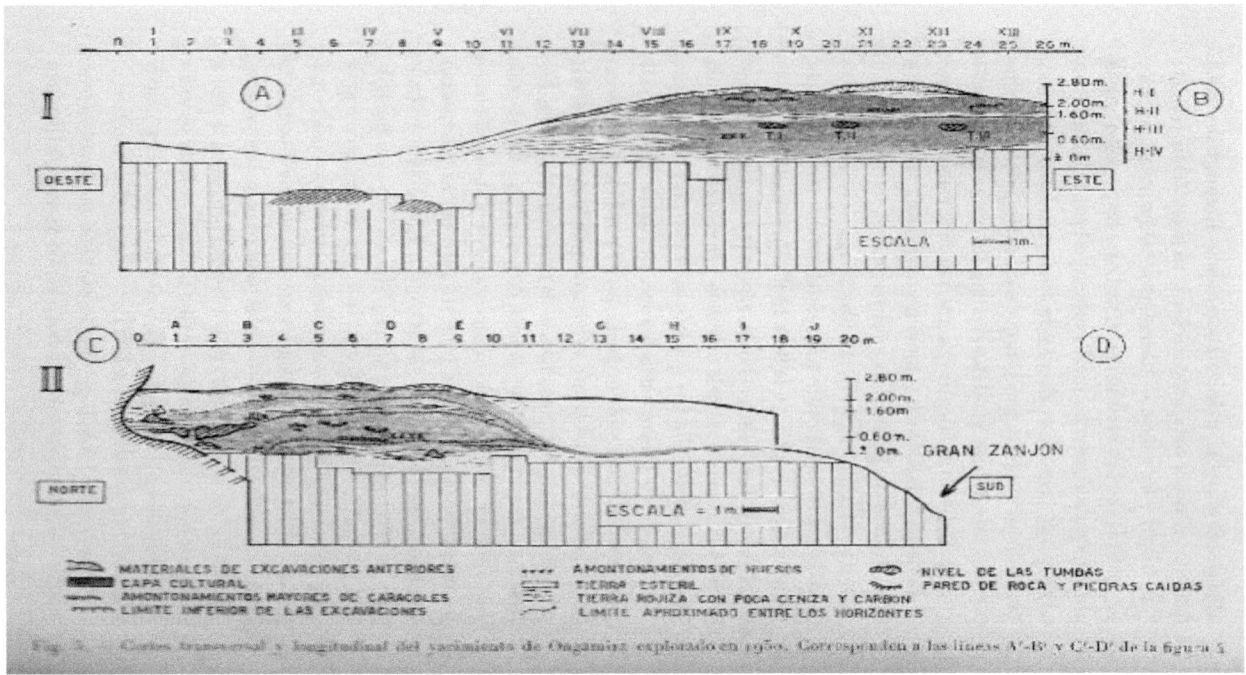

FIGURA 1.3.3.4.- ESQUEMA DE LOS PERFILES DE LAS EXCAVACIONES DE MENGHÍN Y GONZÁLEZ DONDE SE REPRESENTAN EN NEGRO LOS FOGONES. TOMADO DE MENGHÍN Y GONZÁLEZ (1954).

Sus investigaciones le permitieron estimar de manera relativa una antigüedad *ca.* 5000 años y la caracterización de estos grupos humanos como cazadores-recolectores,

"Su presencia es innegable en este abrigo bajo roca. Allí están sus estratos de fogones y restos de sus comidas (...)" (Montes 1941: 144)

El Dr. Alberto Rex González, junto al Dr. Osvaldo Menghín, volvieron al valle de Ongamira para continuar con excavaciones sistemáticas en el Alero Deodoro Roca en los años cincuenta. En el sector B plantearon un cuadriculado siguiendo transectas con dirección Norte-Sur, nominadas por números romanos (del I al XXII), y transectas Este-Oeste nominadas por letras alfabéticas (de la A a la J) (Figura 1.3.3.3.). Esto les permitió tener un mayor control sobre la descripción de los hallazgos y las características que componían el registro.

Durante sus trabajos interpretaron 4 horizontes de ocupación para el sector B del alero (Menghín y González 1954). A cada horizonte se le asignó un marco cronológico relativo basado en un análisis comparativo con lo hallado en otros sitios de las Sierras Centrales como Ayampitín e Intihuasi (González, 1960). De esta manera se podía hablar de los primeros pobladores de un territorio separadas en unidades culturales donde se asociaban innumerables restos de fogones (Figura 1.3.3.4).

De acuerdo a la información del Archivo del Museo de Antropología, correspondiente a las anotaciones de campo de los trabajos del Ing. Aníbal Montes (Fondo Documental Aníbal Montes - Ongamira) con respecto a las visitas realizadas durante los años 1940 y 1941 se pueden apreciar detalles y menciones a los carbones y fogones cuya composición son de

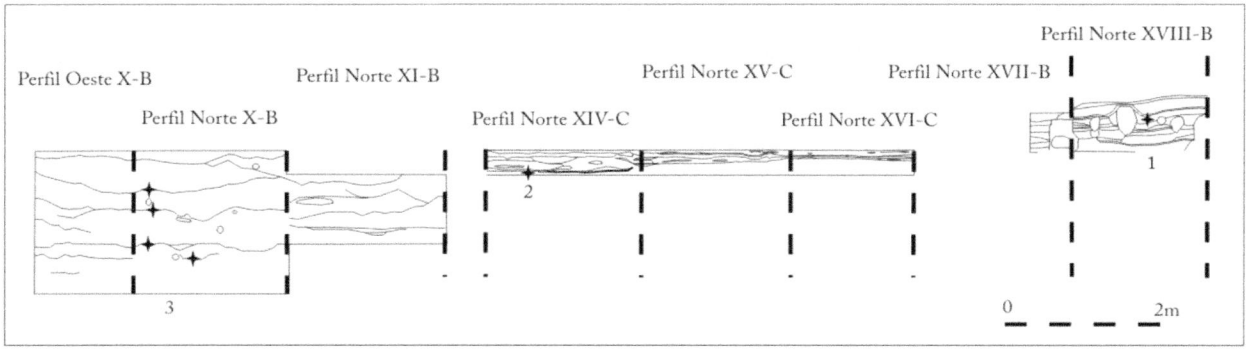

FIGURA 1.3.3.5. PERFILES ESQUEMÁTICOS DE ADR, SECTOR B. TOMADO DE CATTÁNEO ET AL. (2013).

> *"(...) cenizas y caracoles, solo hasta los dos metros (...)"* (Anotación en su cuaderno de notas página 4 para un perfil de exploración – (Aníbal Montes, FDAM, Ongamira).

Para el Horizonte III considerado por Montes con una antigüedad de 2000 años AP (Montes 1955, Cattáneo *et al.* 2013) anota en otro de sus cuadernos: *"(...) el que contiene mucho hueso partido y carbón con mucha conchilla (equivale al optimun climático) período de gran ocupación del abrigo 8000/5000 años (...)"* [Aníbal Montes, FDAM, Ongamira]. Ya entonces fue anotada la presencia de este tipo de registro que componía un sedimento arqueológico caracterizado por distintos eventos de combustión.

Al respecto, en la monografía de Menghín y González (1954) sobre el yacimiento se registra que *"(...) la zona de fogones fue habitualmente muy fecunda en artefactos (...) En su vecindad se hallaron también los grandes amontonamientos de caracoles (...) los huesos existieron esparcidos en todas las partes del repositorio."* (Menghín y González 1954: 256). Como también los *"(...) rodados de piedra del río que pueden haber sido usados en los fogones (...)"* (Menghín y González 1954: 255).

En el marco del proyecto actual se realizaron una serie de excavaciones estratigráficas, así como el vaciado del relleno que tapaba las excavaciones de Menghín y González, y se realizaron fechados radiocarbónicos para este sector trabajado que permitió otorgar mayor precisión y complejidad a la cronología de ocupación del sitio redefiniendo los criterios de análisis de Horizontes Culturales a un estudio de unidades estratigráficas sensu Harris (1991) y realizando nuevas excavaciones y fechados absolutos. Dichos fechados otorgaron una temporalidad entre ca. 5000 y ca 1900 AP (Cattáneo et al 2013) (Figura 1.3.3.5).

A partir de las muestras de carbón recuperadas desde 2010 a la fecha se realizaron los estudios temas de esta tesis esperando contribuir a las interpretaciones de las ocupaciones humanas y los procesos de formación de sitios de la localidad arqueológica.

1.4.- Características de las comunidades vegetales del área de estudio

A la hora de poner en discusión los resultados obtenidos entendemos que es importante destacar que, en ciertas condiciones, el registro arqueobotánico es un reflejo de la composición ambiental del pasado y la relación que los seres humanos mantenían con ella, por ello es necesario conocer el componente fitogeográfico existente en la actualidad, para poder realizar inferencias sobre el pasado del mismo. Para eso haremos uso de dos líneas de estudio, una concerniente a los estudios actuales sobre la composición fitogeográfica a lo largo de toda la provincia de Córdoba que nos permite tener información sobre el ambiente actual y la variación disponible. Por otra parte, hacer referencia a los estudios paleoambientales llevados a cabo en la zona serrana de Córdoba, que aunque escasos aun nos permitirá realizar inferencias sobre las distintas unidades fitogeográficas que componían el ambiente del valle de Ongamira en el pasado.

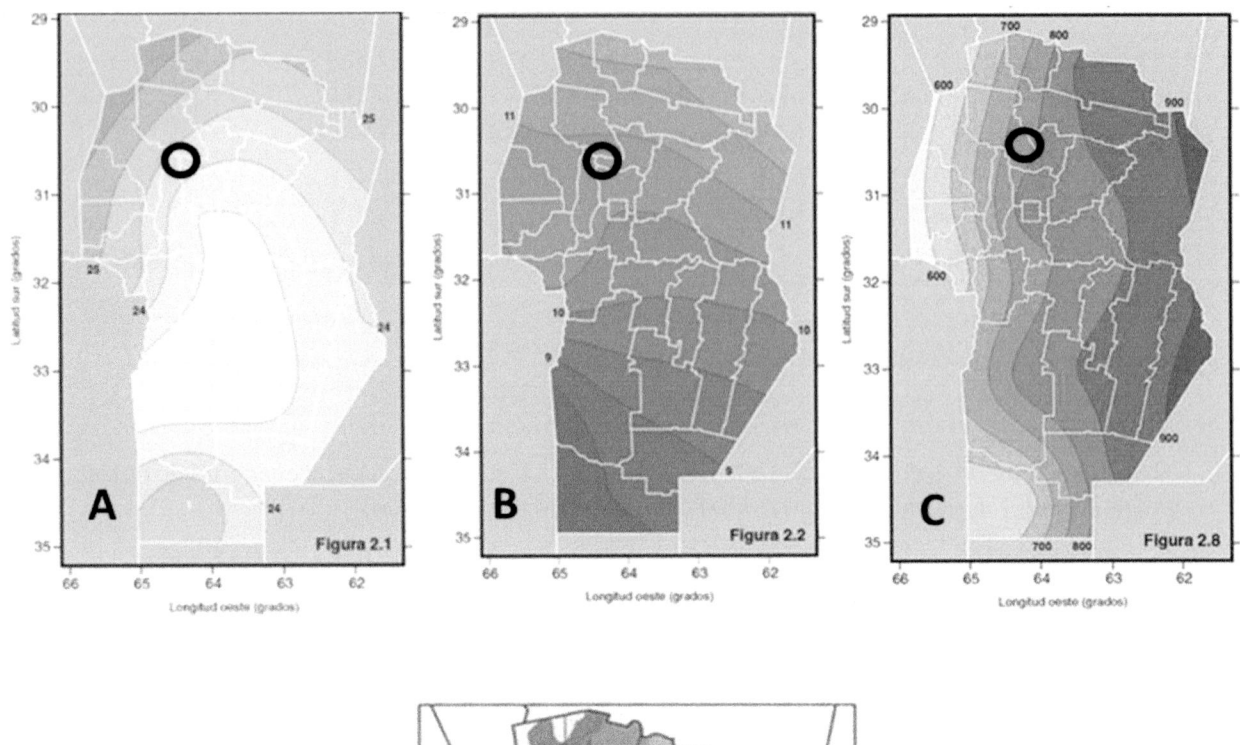
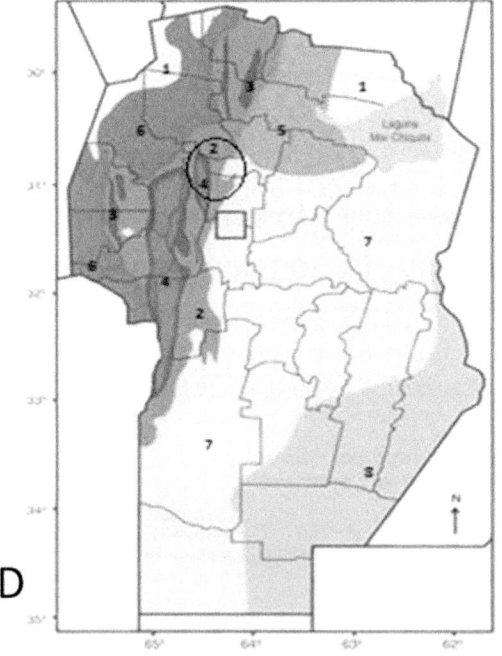

Figura 1.4.1.1.- A. Mapa de Córdoba, Temperaturas Medias de Enero 1961-1990 (ºC) B. Corresponde a Mapa de Córdoba, Temperaturas Medias de Julio 1961-1990 (ºC) C. Mapa de Córdoba, Precipitaciones Media Anual (mm) 1961-1990. D. Mapa de Córdoba por pisos de vegetación siendo 1: Vegetación de ambientes salinos; 2: Bosque Serrano; 3: Arbustal de altura; 4: Pastizales y bosquecitos de altura; 5: Bosque chaqueño oriental; 6: Bosque Chaqueño Occidental; 7: Espinal; 8: Estepa Pampeana. En círculo está marcada la zona de estudio. Fuente: Suelos y Ambientes de Córdoba, Cruzate et al (2008).

CAPÍTULO 1 INTRODUCCIÓN A LA PROBLEMÁTICA DE ESTUDIO Y SUS ANTECEDENTES

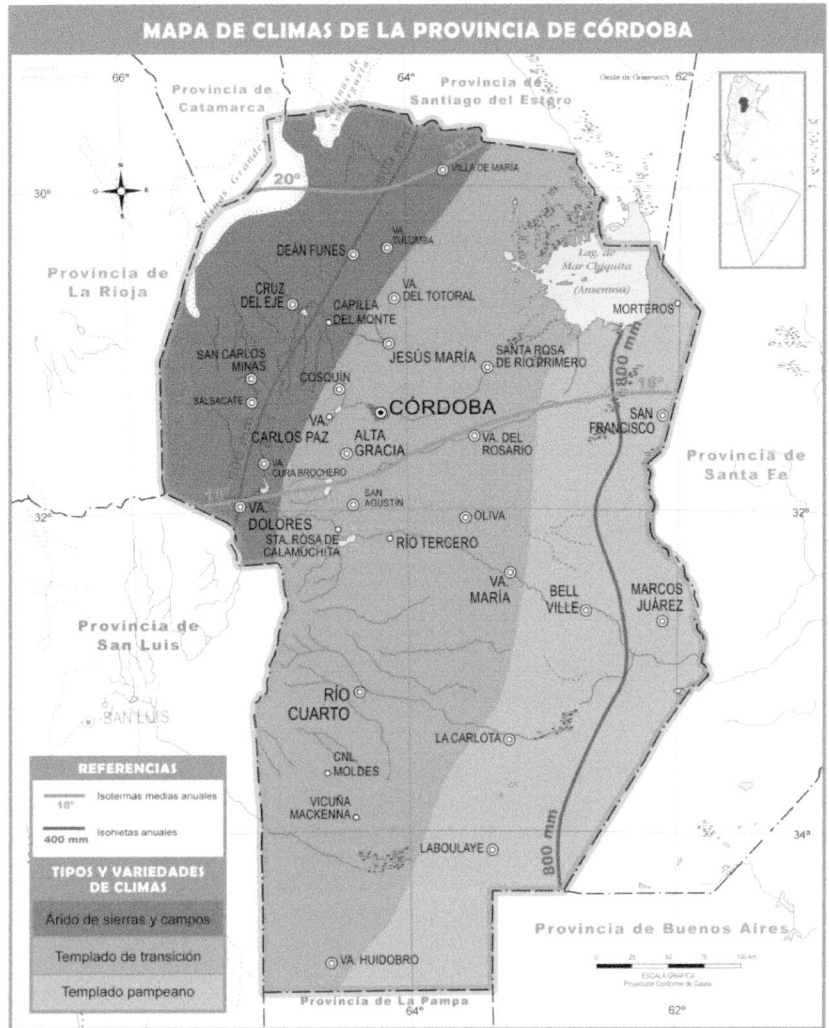

FIGURA 1.4.1.2.- FIGURA MAPA DE LA PROVINCIA DE CÓRDOBA CON LAS VARIACIONES DE CLIMA. TOMADO DE CABIDO ET AL. (2010).

1.4.1.-El Bosque Chaqueño Serrano actual

El valle de Ongamira se ubica en la región norte de las sierras de Córdoba, en el departamento de Ischilín y la parte norte del departamento de Totoral. Se encuentra localizado entre los 600 y 1000 msnm, teniendo como uno de sus puntos más altos el cerro Colchiqui (1575 msnm) bajo el Dominio Chaqueño sensu Sayago (1969), Cabrera (1976), Luti *et al* (1979) y Cabido *et al.* (1991).

Este Dominio Chaqueño ocupa gran parte del centro de la Argentina y países limítrofes. Desde el punto de vista florístico está caracterizado por la abundancia de familias como las Leguminosas, Zigofiláceas, Anacardiáceas, Celastráceas, Ramnáceas. Su clima es variado, predominando el de tipo continental con lluvias entre moderadas y escasas, inviernos suaves y veranos cálidos (Silva *et al* 2011).

Pueden distinguirse áreas fitogeográficas, morfológica y ecológicamente distintas, que configuran verdaderas unidades de vegetación y ambiente (Sayago, 1969; Cabrera, 1976; Luti *et al.* 1979; Cabido y Zak, 1999; Cabido *et al.*, 1991 y 2004; Cingolani *et al.*, 2003; Piovano, 2006; entre otros).

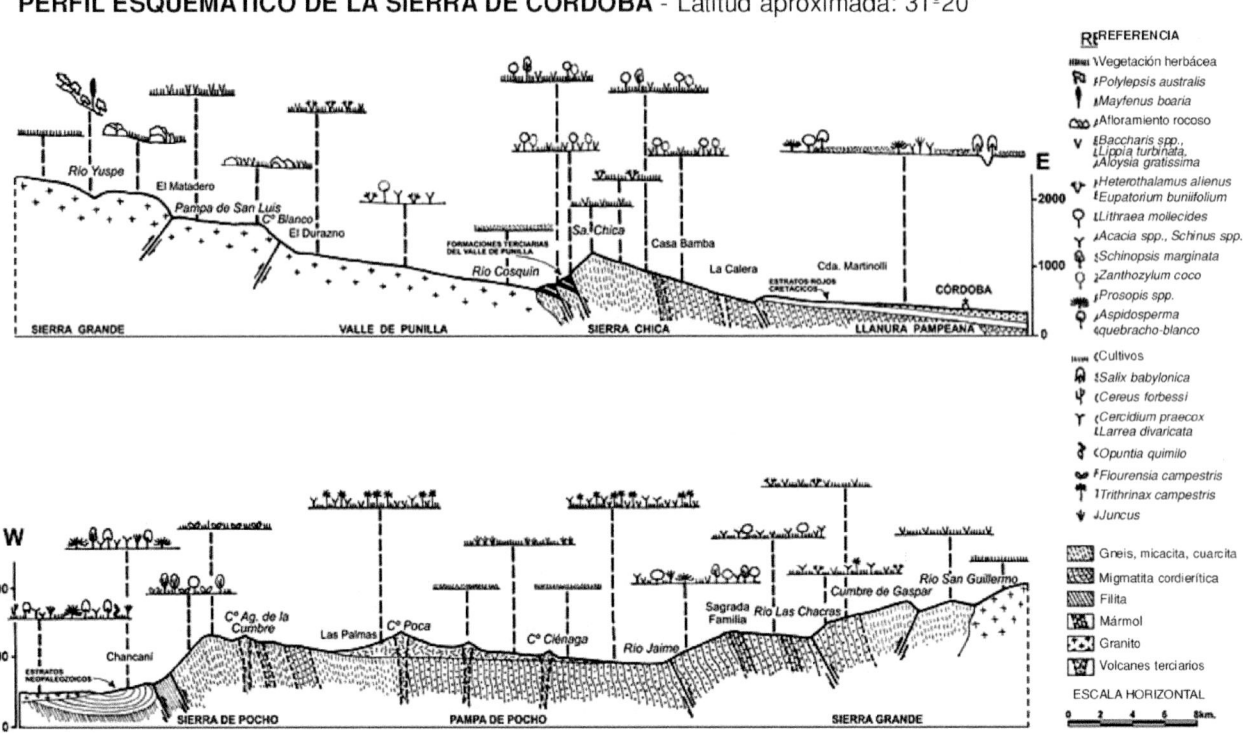

Figura 1.4.1.3.- Perfiles esquemáticos de las sierras de Córdoba y su composición fitogeográfica. Tomado de Cabido et al. (2010).

Esta variabilidad permite identificar tres regiones altitudinales y de composición variable para la provincia:

-El piso de bosque serrano, ocupando valles, quebradas y faldeos entre los 800 y 1300 msnm con precipitaciones anuales que oscilan entre los 600 y 400 mm por año. La vegetación constituye un bosque abierto a semi-cerrado con árboles más bien bajos (entre 7 y 9 m) junto a estratos arbustivos y herbáceos.

-El piso del romerillar, en forma de parches presentes donde anteriormente se encontraba el bosque serrano o en laderas rocosas más elevadas que el bosque. Siendo un matorral abierto y bajo, con arbustos alisados en una matriz de pastos, hierbas y afloramientos rocosos.

-Por último, el piso de pastizales y bosquecillos de altura, que supera los 1000 msnm de altura. Se presentan temperaturas más bajas, con heladas durante todo el año y fuertes vientos. Se trata de estepas graminosas y arbustivas; con suelos de alto contenido en materia orgánica y zonas saturadas de agua permitiendo la formación de pequeñas turberas.

Para el valle de Ongamira, podemos registrar la presencia de una composición ambiental de los distintos pisos fitogeográficos. De acuerdo al estudio de las fronteras limítrofes entre las provincias y dominios es necesario tener en cuenta cambios en su composición tanto de origen antrópico (ganadería, agricultura, forestación, reforestación, entre algunas actividades de mayor o menor escala) o naturales (sequías, incendios, catástrofes naturales, entre otras) (Cabido et al. 1991; Ribichich 2002; Cagnolo et al. 2006). Al respecto, Sayago (1969) mencionaba que la vegetación del norte de Córdoba está compuesta por elementos de cuatro de las provincias del dominio chaqueño, configurando un verdadero ecotono donde se entremezclan los elementos de las provincias del Chaco, Monte, Espinal y Pampeana (Sayago 1969: 264).

1.4.2.- Estudios del ambiente del pasado

Los estudios de la vegetación del pasado permiten tener una noción del tipo de vegetación disponible y en relación con los grupos humanos que habitaron ese ambiente. Ya hemos hecho referencia a las distintas perspectivas de estudio que analizan este registro (paleobotánica y arqueobotánica). Por ende, se tiene una mirada integradora de las perspectivas, las cuales nos permitan realizar inferencias sobre el tipo de vegetación que componía el ambiente y era factible de ser utilizada o no por las poblaciones humanas que generaron un registro a partir de las actividades llevadas a cabo con tales comunidades vegetales (Cabido et al. 2007; Silva et al. 2011 Laguens 1999, 2006).

El ambiente, es producto de una conjunción de factores que se ve alterada en el tiempo por la modificación de la temperatura, clima, altitud y suelo. Por ende, la composición de la flora fue cambiando a lo largo del tiempo. En el caso de nuestro estudio, y dada la temporalidad en la que nos encontramos trabajando, entre *ca.* 3000 años AP y *ca.* 4000 años AP, se cuenta con los trabajos del Dr. C. Carignano (1999) que refieren al período entre ca. 9000 a 3000 años AP como "Platense" (Doering 1882, 1907; Frenguelli 1921) demarcado por el desarrollo de suelos ricos en material orgánico y sedimento con altas concentraciones de diatomeas. El período anterior del Pleistoceno Tardío fue reemplazado por un ambiente más húmedo y de clima templado. Por lo tanto plantean como factibles la presencia de aguas estables y con temperaturas más cálidas que en el presente, con precipitaciones moderadas y una estacionalidad uniforme sin períodos secos. Para el período que corresponde a *ca.* 3000 a 1000 años AP, se considera un abrupto cambio de las condiciones ambientales. El anterior clima húmedo y cálido fue reemplazado por un episodio seco cálido. Los procesos geomorfológicos fueron dominados por la erosión, deposición de capas finas de loess; con vientos constantes del norte al noreste. Temperaturas más altas que en el presente y precipitaciones más espaciadas, menos de 400 mm al año.

Estos cambios en las condiciones ambientales impactaron en la distribución de las formas de vida tanto silvestres (Cabido *et al.* 2010) como humanas (Nores et al 2011; Nores y Demarchi, 2011; Salega y Fabra, 2013) que se deben de haber visto alteradas. De ser así, la distribución de las especies leñosas debe haber variado con el tiempo, tanto en variabilidad como en frecuencia. Por lo tanto, las estrategias de extracción de leña para el fuego, la utilización de las especies vegetales para la alimentación, u otras actividades en donde las plantas entrasen en relación, deben de haberse visto afectadas por un clima que se tornó más seco y árido.

Actualmente, en el valle de Ongamira, se muestra un clima templado continental, con veranos calurosos y húmedos e inviernos fríos y secos. Entre Junio y Julio son ocasionales las nevadas por sobre los 1100 msnm. Anualmente se registra los rangos de temperatura de 9°C en Junio-Julio y 25°C en Enero-Febrero. Las lluvias marcan un patrón estacional, probablemente en respuesta a las fluctuaciones estacionales de anticiclones Atlántico y el Pacifico Sur; con un patrón anual de precipitaciones de 870 mm en Yanes *et al.* (2014). De acuerdo a estos últimos autores, en el pasado se registra un incremento de las condiciones secas durante el Holoceno Tardío que debe haber afectado a las estrategias de subsistencia de por los grupos humanos en el área (Mignino *et al.* 2014; Cattáneo *et al.* 2014b).

Capítulo 2
Aspectos teóricos-metodológicos

2.1. Introducción general

En los últimos años, la arqueología regional de Córdoba ha avanzado hacia la caracterización de conjuntos arqueológicos pertenecientes a ocupaciones humanas prehispánicas en la porción oeste del sistema de las Sierras Pampeanas Australes (ver por ej, Laguens 1999 y bibliografía allí citada, 2006; Berberían *et al.* 2008 y bibliografía allí citada; Laguens y Bonnin, 2009a y b). Sin embargo, para el sector Este de las mismas, microrregión que comprende a los valles de Ongamira, Copacabana y sus áreas de influencia, el estudio de este tipo de manifestaciones fue discontinuo (por ejemplo González 1956-1958, Laguens 1993-1994, 2006 y bibliografía allí citada; Cattáneo 1992-1994, Cattáneo et al. 1994). En 2009 surge un proyecto interesado en la producción de nueva información para contribuir al entendimiento de las ocupaciones humanas durante el Holoceno (Cattáneo et al. 2013, Izeta et al. 2013, Sario 2012) donde sobre la base de los resultados obtenidos, tanto de sitios conocidos como a través de nuevos análisis específicos, excavaciones, prospecciones y sondeos, se inicia una nueva línea de trabajo centrada en aquellos grupos humanos con economía de caza-recolección.

El proyecto presentado aquí entonces se vincula a esa investigación de temas centrales en la arqueología Argentina y del sur de las Sierras Pampeanas Australes para así tratar de entender la colonización del espacio en distintos momentos por los seres humanos, la adaptación humana al ambiente serrano, las estrategias y modo de uso de los recursos vegetales vinculados a la combustión dentro de un marco temporal diacrónico y ambientalmente diverso y amplio. Como tal, el tema se asienta dentro de una larga pero muy interrumpida secuencia de investigaciones arqueológicas relacionadas a las Sierras Chicas en general que se iniciaron a fines del siglo XIX. En nuestra zona de estudio Laguens (1994) tomando la eficiencia energética como medida de adaptabilidad para el Valle de Copacabana concluye que las poblaciones locales utilizaban una estrategia tendiente a la maximización del insumo nutricional, sobre todo a través de los recursos vegetales.

Este precedente nos orienta a tratar de entender como fueron esas relaciones entre lo natural/cultural -en momentos temporales anteriores al tratado por Laguens (1994) en un aspecto particular, si bien entendemos que en trabajos posteriores podrían encararse otro tipo de análisis en relación a los aspectos nutricionales (algunos de los cuales ya se hallan en curso por otros miembros del equipo).

Nuestro tema de trabajo para la región nos lleva a pensar a las relaciones establecidas en los distintos espacios, las estrategias de movilidad llevadas a cabo en el valle de Ongamira, y la habitabilidad de los espacios del alero como puntos de encuentro y de actividades específicas en determinadas estaciones del año (Binford 1980, Wansnider 1997, Cattáneo 2002). Como también explorar las distintas hipótesis de poblamiento y de ocupación de los distintos paisajes que ofrecen las Sierras Pampeanas Australes (Laguens, 2006 y 2009). Con esto, pensamos que el Alero Deodoro Roca es un espacio o "paisaje construido" por los seres humanos a través del tiempo, donde grupos de individuos establecieron relaciones con en el paisaje, con las cosas y entre ellos a través de formas que intentaremos interpretar con el registro arqueológico (Laguens, 2008 y 2009b).

Si bien estos temas en otras áreas del país y del sub-continente sudamericano han sido abordados en los últimos años (Inda y Del Puerto, 2007; Jofre, 2007; Aguirre, 2011; Lema, 2008; Caruso *et al.* 2008, por mencionar algunos ejemplos), es necesario obtener una resolución de grano más fino para esta región particular con el fin de poder plantear nuevos modelos arqueológicos y paleoambientales o contrastar los ya propuestos.

Es así como nos proponemos en esta instancia aportar a los estudios de la flora nativa de Córdoba a través del tiempo para un espacio particular, el Valle de Ongamira, describiendo la muestra de referencia de leñosas existente para el Bosque Chaqueño Serrano realizando la identificación taxonómica de las especies leñosas carbonizadas presentes en el registro arqueológico. Esperamos asimismo realizar inferencias sobre las formas y modos de selección o uso de las especies vegetales para la combustión por los seres humanos que habitaron la región, y colaborar a entender los procesos de formación de sitio en relación a los espacios de combustión. Este último tema permitirá, a través de este estudio de detalle, incorporar a la discusión sobre la funcionalidad del sitio una nueva perspectiva.

Siguiendo las preguntas del acápite anterior, la metodología apunta a resolver el objetivo de este trabajo, y para ello nos aproximaremos al registro de dos formas complementarias. Por un lado utilizaremos la forma de estudio brindada por la antracología que permite el análisis del carbón vegetal recuperado en sitios arqueológicos a partir del estudio anatómico y las alteraciones por el fuego a través de una colección de referencia o comparativa donde estén presentes las especies leñosas del Bosque Chaqueño Serrano. Esto creará una "antracoteca", inexistente para los estudios del valle o la región, que permitirá no solo este sino también estudios posteriores de la composición vegetal de los carbones remanentes recuperados en las áreas de combustión de los sitios trabajados en el proyecto.

Dado que ya se han introducido en los antecedentes algunos aspectos de la antracología a continuación se detallan los procedimientos y métodos utilizados, así como los criterios y conceptos utilizados para el análisis.

2.2.- Metodología de trabajo arqueobotánica: La antracología

La bibliografía arqueobotánica, y en específico la antracológica, es de una producción extensa, sobre todo en lo que refiere al estudio de los restos vegetales en los sitios arqueológicos (Thiébault, 1980; Chabal, 1982, 1988, 1990, 1992, 1994, 1997, 1991; Heinz, 1990; Heinz et al, 1992; Badal - García, 1992; Figueiral, 1992; Vernet, 1992; Fabre, 1996; Théry - Parisot, 2001, 1998; Figueiral y Willcox, 1999; Thiébault, 2002; Marconetto, 2008; Solaris 2000; Caruso, 2013). Una de las primeras precauciones a tener en cuenta, siguiendo a Théry-Parisot (2010) es que la naturaleza de los procesos que generan el registro antracológico es diversa (Fig.2.2.1) y está mediada por distintos filtros:

1. 1.- Por un lado la composición fitogeográfica de la vegetación del pasado,
2. 2.- Luego, las prácticas humanas de la recolección de madera y la gestión de los fogones,
3. 3.- La combustión diferencial en sí,
4. 4.- Los procesos de sedimentación y post- deposicionales,
5. 5.- Los filtros que también deben considerarse son los métodos de muestreo y la cuantificación, dado que influyen en la constitución del conjunto final.
6. 6.- Por último, la reconstrucción antracológica.

Es así como uno de los primeros aspectos metodológicos es considerar el origen de la muestra. En relación a los métodos de excavación estratigráfico de nuestro caso de estudio el origen de la muestra corresponde a dos tipos, a saber:

A.-Muestras de carbón: designadas así en los trabajos de campo. Corresponden a la recolección del carbón vegetal arqueológico con designación de Unidad Estratigráfica, Cuadrícula, Sector, día de recolección y las posiciones tridimensionales. Cada muestra viene acompañada de dos números de identificación únicos (número de etiqueta general y número de tridimensional). Por lo general se encuentran compuestas principalmente de carbón de distintos tamaños. En el campo fueron recolectadas para los fechados radiocarbónicos por lo que en su mayoría son carbones de tamaños grandes (por ejemplo Figura 2.2.2. a y b). Se asocian a la definición de rasgos de combustión definidos como estructuras de combustión con o sin rocas, áreas de combustión, cenizas y tierra termoalterada.

CAPÍTULO 2 ASPECTOS TEÓRICOS-METODOLÓGICOS

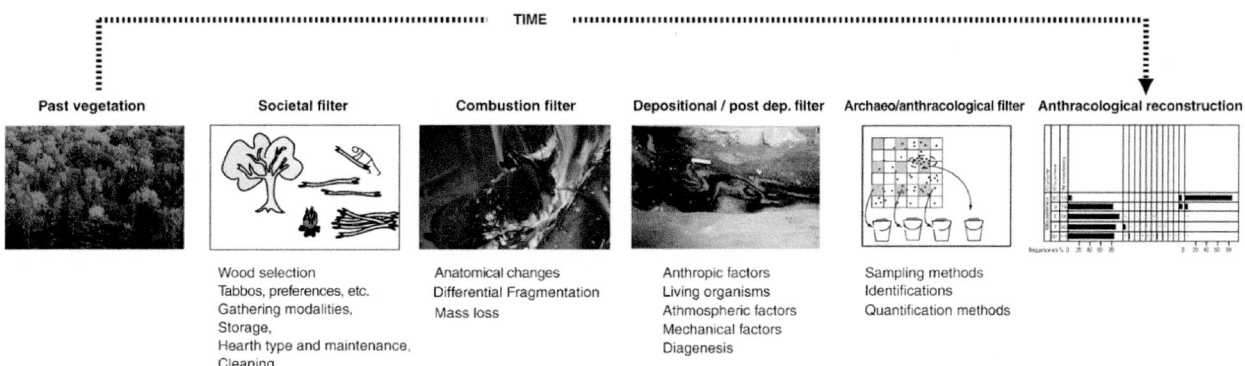

FIGURA 2.2.1.- FILTROS SUCESIVOS DESDE LA VEGETACIÓN DEL PASADO HASTA LA RECONSTRUCCIÓN ANTRACOLÓGICA, TOMADO DE I. THÉRY-PARISOT ET AL. (2010): 143.

B.-<u>Muestras de Sedimento</u>: designadas así en los trabajos de campo. Son muestras de sedimentos tomadas para cada unidad estratigráfica (UE de ahora en más) designada siguiendo los criterios de Harris (1992). En su mayoría, dada las características de los rasgos de combustión, se encuentran compuestas de sedimento con tierra, valvas de caracol (enteras, partidas y ápices), restos óseos faunísticos de menor tamaño, lascas y microlascas; junto a carbones de distintos tamaños. Dichas muestras, recolectadas durante las mismas campañas, fueron designadas a unidades estratigráficas identificando cada una por los números de etiquetas y de tridimensional. De las mismas se tiene la información de la composición, las características generales de la UE y las medidas tridimensionales del espacio que ocupa en el sedimento, junto con cuadrícula, sector y fecha de extracción (por ejemplo Figura 2.2.3. a y b). Se consideraron para el análisis los fragmentos de carbón de todas las muestras de sedimento que tuviesen el registro.

Así, con una base de datos sobre las cuadrículas elegidas para el estudio y las unidades estratigráficas que presentan rasgos de combustión (ver Tabla 3.3.1.1. en el Capítulo 3). De las mismas, separando inicialmente el material bajo criterios de tamaño (Tabla 2.2.1.)

Aplica un principio básico en la antracología y es que cuanto más grande el carbón, hay mayores posibilidades de realizar una adecuada identificación taxonómica. Esto quiere decir que cuanto más grande, mayor cantidad de características serán visibles, por ende, mayor información sobre la muestra.

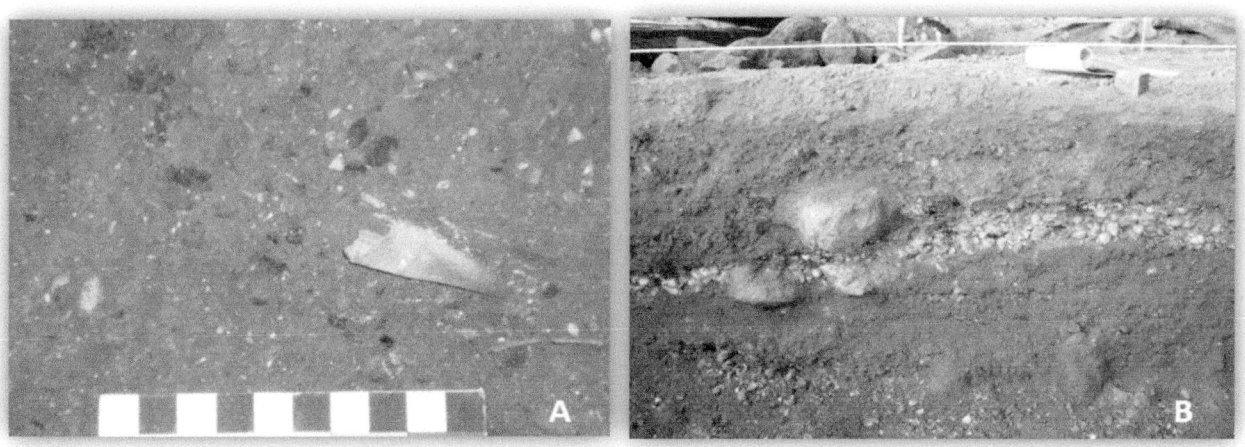

FIGURA 2.2.2.- A CORRESPONDE A PRESENCIA DE CARBÓN ASOCIADO A RESTOS ÓSEOS FAUNÍSTICOS, CUADRÍCULA XIV-C UE29. B. CORRESPONDE A PERFIL CON ACUMULACIÓN DE VALVAS Y DE CARBÓN, CUADRÍCULA XIV-C UE34.

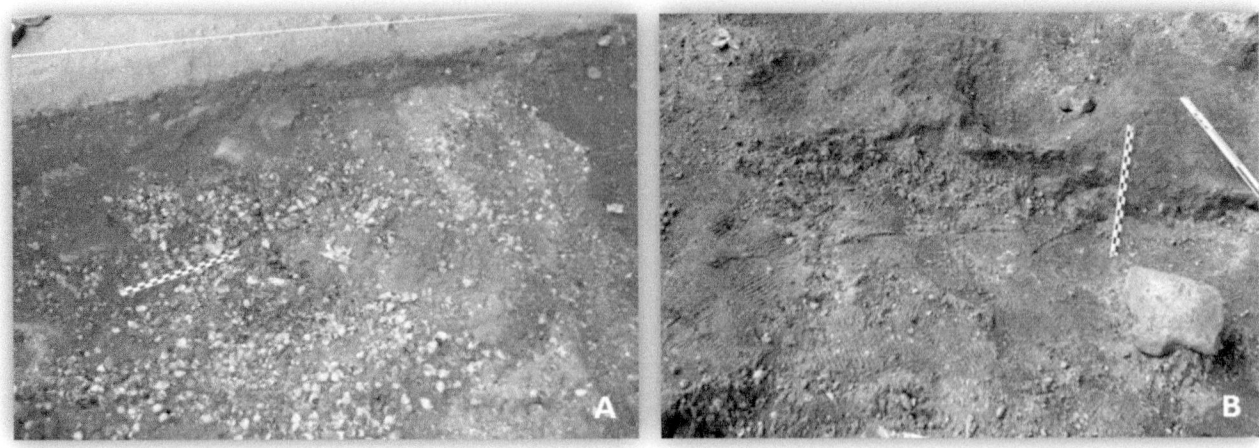

Figura 2.2.3.- A. Corresponde a Muestra de Sedimento de rasgo de combustión UE34 en la cuadrícula XIV-C. B. Corresponde a Muestra de Sedimento en rasgo de combustión UE45 en la cuadrícula XV-C.

Cuadrícula	Unidad Estratigráfica	Procedencia de los materiales		Cantidad
		Muestras de Carbón	Grandes (> a 1cm)	
			Medianas (entre 0,5 a 1 cm)	
			Pequeñas (< a 1 cm)	
		Muestras de Sedimento	Grandes (> a 1cm)	
			Medianas (entre 0,5 a 1 cm)	
			Pequeñas (< a 1 cm	

Tabla 2.2.4.- Procedencia de los materiales estudiados por origen

Uno de los aspectos más conflictivos a la hora de analizar los resultados es el de conocer la representatividad de la muestra y esto es de interés al considerar la cantidad de material a ser analizado.

Luego de la preparación de la muestra, se procedió a la identificación taxonómica a nivel microscópico para lo cual era necesario contar con una colección comparativa de referencia. Dado que este trabajo es inédito para la región, si bien no para algunas de las especies estudiadas, se realizó una colección de referencia de muestras de cortes delgados en estado fresco y muestras carbonizadas, siguiendo los criterios que se explicitan a continuación.

2.2.1.- Confección de la colección de referencia

En el caso de los carbones, es preciso tener una referencia de las especies vegetales leñosas presentes en el ambiente que sean nativas, previas a la introducción luego de la colonización. Por ello mismo, dentro de los estudios antracológicos, una parte importante del trabajo refiere a confeccionar el listado probable de géneros y especies presentes en el sitio de estudio.

Capítulo 2 Aspectos teóricos-metodológicos

En nuestro caso, ese listado se vincula a la clasificación fitogeográfica vigente (Cabrera, 1976; Sayago, 1969; Luti *et al.*, 1979; Cabido *et al.*, 1991) que ha asignado a la región del Bosque Chaqueño Serrano al valle de Ongamira, encontrándose ubicado en el faldeo de las Sierras Pampeanas. A partir de un relevamiento florístico realizado en los últimos años: "Composición florística del Bosque Chaqueño Serrano de la provincia de Córdoba, Argentina" (Giorgis *et al.* 2011), que comprende toda la variedad biológica vegetal; se tomó la composición del bosque serrano y se redujo a un listado de árboles y arbustivas leñosas en función del tipo de constitución vegetal apto para la combustión. En la confección de dicho listado se contó con el asesoramiento botánico de la Dra. Raquel Scrivanti (IMBIV-CONICET) co-directora de este trabajo.

Además de esta bibliografía, y dado que son pocos los trabajos que se realizaron para la región de estudio, fue necesario realizar una colección de referencia que abarcase la posible complejidad del registro presente en el valle de Ongamira. Por ello nos fue de utilidad contar con los trabajos realizados en el valle de Ambato, Catamarca, por la Dra. B. Marconetto (2008) que realiza un estudio detallado de la diversidad florística presente en ese valle, entre las cuales se encuentran algunas de las que componen el Bosque Chaqueño Serrano. También se contó con trabajos de López (2006) y Pastor (2006), quienes realizaron análisis antracológicos para sitios arqueológicos en Córdoba. A su vez se tuvo en consideración información de las comunidades comechingonas de Córdoba que presentan un listado de especies vegetales y usos actuales (Herrera et al. 2010). Finalmente las investigaciones en curso del Dr. Gustavo Martínez (IDACOR – CONICET) en su trabajo "Recursos forestales combustibles en áreas de interés para la conservación de las Sierras de Córdoba, Argentina" sobre el uso y manejo doméstico del fuego, junto con un listado de especies que son utilizadas en la actualidad (Martínez y Fernández 2011).

Luego de ese rastreo bibliográfico se confeccionó un listado que comprende 12 familias y 30 especies leñosas (Tabla 2.2.1.1.) y se encuentra compuesto de una variabilidad fitogeográfica unida a los usos conocidos actualmente para leñosas. Entendemos que no necesariamente se corresponderá con lo encontrado en el registro arqueológico, no obstante, se procuró obtener la información necesaria para que, en caso de ser encontrada, pueda ser puesta en la discusión de los resultados.

Una vez compuesto el listado y contando con los especímenes (para ver el proceso de selección de las muestras dirigirse al Capítulo 3, ítem 3.2) se deben procesar dos tipos de muestras:

1. -Se deben obtener muestras de tejido leñoso para la realización de cortes histológicos en los tres planos disponibles (transversal, longitudinal tangencial, longitudinal radial) en estado verde.
2. -Se deben obtener muestras del tejido leñoso carbonizado para poder observar las características anatómicas en una superficie alterada por el calor y que permiten la comparación directa con el carbón arqueológico.

En relación a los cortes histológicos, las muestras de maderas se procesan siguiendo las técnicas indicadas para ello (ver detalle en Capítulo 3) (Martínez López y Sánchez Martínez 1985; Marconetto 2008; Solari 2000).

Para la obtención de la muestra carbonizada se realizan en un asador (pueden hacerse también en un horno o mufla) envolviendo las mismas en papel metalizado para que el oxígeno no las lleve al punto de combustión donde queden cenizas (Figura 2.2.1.2). El objetivo es obtener un carbón de condiciones similares a las de cualquier combustión de la madera para que, de esa manera, al colocar las muestras bajo la lupa y/o microscopio se pueda visibilizar los distintos caracteres anatómicos del leño. Si bien las muestras se alteran en tamaño y forma debido a la combustión, los estudios indican que la estructura celular se mantiene aún con pequeñas variaciones y mantiene su estructura anatómica formada por vasos, fibras, parénquima, etc. Por lo mismo, si bien pueden existir variables en lo que respecta a tamaño o fisuras, la identificación de estos caracteres es posible aún en material carbonizado (Marconetto 2008:34).

Familia	Nombre Científico	Nombre Común	Muestra Herbario	Muestra de Campo
Fabaceae/ Mimosoideae	*Acacia aroma* Gillies ex Hook. & Arn	Tusca	1	3
Fabaceae/ Mimosoideae	*Acacia caven* Molina	Espinillo	1	6
Fabaceae/ Mimosoideae	*Acacia furcatispina* Bukart	Garabato Negro	2	-
Fabaceae/ Mimosoideae	*Acacia praecox* Griseb.	Garabato	1	1
Apocynaceae	*Aspidosperma quebracho-blanco* Schltdl	Quebracho Blanco	2	2
Nyctaginaceae	*Bougainvillea stipitata* Griseb.	Tala Falso	1	1
Simaroubaceae	*Castela coccínea* Griseb.	Mistol del zorro	2	-
Cannabaceae	*Celtis tala* Gillies ex Planch.	Tala	2	7
Fabaceae/ Caesalpinioideae	*Cercidium praecox* (Ruiz & Pav. ex Hook.) Harms	Brea	2	-
Rhamnaceae	*Condalia buxifolia* Reissek	Piquillín	2	2
Rhamnaceae	*Condalia microphylla* Cav.	Piquillín	2	-
Fabaceae/ Papilionoideae	*Geoffraea decorticans* (Gillies ex Hook. & Arn.) Burkart	Chañar	1	-
Santalaceae	*Jodina rhombifolia* (Hook. & Arn.) Reissek	Sombra de Toro	2	2
Anacardiaceae	*Lithraea ternifolia* (Gillies ex Hook & Arn) F. A. Barkley	Molle de Beber	3	3
Rosaceae	*Polylepis australis* Bitter	Tabaquillo	1	-
Zigopyllaceae	*Porlieria microphylla* (Baill.) Descole, ODonell & Lourteig	Guayacán	2	-
Fabaceae/ Mimosoideae	*Prosopis alba* Griseb.	Algarrobo Blanco	1	5
Fabaceae/ Mimosoideae	*Prosopis chilensis* (Molina) Stuntz	Algarrobo Blanco	1	-
Fabaceae/ Mimosoideae	*Prosopis flexuosa* DC.	Algarrobo Chico	1	-
Fabaceae/ Mimosoideae	*Prosopis nigra* (Griseb.) Hieron.	Algarrobo Negro	2	3
Fabaceae/ Mimosoideae	*Prosopis torquata* (Cav. ex Lag.) DC.	Tintitaco	2	-
Polygonaceae	*Ruprechtia apetala* Wedd.	Manzano del Campo	2	2
Anacardiaceae	*Schinopsis balansae* Engl.	Quebracho Colorado	2	-
Anacardiaceae	*Schinopsis hankeana* Engl.	Orco Quebracho	2	1
Anacardiaceae	*Schinus areira* L.	Aguaribay	3	2
Anacardiaceae	*Schinus fasciculata* (Griseb.) I. M. Johnst.	Moradillo	2	4
Fabaceae/ Caesalpinioideae	*Senna aphylla* (Cav.) H. S. Irwin & Barneby	Pichana	2	-
Rutaceae	*Zanthoxylum coco* Gillies ex Hook. f. & Arn.	Coco	2	2
Rhamnaceae	*Ziziphus mistol* Griseb.	Mistol	2	-

TABLA 2.2.1.1.- LISTADO Y ESPECIES SELECCIONADAS PARA LA CONFECCIÓN DE LA COLECCIÓN DE REFERENCIA.

Capítulo 2 Aspectos teóricos-metodológicos

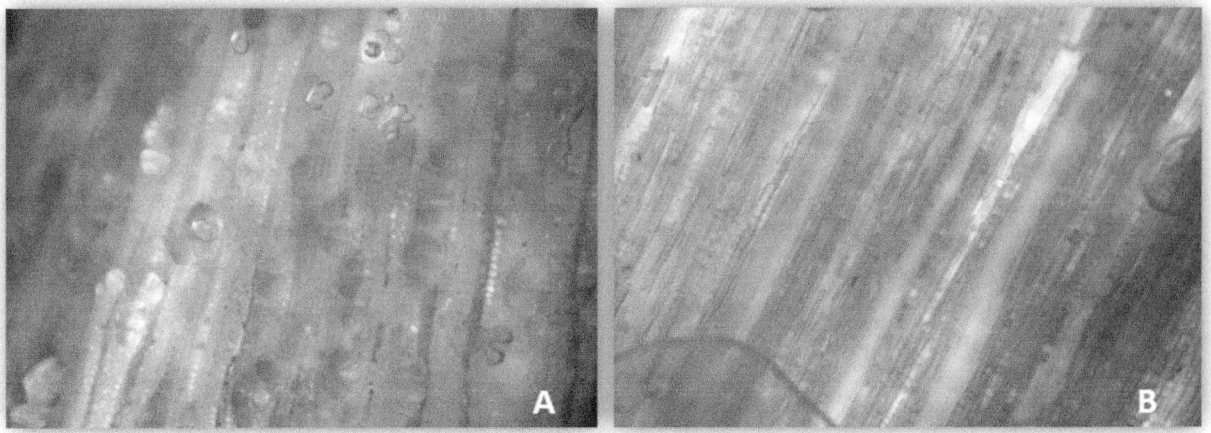

Figura 2.2.1.1.- Ejemplos de cortes histológicos de *Schinus fasciculata* (Griseb.) I. M. Johnst. A. Corte transversal (100x). B. Corte longitudinal tangencial (100x).

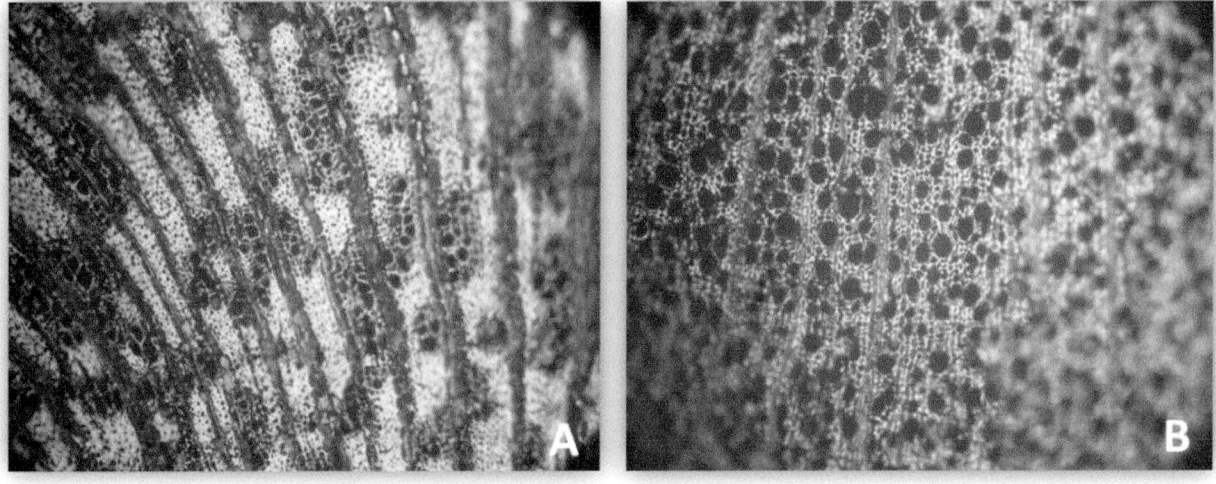

Figura 2.2.1.2.- Foto de muestras carbonizadas. A. Corte transversal de *Jodina rhombifolia* (100x). B. Corresponde a plano transversal de *Polylepis australis* (100x).

2.2.2.- Observación y descripción de la colección de referencia

Para la descripción de los géneros y especies muestreados se realizaron las observaciones necesarias utilizando una lupa binocular Motic con una cámara Motic de 2.0 megapíxeles y un lente extra de aumento de 2x que permitía alcanzar los 100x de aumento. Utilizando una fibra óptica para aportar mayor luz incidente sobre los carbones. También un microscopio óptico Nikon Ephiphot 200 con un tercer ocular para una cámara de fotos Nikon Coolpix S4 de 6.0 megapíxeles que permite observaciones de 100x, 200x y hasta 500x. Ambos ubicados en el Museo de Antropología/IDACOR-CONICET, en el laboratorio LAMMAL. También se hicieron uso de un microscopio óptico Axiophot Zeizz con objetivos de 100x y 200x con cámara fotográfica de 6 megapíxeles; y una lupa binocular Olympus de 100x con un lente que permite llegar a los 200x y una cámara Olympus de 6 megapíxeles pertenecientes al IMBIV-CONICET

En el caso de los cortes histológicos se observan bajo microscopio óptico de reflexión a distintos aumentos, aunque a los 100x ya se obtiene una buena imagen y se pueden obtener fotografías que permiten su descripción.

En el caso del carbón no se pueden realizar cortes delgados ni similares ya que la estructura del leño es quebradiza y pierde sus características. La manera de estudiarlo es realizando cortes frescos con la mano en los tres planos posibles y ponerlo sobre una capsula de Petri con arena (o similar) que le permita adoptar distintas posiciones. De esa forma se puede estudiar su anatomía con lupa binocular o microscopios ópticos, ambos con luz incidente.

El uso de la lupa binocular solo es aconsejado para observar características generales ya que la falta de definición a bajos aumentos imposibilita una adecuada descripción.

Siendo uno de los objetivos principales de este trabajo realizar la identificación taxonómica de las especies vegetales carbonizadas se procedió a recopilar información al respecto de los caracteres diagnósticos que son de utilidad para tal identificación. Por ello mismo se siguió el listado confeccionado por la International Association of Wood Anatomists Commite (1964, 1989), (de ahora en más IAWA) para las plantas angiospermas.

A la hora del análisis se realizan descripciones macroscópicas, en el caso de la madera fresca sobre la base de caracteres como olor, color, textura; y microscópicas, al respecto disposición de elementos vasculares, parénquima, fibras, entre otros. Para ello se utilizó una planilla armada para tal fin de la base de datos Insidewood (http://insidewood.lib.ncsu.edu/) y se modificó para dejar los caracteres pertinentes al análisis microscópico (Ver Anexo 7.1.).

Luego, la descripción anatómica de los fragmentos antracológicos se realiza siguiendo los tres planos que presenta (transversal, longitudinal tangencial y longitudinal radial) (Figura 2.2.1.3). A partir de ellos se puede estudiar la estructura de la madera en los sistemas axial y radial. La caracterización de estos planos será a partir de los caracteres diagnósticos que corresponden a la presencia o ausencia de elementos vasculares, fibras, parénquima, anillos de crecimiento, entre otros; y la cantidad de los mismos, abundante, escaso, difuso, etc. Además de la comparación con la muestra de casos conocidos se realizan estudios comparativos complementarios para contratar la identificación de maderas a través de atlas anatómicos (Tortorelli, 1956; Castro 1994). El primero realizó un importante trabajo relevando las propiedades morfológicas y anatómicas de las especies en el territorio Argentino. Por otra parte, María Agueda Castro realizó un estudio detallado sobre el género *Prosopis,* abundante en el Bosque Chaqueño.

Mientras que se consultó la base de datos virtual Insidewood (http://insidewood.lib.ncsu.edu/) donde existe una extensa bibliografía descriptiva de géneros y especies de todo el planeta, siguiendo los lineamientos confeccionados por la IAWA.

Es conveniente aclarar que las identificaciones del carbón vegetal, en la mayoría de los casos, se realizan hasta nivel de género dado que continuar a nivel de especie requiere un mayor análisis y estudio de la muestra incorporando técnicas de análisis que pueden exceder los tiempos de estudio propuestos. El uso de microscopía de barrido electrónico es muy útil para estos casos pero incorpora un costo adicional a los estudios. Por otra parte, también corresponde al nivel de detalle que se desee llegar en la investigación y debe estar de acuerdo a la problemática; en el caso de este proyecto, dada la cantidad de muestras de carbón a analizar, se realiza la identificación a nivel de género, entendiendo que de ser necesario pueden continuarse los estudios a futuro con mayor detalle. Especialmente considerando que el listado de especies a tener como referencia para el Bosque Chaqueño Serrano muchas veces solo presenta una sola especie por lo que facilita su interpretación, y en otras como es el caso de *Prosopis* o *Acacia* llevan a un nivel de análisis y descripción cuya discusión aún se encuentra hoy vigente (Castro 1994; Bravo *et al.* 2001; Vega Riveros *et al.*, 2011).

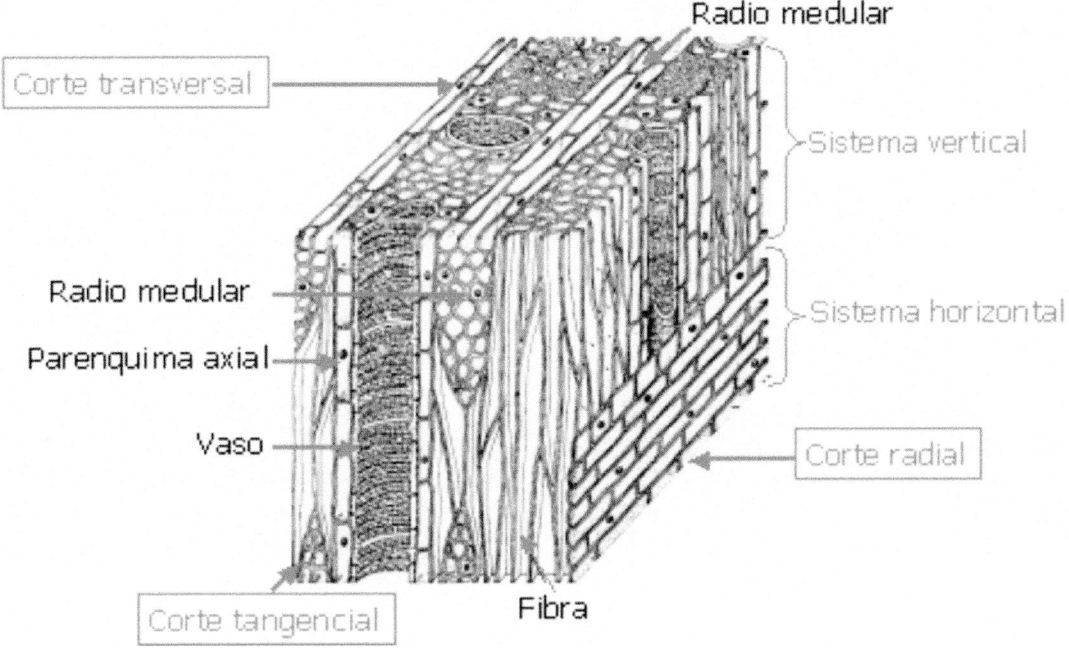

Figura 2.2.2.1.- Planos en los que se pueden observar los caracteres diagnósticos de las leñosas. Imagen tomada de Fahnn 1990.

2.2.3.- Tratamiento de la muestra arqueológica

En todos los casos se utilizaron las medidas de protección y conservación del material necesaria. Las muestras se analizaron con guantes de látex, pinzas de acero inoxidable; se colocaron sobre una bandeja de madera forrada con papel aluminio, para que sea más fácil manejar el material. Se armaron sobres de papel metalizado para separar el material de acuerdo a los criterios acordados. Se utilizó, en los casos de que las muestras fuesen con sedimento, una zaranda de 20x30 cm con una malla metálica de 0,05 cm. Esto permitió recuperar la mayor parte de los carbones hasta ese tamaño.

Al abrir cada muestra se realizó una separación de los distintos materiales hallados:

-Restos óseos faunísticos, se especificó si estaban o no con un grado de termoalteración reconocible macroscópicamente. En caso de corresponder a micro fauna, se las separa y anota individualmente.

-Restos malacofaunísticos, se separaron y contabilizaron valvas enteras y ápices.

-Material lítico, separadas en bolsas.

-Ramas, coprolitos y otros.

2.2.3.1.- Tamaños de la muestra

Una de las primeras aproximaciones que se hicieron sobre las muestras fue realizar una descripción de la composición de cada una, atendiendo a la diferencia de tamaño entre carbones y caracterización macroscópica. Ya sea corteza o rama fina (ramitas de pequeño tamaño enteras en la circunferencia), rama chica (incluye todas aquellas no asignables a rama fina o rama mediana, son por lo general los fragmentos menores a 0,5 cm). En su mayoría los restos de corteza o ramas pequeñas no son pasibles de determinaciones taxonómicas, sin embargo se las observó en lupa y microscopio hasta 200X y se realizó un registro fotográfico de las mismas para futuros usos. También se seleccionaron las ramas medianas (ramas que sean de un tamaño mayor a 1 cm de circunferencia ya sea que estuviesen enteras o partidas).

Luego se separaron los fragmentos de carbones restantes de distintos tamaños con un criterio en base a 3 medidas. Carbones con alguno de sus lados igual o más de 1 cm de longitud (independientemente del corte anatómico); carbones de tamaños entre 0,5 y 1 cm; y carbones con tamaños menores a 0,5 cm. En cada caso se contabilizó la cantidad (Figura 2.2.3.1.1).

2.2.3.2.-Aspectos tafonómicos de la muestra

Otro criterio estudiado responde al estado de la muestra en términos tafonómicos (fresca, rodada, carbonatada, entre otros). Por otra parte se caracterizó la presencia o no de ceniza y tierra termoalterada en el sedimento. Se registró además si la muestra presenta o no grietas, galería de insectos, entre algunas posibilidades.

Figura 2.2.3.1.1.- Fragmentos de carbón separado por tamaños y morfología. A. Corresponde a fragmentos que superaron 1 cm. B. Corresponde a fragmentos que no superan 1 cm. C. Corresponde a fragmentos que son menores a 0,5 cm. D. Corresponde a *ramas finas*. E. Corresponde a *cortezas*.

Capítulo 2 Aspectos teóricos-metodológicos

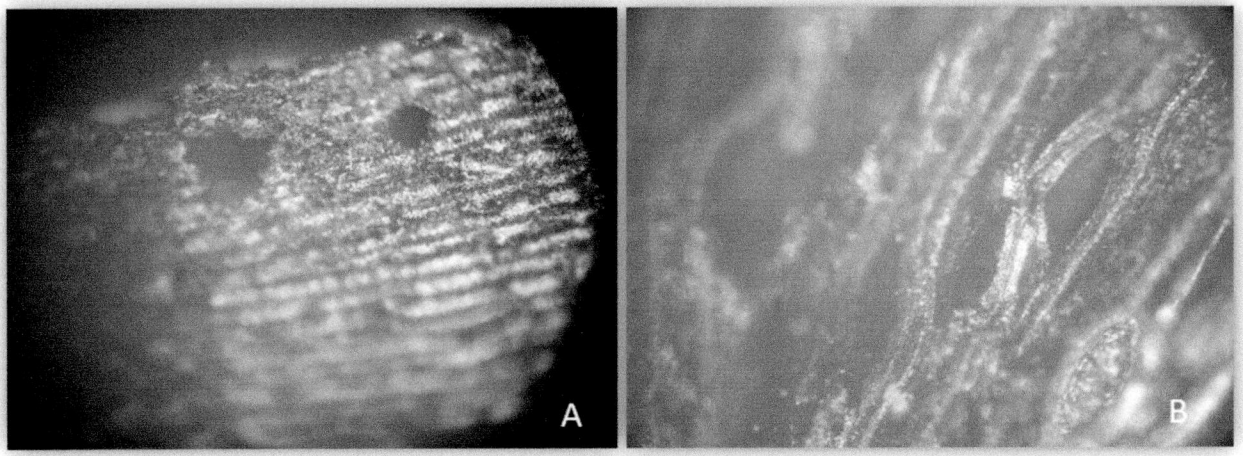

Figura 2.2.3.2.1.- Ejemplos de estados tafonómicos diferentes. A. Corte transversal *Castela* sp.(100x) de UE111, huecos de xilófagos. B. Corresponde a corte transversal de *Schinopsis* sp.(100x) de UE29, grietas por la temperatura.

2.3.- Las áreas de combustión

Uno de los objetivos de este trabajo es poder caracterizar, a nivel intra-sitio, los distintos espacios de combustión que son interpretados a partir de las unidades estratigráficas del Alero Deodoro Roca. Ello significa, describir y caracterizar los distintos rasgos que presenta el registro arqueológico a partir de una caracterización de las estructuras de combustión. Las estructuras de combustión son rasgos arqueológicos reconocidos por la concentración de restos de combustión como cenizas, fragmentos de carbón, piedras con indicios de termoalteración, entre otros (Marconetto 2006). Están ubicados en un área restringida, asociados a superficies de tierra termoalterada con rasgos de oxidación (rubificada) cuando hay contacto con el oxígeno tomando un color rojizo, o presentan una coloración quemada (hollín) cuando no han tenido contacto con el oxígeno.

Entendemos que hay distintas formas de clasificar las estructuras de los fogones (Leroi-Gourhan 1973) con distintas formas de funcionamiento:

-Estructura en cubeta: Combustión dentro de un área restringida por encontrarse en un desnivel excavado artificialmente o de origen natural. Están asociadas a combustiones de mayor duración, dejando una mayor cantidad de residuos carbonizados.

-Estructura en plato (o planos): La combustión se da en un área no excavada sino sobre una superficie plana. Están asociadas a combustiones de temperaturas más bajas y regulares.

-Estructura sobre elevada: La combustión se produce en un área sobre elevada con respecto al piso, se puede formar una superficie con piedras. Son de características similares a los de estructura plana ya que hay dispersión de los residuos y tiene menor temperatura.

A estas estructuras se les puede asociar rocas formando un cordón sobre los límites del fogón para la protección contra el viento, por ejemplo.

En nuestro caso, la gran mayoría corresponden a fogones planos (Cattáneo et al. 2014), es decir, han sido áreas de combustión *in situ*, que incluyen ecofactos como rocas en círculo, que pueden o no presentar sedimentos quemados debajo, como también la presencia de ceniza. Incluso, algunos espacios de combustión están caracterizados por la presencia de malacofauna a través de valvas enteras de moluscos con signos de termoalteración y posible fuente de alimentación (Izeta *et al.* 2013; Cattáneo *et al.* 2014).

Es pertinente, en la caracterización, describir si corresponde a una estructura de combustión removida por agentes naturales (por ejemplo, la inclinación del terreno) o simplemente es un rasgo producto de la modificación antrópica (limpieza de fogón, por ejemplo) u otros procesos post-depositacionales que actuaron modificando el registro. Así como poder identificar, en el registro, la posibilidad de presencia de incendios naturales o indicios de combustión en donde el ser humano puede o no haber estado implicado (Lindskoug, 2013).

Para entender la significancia del fuego en la vida de las personas, es necesario también entender cada componente de la estructura de combustión. Esto implica analizar la transformación térmica de los elementos, por separado y en conjunto, para poder identificar las asociaciones que pueden haber preservado la estructura tal como fue hallada (March *et al.* 2012, March 1992).

-Segunda Parte-

Capítulo 3
La muestra de estudio.
La colección de referencia y la colección arqueológica de ADR

3.1. Introducción

A continuación se presentan las dos colecciones estudiadas. Corresponden a:

La colección de referencia para la identificación taxonómica de los restos antracológicos.

La colección arqueológica de muestras antracológicas del Alero Deodoro Roca.

3.2. La colección de referencia para la identificación taxonómica de los restos antracológicos

La colección de referencia se compone de muestras provenientes de ejemplares de herbarios depositados en el Herbario del Museo Botánico de Córdoba (CORD) y de muestras verdes recolectadas en la región de estudio, el valle de Ongamira y otras regiones aledañas, e identificadas con la colaboración de la Dra. Scrivanti (Figura 3.2.8). Para el caso de las primeras (Figura 3.2.1), se obtuvieron muestras de leño de los ejemplares de herbarios coleccionados en el área de estudio y sus inmediaciones, en particular del norte de Córdoba, con preferencia sobre los departamentos de Cruz del Eje, Ischilín y alrededores. En la Tabla 3.2.2 se pueden observar la procedencia de cada muestra por especie.

FIGURA 3.2.1.- EJEMPLOS DE MATERIALES DE HERBARIO MUESTREADOS. A. *RUPRECHTIA APETALA* WEDD., DEPARTAMENTO COLÓN, RÍO CEBALLOS, L. ARIZA ESPINAR 3663 (CORD). B. *ACACIA CAVEN* MOLINA, PAMPA DE POCHO, R. LUTI 4434 (CORD). C. *CELTIS TALA* GILLIES EX PLANCH, CERRO URITORCO, HUNZIKER 18272 (CORD).

Familia	Nombre Científico	Nombre Común	Procedencia
Fabaceae/ Mimosoideae	*Acacia aroma* Gillies ex Hook. & Arn	Tusca	Tulumba
Fabaceae/ Mimosoideae	*Acacia caven* Molina	Espinillo	Pocho
Fabaceae/ Mimosoideae	*Acacia furcatispina* Bukart	Garabato Negro	Cruz del Eje
Fabaceae/ Mimosoideae	*Acacia furcatispina* Bukart	Garabato Negro	La Falda
Fabaceae/ Mimosoideae	*Acacia praecox* Griseb.	Garabato	Ischilín
Apocynaceae	*Aspidosperma quebracho-blanco* S.	Quebracho B.	Tulumba
Apocynaceae	*Aspidosperma quebracho-blanco* S.	Quebracho B.	Ischilín
Nyctaginaceae	*Bougainvillea stipitata* Griseb.	Tala Falso	Capilla del Monte
Simaroubaceae	*Castela coccínea* Griseb.	Mistol del zorro	Ischilín
Simaroubaceae	*Castela coccínea* Griseb.	Mistol del zorro	Sobremonte
Cannabaceae	*Celtis tala* Gillies ex Planch.	Tala	Ischilín
Cannabaceae	*Celtis Tala* Gillies ex Planch.	Tala	Capilla del Monte
Fabaceae/ Caesalpinioideae	*Cercidium praecox* (Ruiz & Pav. ex Hook.) Harms	Brea	Sobremonte
Fabaceae / Caesalpinioideae	*Cercidium praecox* (Ruiz & Pav. ex Hook.) Harms	Brea	Charbonier
Rhamnaceae	*Condalia buxifolia* Reissek	Piquillín	Salsipuedes
Rhamnaceae	*Condalia buxifolia* Reissek	Piquillín	Villa María
Rhamnaceae	*Condalia microphylla* Cav.	Piquillín	Pampa de Oláen
Rhamnaceae	*Condalia microphylla* Cav.	Piquillín	Ischilín
Fabaceae/ Papilionoideae	*Geoffraea decorticans* (Gillies ex Hook. & Arn.) Burkart	Chañar	Cruz del Eje
Santalaceae	*Jodina rhombifolia* (Hook. & Arn.) Reissek	Sombra de Toro	Pocho
Santalaceae	*Jodina rhombifolia* (Hook. & Arn.) Reissek	Sombra de Toro	Colon
Anacardiaceae	*Lithraea ternifolia* (Gillies ex Hook & Arn)Barkley	Molle de Beber	Ischilín
Anacardiaceae	*Lithraea ternifolia* (Gillies ex Hook & Arn)Barkley	Molle de Beber	Cerro Colorado
Anacardiaceae	*Lithraea ternifolia* (Gillies ex Hook & Arn)Barkley	Molle de Beber	Cerro Colorado
Rosaceae	*Polylepis australis* Bitter	Tabaquillo	Cruz del Eje
Zigopyllaceae	*Porlieria microphylla* (Baill.) Descole, ODonell & Lourteig	Guayacán	Totoral
Zigopyllaceae	*Porlieria microphylla* (Baill.) Descole, ODonell & Lourteig	Guayacán	La Rioja
Fabaceae/ Mimosoideae	*Prosopis alba* Griseb.	Algarrobo B.	Córdoba
Fabaceae/ Mimosoideae	*Prosopis chilensis* (Molina) Stuntz	Algarrobo B.	Catamarca
Fabaceae/ Mimosoideae	*Prosopis flexuosa* DC. fo. Flexuosa	Algarrobo Chico	Tulumba
Fabaceae/ Mimosoideae	*Prosopis nigra* (Griseb.) Hieron.	Algarrobo N.	Pampa Muyoj
Fabaceae/ Mimosoideae	*Prosopis nigra* (Griseb.) Hieron.	Algarrobo Negro	Sta Rosa - Junín

Capítulo 3 La muestra de estudio. La colección de referencia y la colección arqueológica de ADR

Fabaceae/ Mimosoideae	*Prosopis torquata* (Cav. ex Lag.) DC.	Tintitaco	Villa de Soto
Fabaceae/ Mimosoideae	*Prosopis torquata* (Cav. ex Lag.) DC.	Tintitaco	Rio Cuarto
Polygonaceae	*Ruprechtia apetala* Wedd.	Manzano del Campo	Colon
Polygonaceae	*Ruprechtia apetala* Wedd.	Manzano del Campo	Colon
Anacardiaceae	*Schinopsis balansae* Engl.	Quebracho Colorado	Río Seco
Anacardiaceae	*Schinopsis balansae* Engl.	Quebracho Colorado	Río Seco
Anacardiaceae	*Schinopsis hankeana* Engl.	Orco Quebracho	Capilla del Monte
Anacardiaceae	*Schinopsis hankeana* Engl.	Orco Quebracho	Ischilín
Anacardiaceae	*Schinus areira* L.	Aguaribay	Capital
Anacardiaceae	*Schinus areira* L.	Aguaribay	Capital
Anacardiaceae	*Schinus areira* L.	Aguaribay	Capital
Anacardiaceae	*Schinus fasciculate* (Griseb.) I.M. J.	Moradillo	Rio Segundo
Anacardiaceae	*Schinus fasciculata* (Griseb.) I.M. J.	Moradillo	Malagueño
Fabaceae/ Caesalpinioideae	*Senna aphylla* (Cav.) H. S. Irwin & Barneby	Pichana	Punilla
Fabácea/ Caesalpinioideae	*Senna aphylla* (Cav.) H. S. Irwin & Barneby	Pichana	Capital
Rutaceae	*Zanthoxylum coco* Gillies ex Hook. f. & Arn.	Coco	Capilla del Monte
Rutaceae	*Zanthoxylum coco* Gillies ex Hook. f. & Arn.	Coco	Colon
Rhamnaceae	*Ziziphus mistol* Griseb.	Mistol	Ischilín
Rhamnaceae	*Ziziphus mistol* Griseb.	Mistol	Villa Dolores

Tabla 3.2.2.- Listado de las especies de estudio seleccionadas a partir de material de herbario (CORD), indicando su lugar de procedencia (departamento y/o localidad).

Figura 3.2.3.- Ejemplo de *Acacia caven* Molina, ubicado en el valle de Ongamira en la actualidad.

En el caso de las segundas, las obtenidas en la región de estudio, forman parte de la colección de referencia solo de manera complementaria (Figura 3.2.3). Con estas muestras se buscó realizar un aporte más de material de referencia para tener en consideración en el estudio; esperando en un futuro realizar un relevamiento adecuado de toda la vegetación disponible en la región de estudio. Esto será de utilidad para poner en discusión la frecuencia relativa de cada especie leñosa y la disponibilidad como oferta de leña para los grupos humanos.

Durante esta recolección, se obtuvo material de referencia de ramas con hoja, flor y fruto para realizar la identificación taxonómica de las especies (Tabla 3.2.4) recolectada durante Septiembre del 2012 y Marzo del 2014.

Familia	Nombre Científico	Nombre Común	Procedencia
Fabaceae/ Mimosoideae	*Acacia aroma* Gillies ex Hook. & Arn.	Tusca	Ciudad Univ.–Cba.
Fabaceae/ Mimosoideae	*Acacia caven* Molina	Espinillo	Ciudad Univ.–Cba.
Fabaceae/ Mimosoideae	*Acacia caven* Molina	Espinillo	Ongamira
Fabaceae/ Mimosoideae	*Acacia caven* Molina	Espinillo	ADR - Ongamira
Fabaceae/ Mimosoideae	*Acacia caven* Molina	Espinillo	Cerro Colorado –Cba.
Fabaceae/ Mimosoideae	*Acacia praecox* Griseb.	Garabato	Dique La Quebrada – Colón
Apocynaceae	*Aspidosperma quebracho-blanco* Schltdl.	Quebracho Blanco	Ciudad Univ.–Cba.
Apocynaceae	*Aspidosperma quebracho-blanco* Schltdl.	Quebracho Blanco	Cerro Colorado –Cba.
Apocynaceae	*Aspidosperma quebracho-blanco* Schltdl.	Quebracho Blanco	Dique La Quebrada – Colón
Nyctaginaceae	*Bougainvillea stipitata* Griseb.	Tala Falso	Dique La Quebrada - Colón
Cannabaceae	*Celtis Tala* Gillies ex Planch.	Tala	Ongamira
Cannabaceae	*Celtis Tala* Gillies ex Planch.	Tala	ADR – Ongamira
Cannabaceae	*Celtis Tala* Gillies ex Planch.	Tala	Cerro Colorado –Cba.
Cannabaceae	*Celtis Tala* Gillies ex Planch.	Tala	Dique La Quebrada – Colón
Rhamnaceae	*Condalia buxifolia* Reissek	Piquillín	Cerro Colorado - Cba
Fabaceae/ Papilionoideae	*Geoffraea decorticans* (Gillies ex Hook. & Arn.) Burkart	Chañar	Ciudad Univ. - Cba
Santalaceae	*Jodina rhombifolia* (Hook. & Arn.) Reissek	Sombra de toro	ADR – Ongamira
Santalaceae	*Jodina rhombifolia* (Hook. & Arn.) Reissek	Sombra de toro	Cerro Colorado - Cba
Anacardiaceae	*Lithraea ternifolia* (Gillies ex Hook & Arn) F. A. Barkley	Molle	Ciudad Univ. - Cba
Anacardiaceae	*Lithraea ternifolia* (Gillies ex Hook & Arn) F. A. Barkley	Molle	Ongamira
Anacardiaceae	*Lithraea ternifolia* (Gillies ex Hook & Arn) F. A. Barkley	Molle	Cerro Colorado - Cba
Fabaceae/ Mimosoideae	*Prosopis alba* Griseb.	Algarrobo Blanco	Ciudad Univ. - Cba
Fabaceae/ Mimosoideae	*Prosopis alba* Griseb.	Algarrobo Blanco	La Rioja
Fabaceae/ Mimosoideae	*Prosopis nigra* (Griseb.) Hieron.	Algarrobo Negro	Ciudad Univ. - Cba
Fabaceae/ Mimosoideae	*Prosopis nigra* (Griseb.) Hieron.	Algarrobo Negro	Cerro Colorado - Cba
Polygonacea	*Ruprechtia apetala* Wedd.	Manzano del Campo	Dique La Quebrada - Colón

Anacardiaceae	*Schinopsis hankeana* Engl.	Orco Quebracho	Ciudad Univ. - Cba
Anacardiaceae	*Schinus areira* L.	Aguaribay	Ciudad Univ. - Cba
Anacardiaceae	*Schinus fasciculata*(Griseb.) I. M. Johnst.	Moradillo	La Leona - Ongamira
Anacardiaceae	*Schinus fasciculata*(Griseb.) I. M. Johnst.	Moradillo	ADR - Ongamira
Rutaceae	*Zanthoxylum coco* Gillies ex Hook. f. & Arn.	Coco	Ongamira
Rutaceae	*Zanthoxylum coco* Gillies ex Hook. f. & Arn.	Coco	ADR - Ongamira
Rutaceae	*Zanthoxylum coco* Gillies ex Hook. f. & Arn.	Coco	Dique La Quebrada - Colón

TABLA 3.2.4.-LISTADO DE ESPECIES RECOLECTADAS DURANTE 2012-2014 EN EL VALLE DE ONGAMIRA, EN LA CIUDAD DE CÓRDOBA Y ALREDEDORES.

En el caso de las muestras de herbario de CORD estudiadas, se registró la procedencia. Las muestras recolectadas en el campo (Tabla 3.2.4), fueron identificadas según las claves dicotómicas de Parodi (1964, 1980, 1975), Hunziker (1984), Zuloaga &Morrone (1999), Zuloaga *et. al.* (2008). Los especímenes muestreados constaban de ramas completas con sus estructuras vegetativas y reproductivas. La identificación taxonómica se llevó a cabo junto con la Dra. R. Scrivanti.

A partir del material de referencia de los ejemplares de herbario, como de las muestras obtenidas en el campo, se obtuvieron muestras de tejido leñoso de ramas para realizar los cortes histológicos y las muestras carbonizadas (Figura 3.2.5.).

Considerando que, tal como se describió en el capítulo 2 de metodología, es de utilidad para poder estudiar la anatomía de cada especie contar con dos tipos de muestras:

1.- Se deben obtener muestras de tejido leñoso para la realización de cortes histológicos en los tres planos disponibles (transversal, longitudinal tangencial, longitudinal radial).

2.- Se deben obtener muestras de tejido leñoso para ser carbonizados y poder observar las características anatómicas en una superficie alterada por el calor y que permite la comparación con el carbón arqueológico.

Se procedió, en relación a los cortes histológicos de las muestras de madera, al procesamiento siguiendo las técnicas indicadas para ello (Martínez López y Sánchez Martínez 1985; Marconetto 2008; Solari 2000). Muestras de cada especie se cortaron en cubos de aproximadamente 1 centímetro, se lijaron todos los lados con lijas de grano decreciente (de más grueso a más fino) para dejar la superficie pulida. Con posterioridad, los cubos fueron hervidos durante varias horas en una solución de agua y unas gotas de detergente a fin de ablandar la madera.

Luego de hervidos los cubos, se procedió a obtener los cortes histológicos de los tres planos anatómicos mencionados con un bisturí y/o hoja de afeitar a mano alzada. Con el bisturí se obtienen cortes delgados que muestran las distintas estructuras del leño (vasos, parénquima, radios, entre otros) y a partir de ello se realiza una buena descripción de cada especie a los fines de realizar taxonomía. Estos cortes permitieron ver las diferencias anatómicas y poder compararlas con las muestras carbonizadas.

Por último, los cortes Longitudinales fueron coloreados con Safranina y Fast Green, que permiten una mejor visibilidad de algunas células del leño. Luego se montaron con Bálsamo de Canadá en porta-objetos. En los mismos se colocaron los tres tipos de cortes quedando listos para ser vistos con microscopio óptico y tomar microfotografías (Figura 3.2.6).

Finalmente, para la obtención de las muestras carbonizadas, otra muestra leñosa de cada una de las especies seleccionadas fueron puestas en asador hasta su carbonización (Figura 3.2.7) envueltas en papel metalizado para que el oxígeno no las lleve al punto de cenizas. El objetivo fue obtener un carbón de condiciones similares a las de cualquier combustión de la madera para que, de esa manera, al colocar las muestras bajo lupa y/o microscopio los distintos caracteres anatómicos del leño sean visibles.

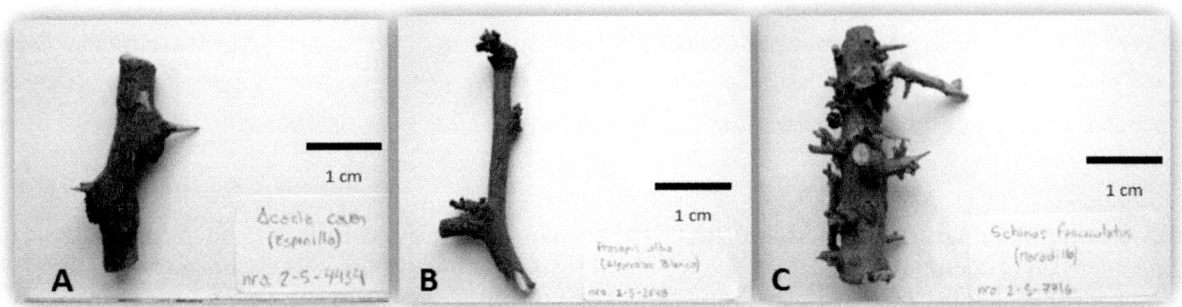

FIGURA 3.2.5.- EJEMPLO DE MUESTRAS DE TEJIDO LEÑOSO DE LAS RAMAS, UTILIZADOS PARA LOS CORTES HISTOLÓGICOS Y LAS MUESTRAS CARBONIZADAS. A. *ACACIA CAVEN* MOLINA. B. *PROSOPIS ALBA* GRISEB. B. *SCHINUS FASCICULATA*(GRISEB.) I. M. JOHNST.

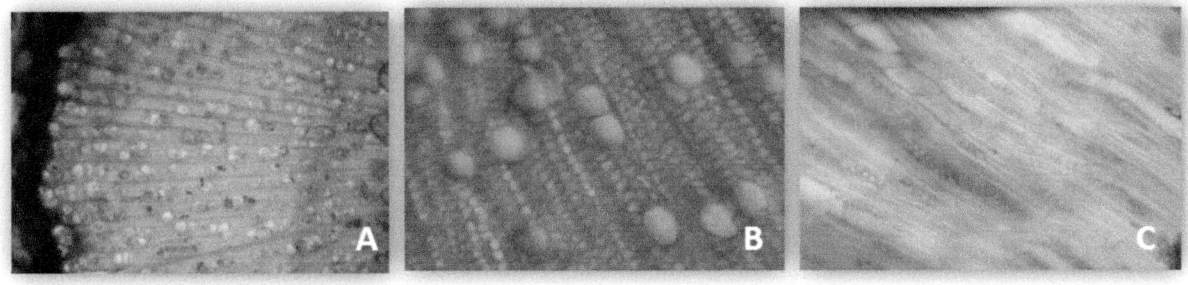

FIGURA 3.2.6.- MICROFOTOGRAFÍA DE LEÑO DE *ZANTHOXYLUM COCO* GILLIES EX HOOK. F. & ARN. A. CORTE TRANSVERSAL A (100X). B. CORTE TRANSVERSAL (200X). C. CORTE LONGITUDINAL TANGENCIAL (200X).

3.3.- La muestra arqueológica

3.3.1.- Origen de la muestra

Entre Abril del 2010 y Febrero de 2013 se realizaron las campañas sobre una superficie no trabajada con anterioridad en el sector B del Alero Deodoro Roca utilizando las técnicas de excavación siguiendo los estratos naturales y tomando registro de todo ítem mayor a 2 centímetros (estación total). En dichas excavaciones se interpretaron 114 unidades estratigráficas y rasgos *sensu* Harris (1992) de las cuales 48 de ellas presentan rasgos de combustión siendo interpretados 14 fogones, 19 áreas de combustión (donde

Figura 3.2.7.- Pasos en la carbonización de las muestras envueltas en aluminio (Fotografías A y B). C. y D. *Cercidium praecox* (Ruiz & Pav. ex Hook.) Harms C. Corte longitudinal radial (200x). D. Corte transversal (100x).

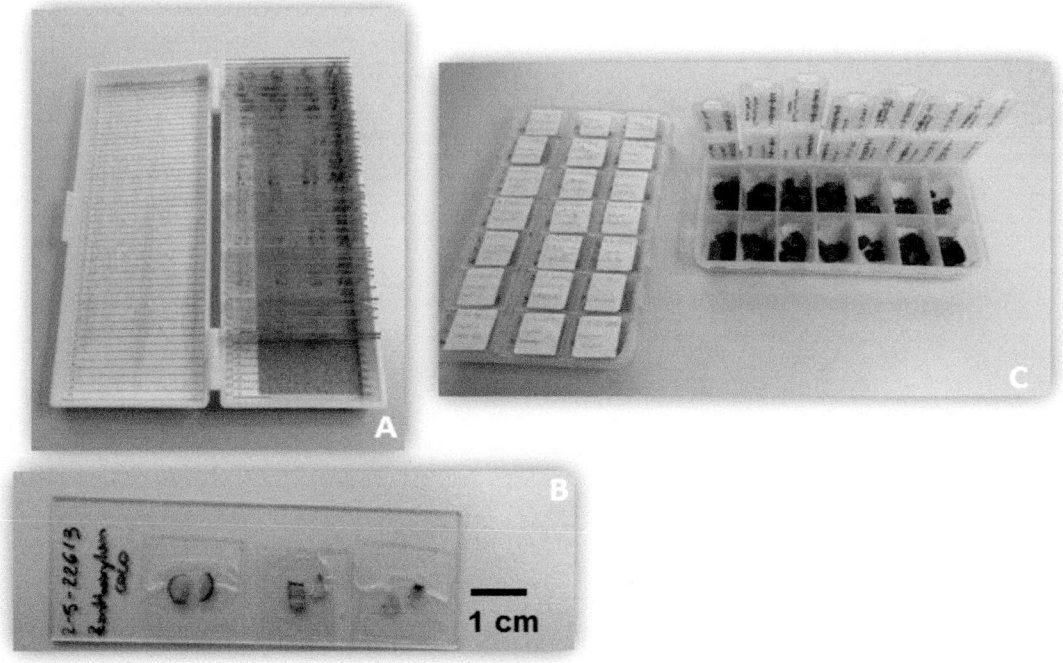

Figura 3.2.8.- Colección de referencia A. y B. Cortes histológicos C. Muestras carbonizadas.

quedan restos de fogones, y varias UE con presencias de carbón, ya sea por rodamiento o por ser las matrices sedimentarias que cubrieron los fogones UE(Tablas 3.3.1.2. y 3.3.1.3.) (Cattáneo et. al 2013; Cattáneo e Izeta 2014).

En el caso de nuestro trabajo se utilizará material recuperado de las UE provenientes de las cuadrículas XII-B, XII-C, XIII-C, XIV-C, XV-C y XVI-C (Tabla 3.3.1.1.) datadas entre ca. 2900 y 4000 ap. Esto nos permitirá discutir las distintas ocupaciones que ha tenido el alero y los distintos eventos que fueron superponiéndose uno con otros. Es así como en el área excavada cubierta por las mencionadas cuadrículas se interpretaron las UE con rasgo de combustión y presencia de carbón vegetal que se presentan en la tabla 3.3.1.4. La misma corresponde a la cantidad de fragmentos de carbón contabilizados durante el análisis del material (para ver más sobre la composición de cada unidad estratigráfica dirigirse al Capítulo 4, apartado 4.3.1.).

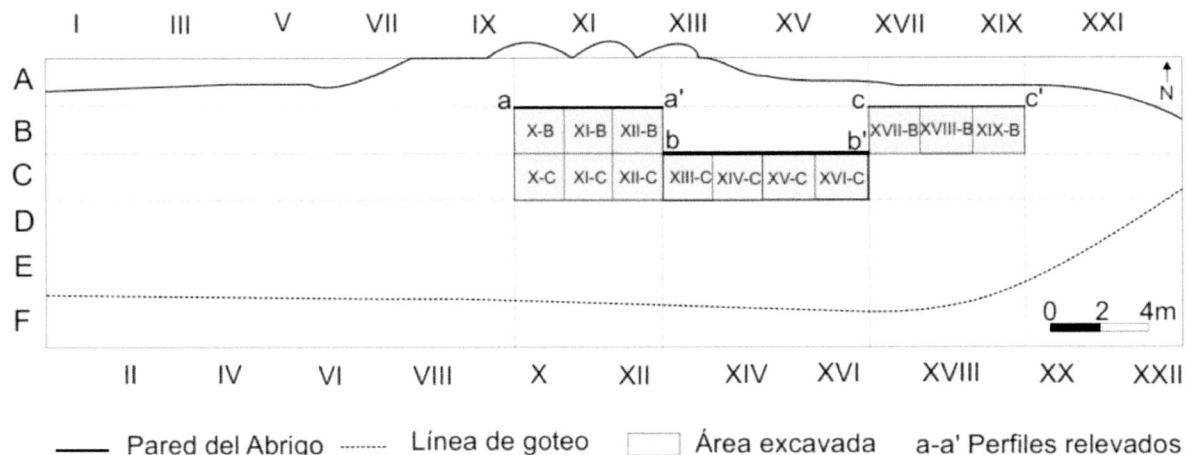

FIGURA 3.3.1.1. .- PROCEDENCIA DE LAS MUESTRAS ARQUEOLÓGICAS, PLANTA DEL ALERO DEODORO ROCA SECTOR B, TOMADO DE CATTÁNEO *ET. AL.* (2014).

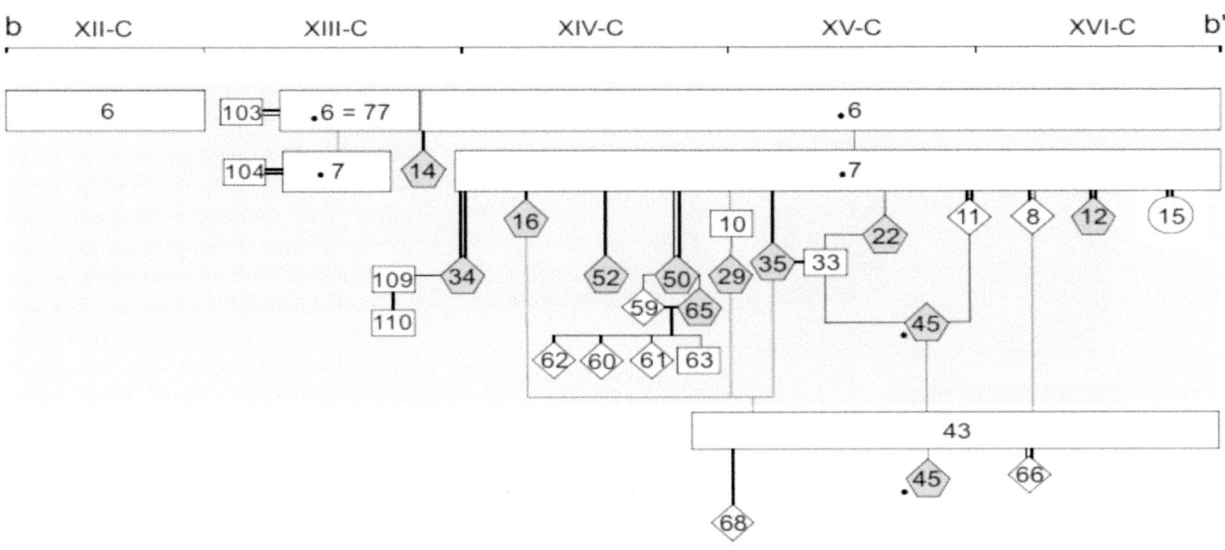

FIGURA 3.3.1.2.- ESQUEMA DE UNIDADES ESTRATIGRÁFICAS PARA EL ALERO DEODORO ROCA, SECTOR B. TOMADO DE CATTÁNEO *ET. AL.* (2014). UNIDADES A ESTUDIAR: UE14, UE16, UE22, UE29, UE34, UE35, UE50, UE52, UE65 Y UE45 DESIGNADAS COMO FOGONES. UE33, UE59, UE 60, UE61, UE62, UE63, UE 66 Y UE68, UE109 Y UE110 DESIGNADAS COMO ÁREAS DE COMBUSTIÓN. UE7 Y UE43 MATRIZ SEDIMENTARIAS.

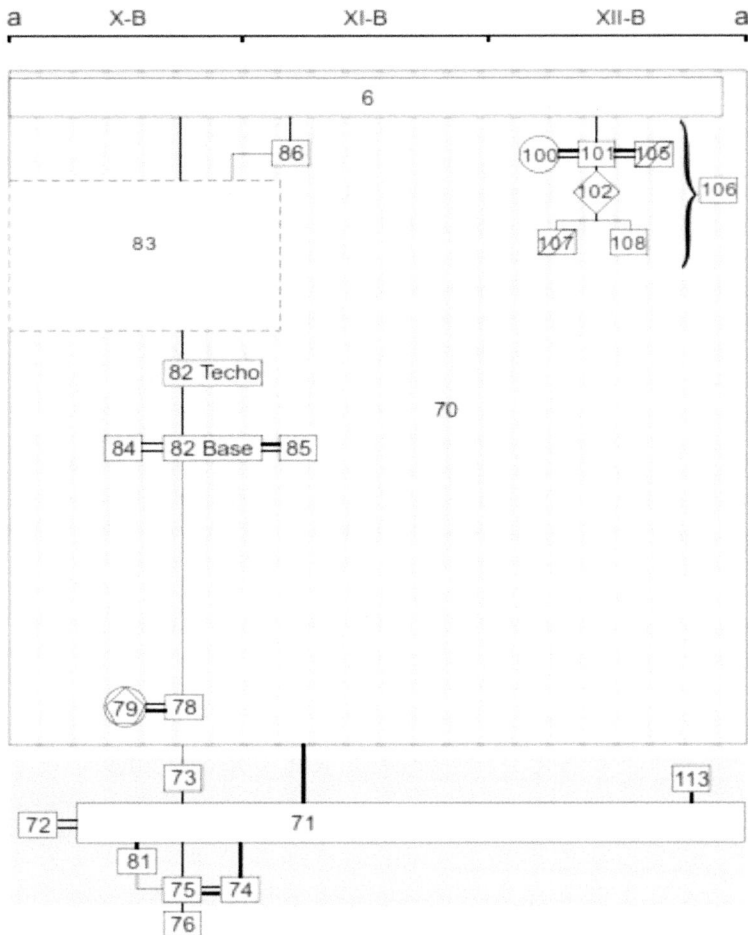

Figura 3.3.1.3.- Esquema de Unidades Estratigráficas para el Alero Deodoro Roca, sector B. Tomado de Cattáneo *et. al.* (2014). Unidades a estudiar: UE101, UE102 designadas como áreas de combustión.

3.3.2.- Descripción de las Unidades Estratigráficas

De acuerdo a la descripción propuesta por Cattáneo et al. 2014 para las UE producto de las excavaciones efectuadas entre los años 2010 y 2013 se analizaron aquellas que contenían restos antracológicos. Además, se debe mencionar que todas las UE que se describen a continuación contienen asociación con material arqueológico lítico y óseo. En las descripciones se intenta aportar datos sobre el sedimento, su color, las relaciones estratigráficas y la asociación con acumulaciones de valvas de moluscos (Cattáneo et al. 2013; Boretto et al. 2014, Gordillo et al. 2014, Izeta et al. 2014; Yanes et al. 2014)

Dentro de las categorías en las que se clasificó a las UE encontramos:

- Niveles estratigráficos sedimentarios
- Áreas de combustión
- Fogones (con o sin estructura de piedras asociada)
- Pozo actual
- Roca meteorizada
- Cueva
- Lente de carbón rodado

3.3.2.1.-Unidad estratigráfica 7: Cuadrícula XIII a XVI-C. Compuesta principalmente por limos y arcillas junto con material tamaño grava proveniente del alero. Color 3/10 YR/2. Contiene a las UE 8, 11, 12, 34 y 50. Esta UE geológica contiene el desarrollo de rasgos de combustión, concentraciones de moluscos identificados como otras UE (8 y 11). Para el caso de la base de la UE7 en algunos sectores el límite con la UE infra yacente, UE 43, es transicional y/difuso por lo que se recuperaron materiales como UE7-43. Aparecen gran cantidad de caracoles enteros. Para esta unidad existe un fechado absoluto (YU-2291) 2944±24 años AP (Cattáneo et al. 2014).

3.3.2.2.-Unidad estratigráfica 14: Cuadrícula XIII a XIV-C. FOGON. Es de una matriz limo arenosa con poca gravilla de color 5YR/2.5/1. Presenta una estructura de fogón con alta compactación que permitió la extracción en bloque. Se registraron una gran abundancia de caracoles enteros, material lítico y óseo.

3.3.2.3.-Unidad estratigráfica 15: Cuadrícula XVI-C. POZO actual desarrollado sobre estructura preexistente que presenta carbón y ceniza, fragmentos de caracol y material óseo, hay huesos largos de roedor y material lítico disturbado. Posee un fechado radiocarbónico moderno YU2289 183+/-20 años AP.

3.3.2.4.-Unidad estratigráfica 16: Cuadrícula XIV-B y XIV-C. FOGON con ceniza, compactado inserto en la matriz de la base de la UE 7.

3.3.2.5.-Unidad estratigráfica 22: Cuadrícula XV-C. FOGÓN sin estructuración inserto en la matriz de la base de la UE 7. Su color es 5YR 3/2. Asociada a restos de caracoles.

3.3.2.6.-Unidad estratigráfica 29: Cuadrícula XIV-C. FOGÓN. Debajo de la UE10 y sobre la UE43. Contiene caracoles.

3.3.2.7.-Unidad estratigráfica 33: Cuadrícula XV-C. Nivel estratigráfico que corresponde a sedimento con espículas de carbón asociado al fogón de la Unidad estratigráfica 22. La UE 33 se une con la UE 45, la cual es un fogón que ha sido apagado y vuelto a utilizar, por ende se halla sedimento entre las capas de carbón.

3.3.2.8.-Unidad estratigráfica 34: Cuadrícula XIII-C a XIV-C. FOGON. Pequeños focos unidos por ceniza y valvas de gasterópodos. Color del sedimento: 2,5/5YR/1. En el sector SO se encuentra un conjunto de rocas que se interpretaron asociadas al fogón. Sobre la misma aparece también un cambio de color en el sedimento por termoalteración (3/7,5 YR/2). Para esta unidad existe un fechado absoluto de 2952±21 años AP (YU-2290).

3.3.2.9.-Unidad estratigráfica 35: Cuadrícula XV-C. FOGÓN. Compuesto por sedimento limo arenoso que incluye ceniza, carbones y caracoles fragmentados. Color 5YR 4/5K.

3.3.2.10.-Unidad estratigráfica 43: Cuadrícula XIV-C a XVI-C. Unidad estratigráfica definida como una matriz sedimentaria compuesta por grava y limo que contiene abundantes espículas de carbón y conchilla molida procedentes de dos áreas de combustión definidas como UE45, UE66 y UE68. La UE 43 se encuentra localizada por debajo de la UE7 siendo el límite entre ambas transicional. Color 5YR/2,5/2. Para esta unidad existe un fechado radiocarbónico de 3620±27(YU-2292)años AP (Cattáneo et al. 2014).

3.3.2.11.-Unidad estratigráfica 45: Cuadrícula XV-C. FOGON que ha sido apagado y vuelto a utilizar, por ende se halla sedimento entre las capas de carbón.

3.3.2.12.-Unidad estratigráfica 50: Cuadrícula XIV-C. FOGÓN con restos de ceniza y valvas de moluscos enteras. En relación con estructuras de rocas con hollín. Para esta unidad existe un fechado absoluto de 2943±25 (YU-2292) años AP (Cattáneo et al. 2014).

3.3.2.13.-Unidad estratigráfica 52: Cuadrícula XV-C. FOGON con concentración de restos óseos y carbón.

3.3.2.14.-Unidad estratigráfica 59: Cuadrícula XIV a XV-C. Área de combustión. Se extiende hacia el SO de la cuadricula XVC. Está compuesto por cenizas y valvas de gasterópodos enteras y fragmentadas. La parte inferior de la unidad presenta sedimento termoalterado.

3.3.2.15.-Unidad estratigráfica 61: Cuadrícula XIV-C. Área de combustión con carbón, mucha ceniza y escasos fragmentos de valva de gasterópodos.

3.3.2.16.-Unidad estratigráfica 65: Cuadrícula XIV-C. FOGÓN que presenta acumulación de rocas con carbón. Posee un fechado radiocarbónico MTC14144 3043+/-41 años AP.

3.3.2.17.-Unidad estratigráfica 101: Cuadricula XII-B. Unidad constituida por sedimento opaco, oscuro, sin micro estratificación cuyo techo es ondulado muy suave con abundante grava y clastos de 1 a menos de 5 cm. Hay abundante valva de gasterópodo molida y escasas valvas enteras. Equivale a la base de UE 6. Se asocia a un pozo actual y una cueva de animal de hábitos fosoriales.

3.3.2.18.-Unidad estratigráfica102: XII-B. Área de combustión que infra yace a la UE101. Corresponde a una lente de ceniza y restos de carbón. Color gris-blanca y sedimento termoalterado de tonalidades rojizas.

3.3.2.19.-Unidad estratigráfica111: XII-B. FOGON. Corresponde a descripción de la pared del perfil norte de la cuadricula (excavación Menghin y González, 1950). Estructura tipo pozo, de un fogón en la esquina NE del sector SE, a 1,10m de la superficie actual.

3.3.2.20.-Unidad estratigráfica 112: XII-B. Corresponde a descripción de la pared del perfil norte de la cuadricula (excavación Menghin y González 1950). Es un sedimento gris rojizo con grava y gravilla escasa. Con gran cantidad de restos arqueológicos horizontales. Apoya en discordancia sobre un nivel rojo denominado UE 114.

3.3.2.21.-Unidad estratigráfica 113: XII-B. Corresponde a descripción de la pared del perfil norte de la cuadricula (excavación Menghin y González). Al mismo nivel de la UE 111. Lente de ceniza conteniendo carbón y huesos. Posee un fechado radiocarbónico YU-2288 3969+/-23 años AP.

3.3.3. Cuantificación de la muestra

Se confeccionó un listado de las muestras a estudiar recopilando los distintos datos tales como: fecha de extracción, número de etiqueta, número de tridimensional, cuadrícula, sector, unidad estratigráfica, información de la muestra tomada en el campo y medidas tridimensionales (Norte/X, Este/Y, Altura/Z). Esto permitió contar con una base de datos sobre las cuadrículas elegidas para el estudio y las unidades estratigráficas que presentan rasgos de combustión.

Luego se realizó la cuantificación de la composición de cada una, atendiendo a los criterios establecidos sobre origen y diferencia de tamaño entre fragmentos de carbones y caracterización macroscópica (Tablas 3.3.3.3. a 3.3.3.21.).

Nro.	UE	Tipo de Muestra	Cantidad
1	7	Muestra de Carbón	334
		Muestra de Sedimento	24
2	14	Muestra de Carbón	693
		Muestra de Sedimento	1265
3	22	Muestra de Carbón	19
		Muestra de Sedimento	7
4	29	Muestra de Carbón	27
		Muestra de Sedimento	-
5	33	Muestra de Carbón	141
		Muestra de Sedimento	-
6	34	Muestra de Carbón	217
		Muestra de Sedimento	-
7	35	Muestra de Carbón	15
		Muestra de Sedimento	-
8	43	Muestra de Carbón	20
		Muestra de Sedimento	9
9	45	Muestra de Carbón	419
		Muestra de Sedimento	-
10	50	Muestra de Carbón	44
		Muestra de Sedimento	379
11	52	Muestra de Carbón	7
		Muestra de Sedimento	596
12	59	Muestra de Carbón	25
		Muestra de Sedimento	-
13	61	Muestra de Carbón	80
		Muestra de Sedimento	-
14	65	Muestra de Carbón	25
		Muestra de Sedimento	-
15	101	Muestra de Carbón	116
		Muestra de Sedimento	-
16	102	Muestra de Carbón	143
		Muestra de Sedimento	12
17	111	Muestra de Carbón	83
		Muestra de Sedimento	-
18	112	Muestra de Carbón	8
		Muestra de Sedimento	-
19	113	Muestra de Carbón	26
		Muestra de Sedimento	-
		Total	4787

Tabla 3.3.3.1. Cantidad de la muestra arqueológica de carbones por Unidad Estratigráfica

Luego de la recopilación de la información sobre las características macroscópicas de las muestras arqueológicas se procede a realizar las descripciones microscópicas para lograr identificar las plantas leñosas que conforman la muestra.

En el caso de nuestro universo de estudio, nos limitaremos a estudiar las muestras recuperadas en las excavaciones aun entendiendo a priori que no corresponden al universo de la totalidad de material que fue depositado en su momento. Las elecciones antrópicas, la conservación, los procesos post-depositacionales e incluso las mismas técnicas de la excavación influyeron en lo que respecta al tipo y composición de las muestras que contamos. De esta manera, se procederá a observar todo el material disponible bajo lupa y/o microscopio, siempre y cuando permita ser analizado e identificado taxonómicamente.

Se adoptó un criterio inicial de no estudiar a los fines taxonómicos los fragmentos de carbón que sean restos de corteza, ya que hacen difícil su identificación; ramas finas y fragmentos menores a 0,5 centímetros ya que hacen que la identificación sea más difícil y precisan de técnicas más detalladas.

Con respecto a la cantidad de muestras a analizar, se decidió estudiar la muestra seleccionada en su totalidad y anotar la cantidad de veces que aparece un taxón. Estudios refieren a la posibilidad de utilizar, como estrategia de muestreo, la curva de riqueza específica (por ejemplo, Marconetto 2008). Sin embargo, en nuestro caso, no fue considerado necesario aplicar tales cálculos ya que el universo de estudio refiere a una gran variabilidad en tamaños de fragmentos en cada rasgo de combustión (unidades estratigráficas) y la cantidad de carbones a realizar la taxonomía no supera la cantidad de *no identificables* (de tamaños menor a 0,5 centímetros).

Capítulo 3 La muestra de estudio. La colección de referencia y la colección arqueológica de ADR

Cuadrícula	Unidad Estratigráfica	Procedencia de los materiales		Cantidad
XIII-C XIV-C XV-C	7	Muestras de Carbón	Grandes (> a 1cm)	7
			Medianas (entre 0,5 a 1 cm)	329
			Pequeñas (< a 1 cm)	-
		Muestras de Sedimento	Grandes (> a 1cm)	1
			Medianas (entre 0,5 a 1 cm)	21
			Pequeñas (< a 1 cm)	-

TABLA 3.3.3.2.- CANTIDAD DE FRAGMENTOS DE CARBÓN POR ORIGEN Y TAMAÑO DE LA UE 7

Cuadrícula	Unidad Estratigráfica	Procedencia de los materiales		Cantidad
XIII-C XIV-C	14	Muestras de Carbón	Grandes (> a 1cm)	40
			Medianas (entre 0,5 a 1 cm)	359
			Pequeñas (< a 1 cm)	86
		Muestras de Sedimento	Grandes (> a 1cm)	29
			Medianas (entre 0,5 a 1 cm)	224
			Pequeñas (< a 1 cm)	1012

TABLA 3.3.3.3.- CANTIDAD DE FRAGMENTOS DE CARBÓN POR ORIGEN Y TAMAÑO DE LA UE 14

Cuadrícula	Unidad Estratigráfica	Procedencia de los materiales		Cantidad
XV-C	22	Muestras de Carbón	Grandes (> a 1cm)	-
			Medianas (entre 0,5 a 1 cm)	19
			Pequeñas (< a 1 cm)	-
		Muestras de Sedimento	Grandes (> a 1cm)	-
			Medianas (entre 0,5 a 1 cm)	2
			Pequeñas (< a 1 cm)	5

TABLA 3.3.3.4.- CANTIDAD DE FRAGMENTOS DE CARBÓN POR ORIGEN Y TAMAÑO DE LA UE 22

Cuadrícula	Unidad Estratigráfica	Procedencia de los materiales		Cantidad
XIV-C	29	Muestras de Carbón	Grandes (> a 1cm)	7
			Medianas (entre 0,5 a 1 cm)	20
			Pequeñas (< a 1 cm)	-

TABLA 3.3.3.5.- CANTIDAD DE FRAGMENTOS DE CARBÓN POR ORIGEN Y TAMAÑO DE LA UE 29

Cuadrícula	Unidad Estratigráfica	Procedencia de los materiales		Cantidad
XV-C	33	Muestras de Carbón	Grandes (> a 1cm)	13
			Medianas (entre 0,5 a 1 cm)	128
			Pequeñas (< a 1 cm)	-

TABLA 3.3.3.6.- CANTIDAD DE FRAGMENTOS DE CARBÓN POR ORIGEN Y TAMAÑO DE LA UE 33

Cuadrícula	Unidad Estratigráfica	Procedencia de los materiales		Cantidad
XIII-C XIV-C	34	Muestras de Carbón	Grandes (> a 1cm)	34
			Medianas (entre 0,5 a 1 cm)	142
			Pequeñas (< a 1 cm)	41

TABLA 3.3.3.7.- CANTIDAD DE FRAGMENTOS DE CARBÓN POR ORIGEN Y TAMAÑO DE LA UE 34

Cuadrícula	Unidad Estratigráfica	Procedencia de los materiales		Cantidad
XV-C	35	Muestras de Sedimento	Grandes (> a 1cm)	-
			Medianas (entre 0,5 a 1 cm)	15
			Pequeñas (< a 1 cm	-

TABLA 3.3.3.8.- CANTIDAD DE FRAGMENTOS DE CARBÓN POR ORIGEN Y TAMAÑO DE LA UE 35

Cuadrícula	Unidad Estratigráfica	Procedencia de los materiales		Cantidad
XV-C XVI-C	43	Muestras de Carbón	Grandes (> a 1cm)	4
			Medianas (entre 0,5 a 1 cm)	16
			Pequeñas (< a 1 cm	-
		Muestras de Sedimento	Grandes (> a 1cm)	-
			Medianas (entre 0,5 a 1 cm)	9
			Pequeñas (< a 1 cm	-

TABLA 3.3.3.9.- CANTIDAD DE FRAGMENTOS DE CARBÓN POR ORIGEN Y TAMAÑO DE LA UE 43

Cuadrícula	Unidad Estratigráfica	Procedencia de los materiales		Cantidad
XV-C	45	Muestras de Carbón	Grandes (> a 1cm)	95
			Medianas (entre 0,5 a 1 cm)	11
			Pequeñas (< a 1 cm	313

TABLA 3.3.3.10.- CANTIDAD DE FRAGMENTOS DE CARBÓN POR ORIGEN Y TAMAÑO DE LA UE 45

Cuadrícula	Unidad Estratigráfica	Procedencia de los materiales		Cantidad
XIII-C XIV-C	50	Muestras de Carbón	Grandes (> a 1cm)	19
			Medianas (entre 0,5 a 1 cm)	25
			Pequeñas (< a 1 cm	-
		Muestras de Sedimento	Grandes (> a 1cm)	13
			Medianas (entre 0,5 a 1 cm)	63
			Pequeñas (< a 1 cm	203

TABLA 3.3.3.11.- CANTIDAD DE FRAGMENTOS DE CARBÓN POR ORIGEN Y TAMAÑO DE LA UE 50

CAPÍTULO 3 LA MUESTRA DE ESTUDIO. LA COLECCIÓN DE REFERENCIA Y LA COLECCIÓN ARQUEOLÓGICA DE ADR

Cuadrícula	Unidad Estratigráfica	Procedencia de los materiales		Cantidad
XV-C	52	Muestras de Carbón	Grandes (> a 1cm)	-
			Medianas (entre 0,5 a 1 cm)	5
			Pequeñas (< a 1 cm	1
		Muestras de Sedimento	Grandes (> a 1cm)	6
			Medianas (entre 0,5 a 1 cm)	90
			Pequeñas (< a 1 cm	500

TABLA 3.3.3.12.- CANTIDAD DE FRAGMENTOS DE CARBÓN POR ORIGEN Y TAMAÑO DE LA UE 52

Cuadrícula	Unidad Estratigráfica	Procedencia de los materiales		Cantidad
XV-C	59	Muestras de Carbón	Grandes (> a 1cm)	-
			Medianas (entre 0,5 a 1 cm)	25
			Pequeñas (< a 1 cm	-

TABLA 3.3.3.13.- CANTIDAD DE FRAGMENTOS DE CARBÓN POR ORIGEN Y TAMAÑO DE LA UE 59

Cuadrícula	Unidad Estratigráfica	Procedencia de los materiales		Cantidad
XIV-C	61	Muestras de Carbón	Grandes (> a 1cm)	1
			Medianas (entre 0,5 a 1 cm)	79
			Pequeñas (< a 1 cm	-

TABLA 3.3.3.14.- CANTIDAD DE FRAGMENTOS DE CARBÓN POR ORIGEN Y TAMAÑO DE LA UE 61

Cuadrícula	Unidad Estratigráfica	Procedencia de los materiales		Cantidad
XIV-C	65	Muestras de Carbón	Grandes (> a 1cm)	-
			Medianas (entre 0,5 a 1 cm)	4
			Pequeñas (< a 1 cm	21

TABLA 3.3.3.15.- CANTIDAD DE FRAGMENTOS DE CARBÓN POR ORIGEN Y TAMAÑO DE LA UE 65

Cuadrícula	Unidad Estratigráfica	Procedencia de los materiales		Cantidad
XIII-C	101	Muestras de Carbón	Grandes (> a 1cm)	-
			Medianas (entre 0,5 a 1 cm)	116
			Pequeñas (< a 1 cm	-

TABLA 3.3.3.16.- CANTIDAD DE FRAGMENTOS DE CARBÓN POR ORIGEN Y TAMAÑO DE LA UE 101

Cuadrícula	Unidad Estratigráfica	Procedencia de los materiales		Cantidad
XIII-C	102	Muestras de Carbón	Grandes (> a 1cm)	9
			Medianas (entre 0,5 a 1 cm)	11
			Pequeñas (< a 1 cm	134

TABLA 3.3.3.17.- CANTIDAD DE FRAGMENTOS DE CARBÓN POR ORIGEN Y TAMAÑO DE LA UE 102

Cuadrícula	Unidad Estratigráfica	Procedencia de los materiales	Cantidad

Cuadrícula	Unidad Estratigráfica	Procedencia de los materiales		Cantidad
XIII-C	111	Muestras de Carbón	Grandes (> a 1cm)	11
			Medianas (entre 0,5 a 1 cm)	72
			Pequeñas (< a 1 cm	-

TABLA 3.3.3.18.- CANTIDAD DE FRAGMENTOS DE CARBÓN POR ORIGEN Y TAMAÑO DE LA UE 111

Cuadrícula	Unidad Estratigráfica	Procedencia de los materiales		Cantidad
XIII-C	112	Muestras de Carbón	Grandes (> a 1cm)	-
			Medianas (entre 0,5 a 1 cm)	-
			Pequeñas (< a 1 cm	8

TABLA 3.3.3.19.- CANTIDAD DE FRAGMENTOS DE CARBÓN POR ORIGEN Y TAMAÑO DE LA UE 112

Cuadrícula	Unidad Estratigráfica	Procedencia de los materiales		Cantidad
XIII-C	113	Muestras de Carbón	Grandes (> a 1cm)	1
			Medianas (entre 0,5 a 1 cm)	3
			Pequeñas (< a 1 cm	21

TABLA 3.3.3.20.- CANTIDAD DE FRAGMENTOS DE CARBÓN POR ORIGEN Y TAMAÑO DE LA UE 113

Las mencionadas en las tablas (3.3.3.3. a 3.3.2.20.) corresponden a las unidades estratigráficas de las que se recuperaron, durante las excavaciones, evidencias de combustión, como por ejemplo fragmentos de carbón. Por otra parte, también se registraron unidades estratigráficas con signos de combustión pero no con fragmentos de carbón a recuperar, que bien no se tendrán en cuenta para los análisis antracológicos pero si para la discusión de resultados. Son los casos de las unidades estratigráficas compuestas por ceniza o signos de combustión como tierra termoalterada.

Nro.	Unidad Estratigráfica	Caracterización Gral.
1	15	No analizada
2	16	No excavada
3	26	Polvo de carbón
4	60	Ceniza
5	62	Ceniza
6	63	Ceniza
7	66	Ceniza
8	68	Ceniza
9	109	Sedimento gris con ceniza
10	110	Sedimento gris con ceniza

TABLA 3.3.3.21.- UNIDADES ESTRATIGRÁFICAS NO ANALIZADAS ANTRACOLÓGICAMENTE

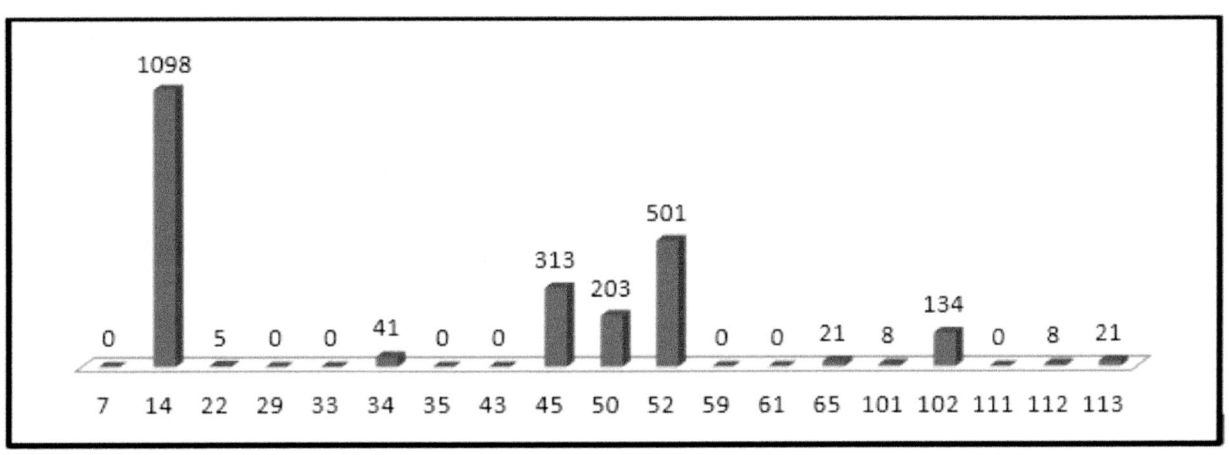

Figura 3.3.3.1.- Cantidad de fragmentos menores a 0,5 centímetros por Unidad Estratigráfica

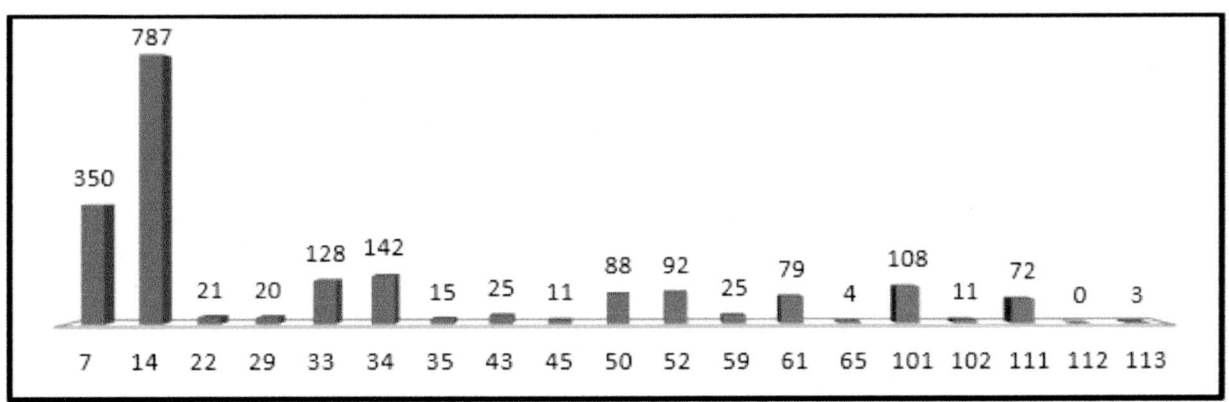

Figura 3.3.3.2.- Cantidad de fragmentos entre 0,5 a 1 centímetros por Unidad Estratigráfica

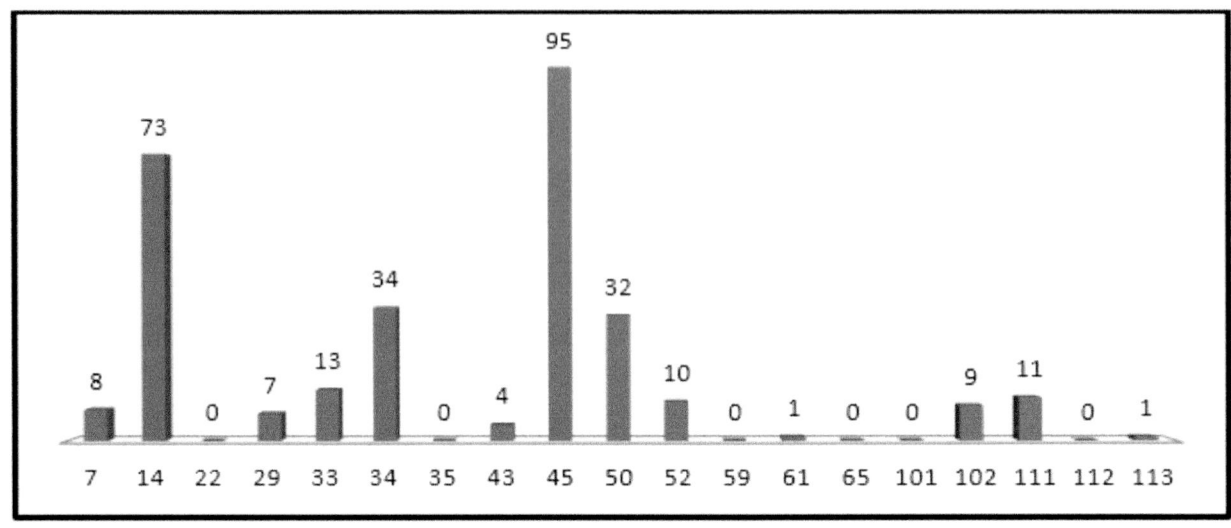

Figura 3.3.3.3.- Cantidad de fragmentos superiores a 1 centímetro por Unidad Estratigráfica

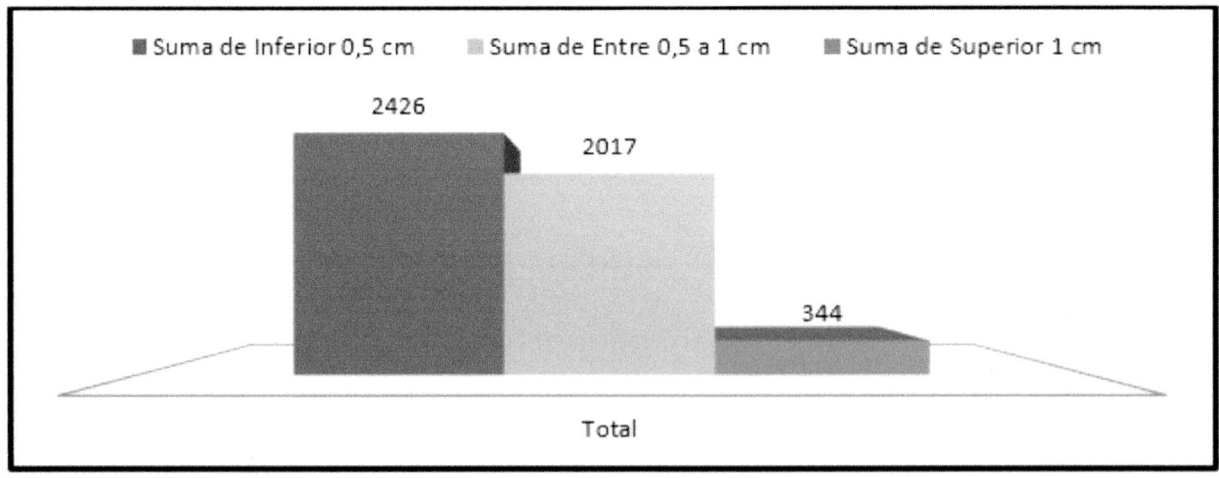

Figura 3.3.3.4.- Cantidad total de fragmentos separados por tamaño. Total: 4787

Capítulo 4
Resultados del análisis de la muestra de estudio

4.1.- Introducción

A continuación se presentan los resultados de las muestras estudiadas:

-La colección de referencia

-Las muestras arqueológicas de carbón provenientes del Alero Deodoro Roca.

4.2.- La colección de referencia

En el capítulo anterior mencionamos sobre la colección de referencia compuesta de dos tipos de muestras, muestras histológicas y muestras de carbón; a partir de muestras de ejemplares de herbario y de campo.

En este acápite se presentan los resultados en la conformación de la colección de referencia. Se inicia con la descripción de cada género. Luego, para cada tipo de especie, se cuenta con una caracterización general de la planta, usos etnobotánicos registrados en la bibliografía consultada y la descripción anatómica de las estructuras celulares.

4.2.1.- Acacia *sp.*

Descripción anatómica del género: Leño de anillos demarcados. Porosidad difusa a semicircular. Vasos solitarios de contorno circular. Agrupados en series radiales cortas de 2 a 3 elementos. Series tangenciales sobre anillos de crecimiento. Parénquima paratraqueal vasicéntrico confluente. Radios largos multiseriados (3 a 5 células de ancho) y escasos uniseriados. Células procumbentes. Elementos vasculares de trayecto rectilíneo (a sinuoso). Placa horizontal oblicua simple.

4.2.1.1.- **Acacia aroma** *Gillies ex Hook. & Arn*

Familia: Fabaceae, Subfamilia Mimosoideae

Nombre común: Tusca

Descripción: Es un árbol espinoso que se distribuye en los bosques de tipo chaqueño de llanura serranos, tolerante a la aridez. Florece en Octubre y los frutos maduran desde Febrero.

Es una especie invasora y resistente a los incendios forestales (Cialdella, 1984; Zuloaga, 1997; Demaio *et. al.* 2002). Suelen formar bosquecillos puros como *tuscales* (Bravo *et. al.* 2006).

Etnobotánica: Además de un uso característico para el fuego, para los pueblos tobas y wichi las vainas maduras sirven como alimento, tanto para hacer harina como añape, destacando su gusto dulce (Arenas, 2003).

Muestras de Referencia: Se obtuvieron muestras para realizar los cortes histológicos y las muestras carbonizadas de: Ejemplares de herbario (CORD) leg. Huzinker 22618; y dos muestras recolectadas a campo en la Ciudad de Córdoba, leg. A. Robledo 1-4-4.

Figura 4.2.1.1.1.- *Acacia aroma*. A. Hábito, fotografía tomada de Demaio et. al. (2002). B. Ejemplar de herbario, leg. Hunziker 22618 (CORD). C. Ejemplar recientemente recolectado en la Ciudad Córdoba, leg. A. Robledo Nº 1-4-4 (IDACOR).

Descripción anatómica: La especie posee los anillos demarcados con porosidad semicircular a difusa. Los vasos están dispuestos solitarios, en series radiales cortas de 2 a 3 elementos y series tangenciales sobre el anillo de crecimiento. El contorno de los vasos solitarios es circular. Parénquima paratraqueal vasicéntrico y confluente en bandas irregulares. Radios largos multiseriados, de 3 a 5 elementos, y escasos uniseriados. Células radiales procumbentes. Elementos vasculares de trayecto rectilíneo a sinuoso. Placa horizontal oblicua a simple.

4.2.1.2.- *Acacia caven* Molina

Familia: Fabaceae, Subfamilia Mimosoideae

Nombre común: Espinillo

Descripción: Es un árbol de hasta 6 metros de altura, se encuentra en toda la zona chaqueña, hasta los 2500 msnm. Tiene un alto nivel de adaptación a suelos y climas, como resistencia a sequías y heladas. Tiene una capacidad de rebrotar luego de los incendios. Florece en agosto y los frutos maduran para enero (Cialdella, 1984; Zuloaga, 1997; Demaio et. al., 2002).

Etnobotánica: Se destaca el uso de leña principalmente (Cabrera, 1976; Arenas, 2003).

Muestras de Referencia: Se obtuvieron muestras para realizar los cortes histológicos y las muestras carbonizadas de: Ejemplares de herbario (CORD) leg. Luti 4434, del departamento de Pocho; y Ejemplares muestras de campo de Córdoba Capital (leg. A Robledo 1-4-6, y el valle de Ongamira, leg. A. Robledo 1-1-4.

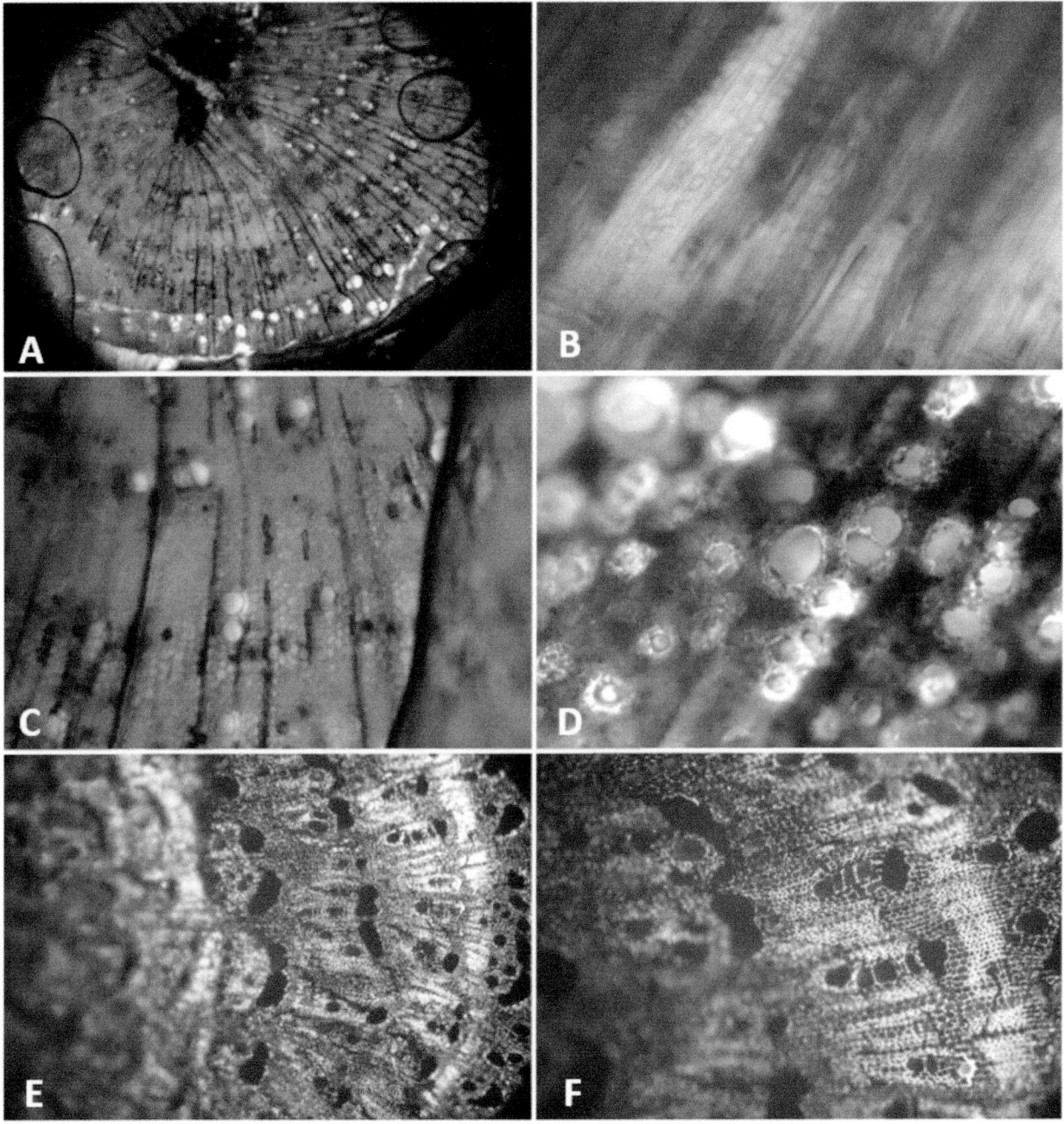

FIGURA 4.2.1.1.2.- *ACACIA AROMA*. CORTES HISTOLÓGICOS: A. CORTE TRANSVERSAL (50X). B. CORTE LONGITUDINAL TANGENCIAL (200X). C. CORTE TRANSVERSAL (100X). D. CORTE TRANSVERSAL (200X). MUESTRAS DE CARBÓN E. CORTE TRANSVERSAL (100X). F. CORTE TRANSVERSAL (200X).

Figura 4.2.1.2.1.- *Acacia caven*. A. Hábito, fotografía tomada de Demaio *et. al.* (2002). B. Vista de ejemplar de herbario, leg. Luti 4434 (CORD). C. Ejemplar recientemente recolectado en la Ciudad Córdoba, leg. A. Robledo Nº 1-1-4 (IDACOR).

> Descripción anatómica: Anillos de crecimiento demarcados con porosidad difusa. Vasos solitarios y en series radiales cortas de 3 elementos y agrupados en múltiples tangenciales. Vasos solitarios de contorno circular. Parénquima paratraqueal vasicéntrico confluente y abundante. Radios uniseriados y hasta 3. Células radiales procumbentes. Elementos vasculares de trayecto sinuoso. Placa de perforación simple, oblicua.

4.2.1.3.- Acacia furcatispina *Bukart*

Familia: Fabaceae, Subfamilia Mimosoideae

Nombre común: Garabato Negro

Descripción: Árbol que puede alcanzar los 4 m de altura, se distribuye en el bosque chaqueño desarrollándose bien en suelos arenosos o pedregosos de extrema aridez. Florece a mediados de Octubre y sus frutos maduran en Febrero (Zuloaga, 1999; Demaio *et. al.* 2; Bravo et. al. 2006).

Etnobotánica: Además de para un uso del fuego, la planta se destaca como material para la confección de arcos, en el caso de los pueblos wichi (Arenas, 2003).

Muestras de Referencia: Se obtuvieron muestras para realizar los cortes histológicos y las muestras carbonizadas de: Ejemplares de herbario leg. Espinar 843 (CORD), del departamento de Cruz del Eje. No se obtuvieron ejemplares de campo en la región de estudio.

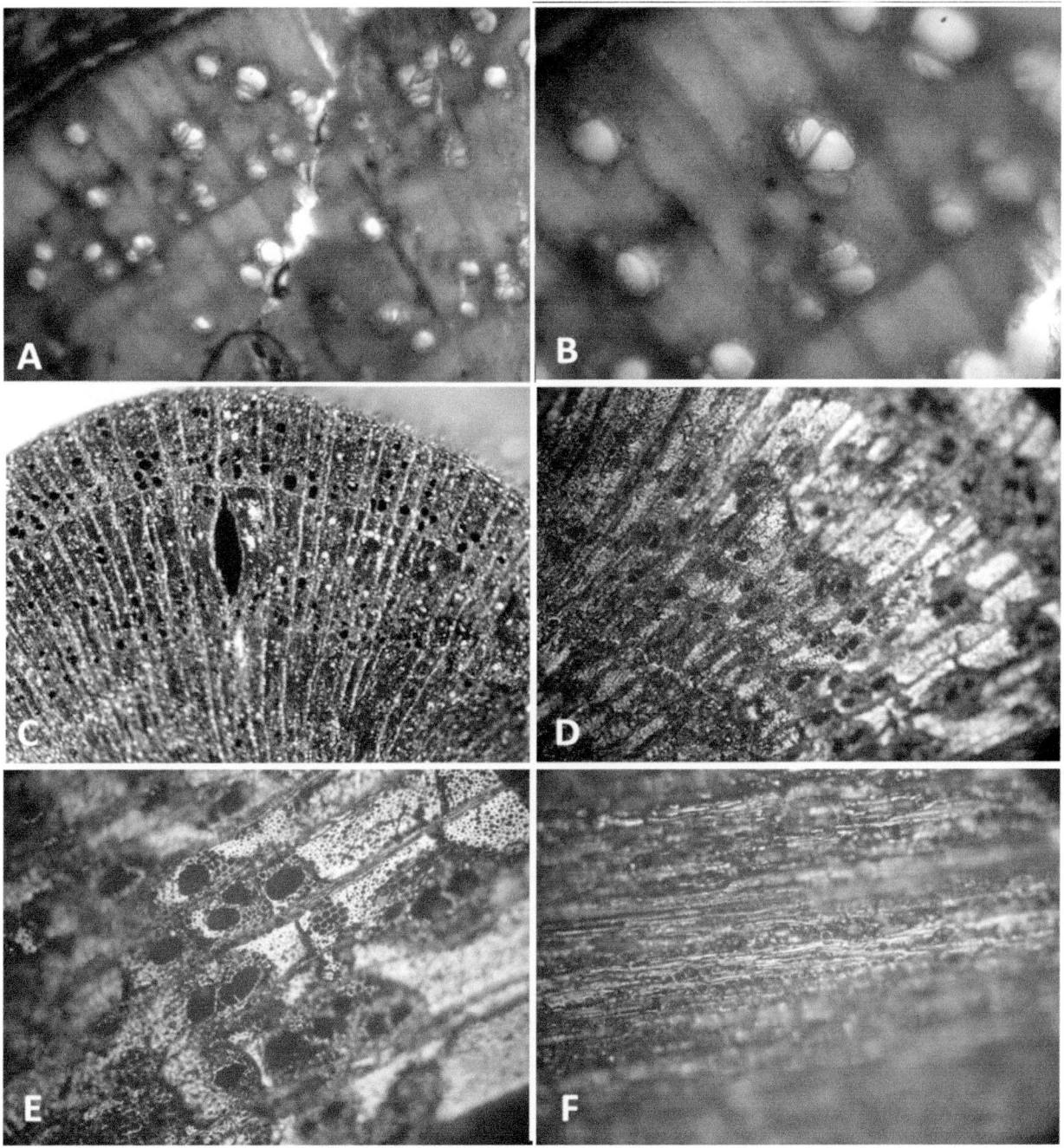

Figura 4.2.1.2.2.- *Acacia caven*. Cortes histológicos: A. Corte transversal (50x). B. Corte transversal (100x). Muestras de carbón: C. Corte transversal (60x) en lupa. D. Corte transversal (100x). E. Corte transversal (200x). F. Corte longitudinal tangencial (200x).

Figura 4.2.1.3.1.- *Acacia furcatispina* A- Hábito, fotografía tomada de Demaio *et. al* (2002).
B. Vista de ejemplar de herbario leg. Espinar, nro. 843.

Descripción anatómica: Leño con anillos demarcados y porosidad semicircular a difusa. Vasos en disposición solitarios y series radiales cortas de 2. Vasos de contorno circular. Parénquima paratraqueal vasicéntrico confluente, también puede presentarse en bandas. Radios uniseriados en su mayoría, aunque se presentan de 2 y 3 elementos. Células radiales procumbentes. Elementos vasculares de trayecto rectilíneo. Placa de perforación simple y horizontal.

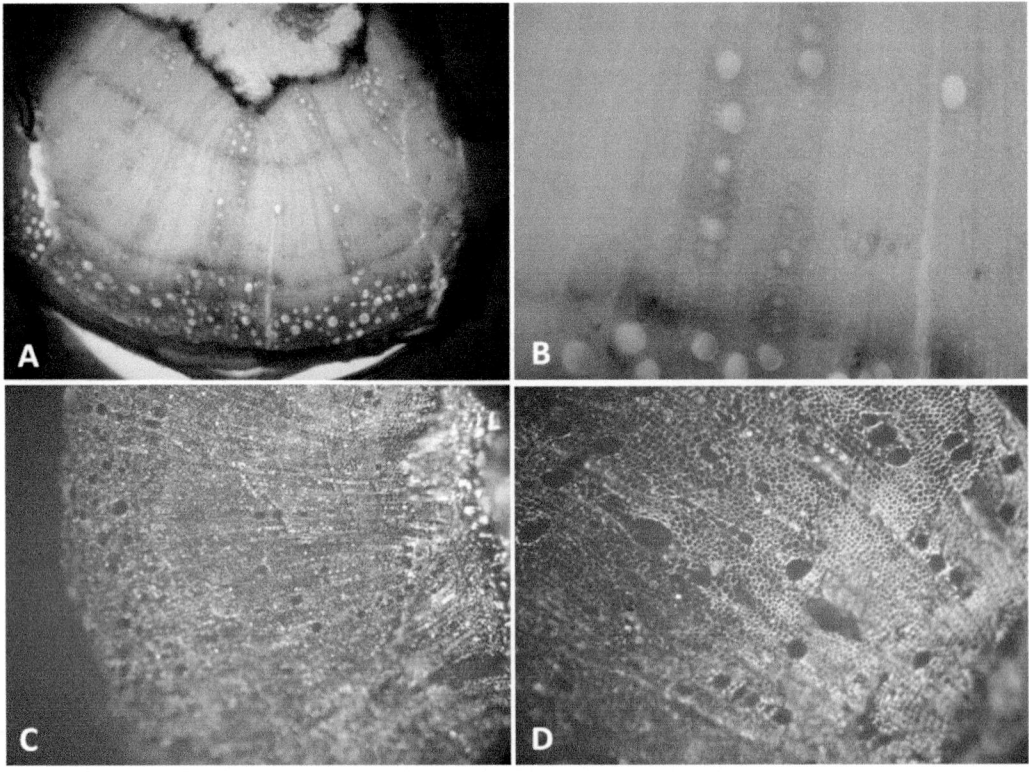

Figura 4.2.1.3.2.- *Acacia furcatispina* Cortes histológico: A. Corte transversal (25x). B. Corte transversal (100x). Muestra de carbón C. Corte transversal (100x). D. Corte transversal (200x).

4.2.1.4.- Acacia praecox *Griseb.*

Familia: Fabaceae, Subfamilia Mimosoideae

Nombre común: Garabato

Descripción: Árbol de hasta 6 metros de altura, se distribuye en los bosques serranos y chaqueños. Prefiere los suelos pedregosos y es tolerante de las sequías y heladas. Florece en Septiembre y sus frutos maduran en Noviembre (Zuloaga, 1997; Demaio *et. al.* 2002).

Etnobotánica: Se utiliza como leña pero también, entre los wichis y tobas del noreste argentino, para la confección de arcos para la caza (Arenas, 2003).

Muestras de Referencia: Se obtuvieron muestras para realizar los cortes histológicos y las muestras carbonizadas de: Ejemplares de herbario (CORD) leg Bukart, nro. 6107, del departamento de Ischilín. Se obtuvo una ejemplar de campo para la zona del Dique de La Quebrada, departamento Colón, leg. A. Robledo 1-8-14 (IDACOR)

FIGURA 4.2.1.4.1.- *ACACIA PRAECOX* A. HÁBITO, FOTOGRAFÍA TOMADA DE DEMAIO *ET. AL.* (2002). B. VISTA DE EJEMPLAR DE HERBARIO, LEG. BUKART, NRO. 6107 (CORD).

Descripción anatómica: Leño con anillos demarcados y porosidad semicircular a difusa. Vasos solitarios y agrupados en disposición tangencial siguiendo el anillo de crecimiento y en series radiales de 3 y 4. Vasos solitarios de contorno angular. Parénquima vasicéntrico aliforme y confluente en bandas tangenciales. Radios anchos de 3 células y largos de 4 series. Célula radial procumbente.

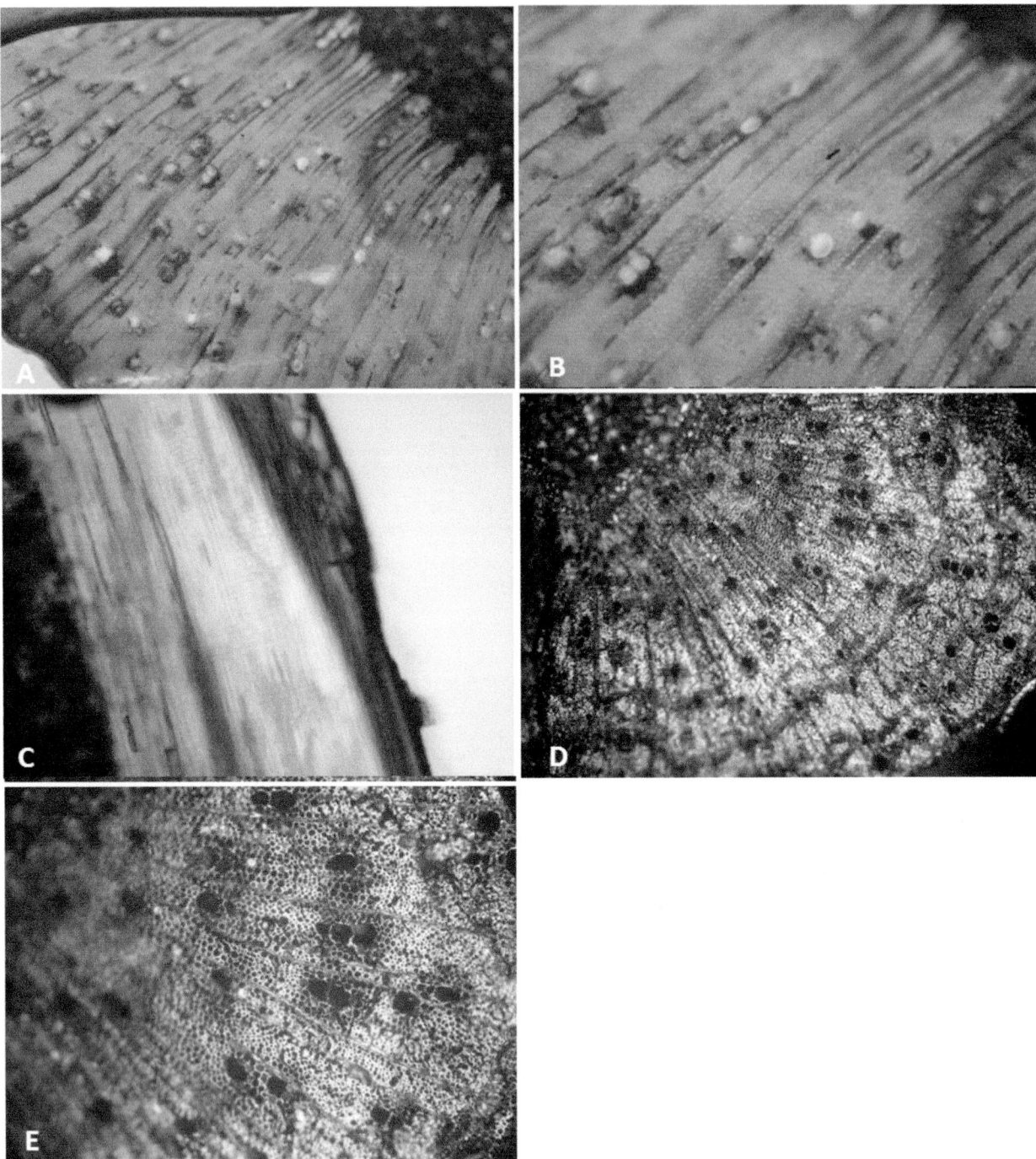

Figura 4.2.1.4.2.- *Acacia praecox* Cortes histológico: A. Corte transversal a (50x). B. Corte transversal (100x). C. Corte longitudinal tangencial a (100x) Muestra de carbón D. Corte transversal (100x). E. Corte transversal (200x).

CAPÍTULO 4 RESULTADOS DEL ANÁLISIS DE LA MUESTRA DE ESTUDIO

4.2.2.- Aspidosperma sp.

Descripción anatómica del género: Anillos no demarcados, porosidad difusa. Vasos solitarios de contorno elíptico. Parénquima axial apotraqueal difuso y paratraqueal escaso. Sistema radial de 1 a 3 de ancho con células procumbentes. Elementos vasculares de recorrido ligeramente sinuoso. Placa de perforación simple, horizontal y oblicua.

4.2.2.1.- Aspidosperma quebracho-blanco *Schltdl*

Familia: Apocynaceae

Nombre común: Quebracho Blanco

Descripción: Árbol de hasta 25 m de alto, distribuido por los bosques chaqueños. Tolerante de la falta de agua y las heladas, florece en Octubre y los frutos maduran al final del invierno (Zuloaga 1997; Demaio *et. al.* 2002).

Etnobotánica: Se conoce que la corteza sirve para fines medicinales como antídoto antivomitivo. También se mencionan el uso de la madera para la confección de pequeños morteros entre los wichis y tobas (Cabrera 1976; Arenas, 2003).

Muestras de Referencia: Se obtuvieron muestras para realizar los cortes histológicos y las muestras carbonizadas de: Ejemplares de herbario (CORD) leg. Hutzinger nro. 22014, del departamento de Ischilín. Se obtuvo ejemplar de campo para la zona del Dique de La Quebrada, departamento Colón, leg. A. Robledo, nro. 1-7-10. (IDACOR)

FIGURA 4.2.2.1.1.- *ASPIDOSPERMA QUEBRACHO BLANCO* A. HÁBITO, FOTOGRAFÍA TOMADA DE DEMAIO *ET. AL.* (2002). B. VISTA DE EJEMPLAR DE HERBARIO, LEG. HUTZINGER, NRO. 22014. C. EJEMPLAR RECIENTEMENTE RECOLECTADO EN LA CIUDAD CÓRDOBA, LEG. A. ROBLEDO Nº 1-7-10.

> Descripción anatómica: Leño de anillos no demarcados y porosidad difusa. Vasos exclusivamente solitarios de contorno elíptico. Parénquima axial apotraqueal difuso y paratraqueal escaso. Radios seriados de 1 a 3 elementos. Células radiales procumbentes. Elementos vasculares de trayecto ligeramente sinuoso y placa de perforación simple, horizontal a oblicua.

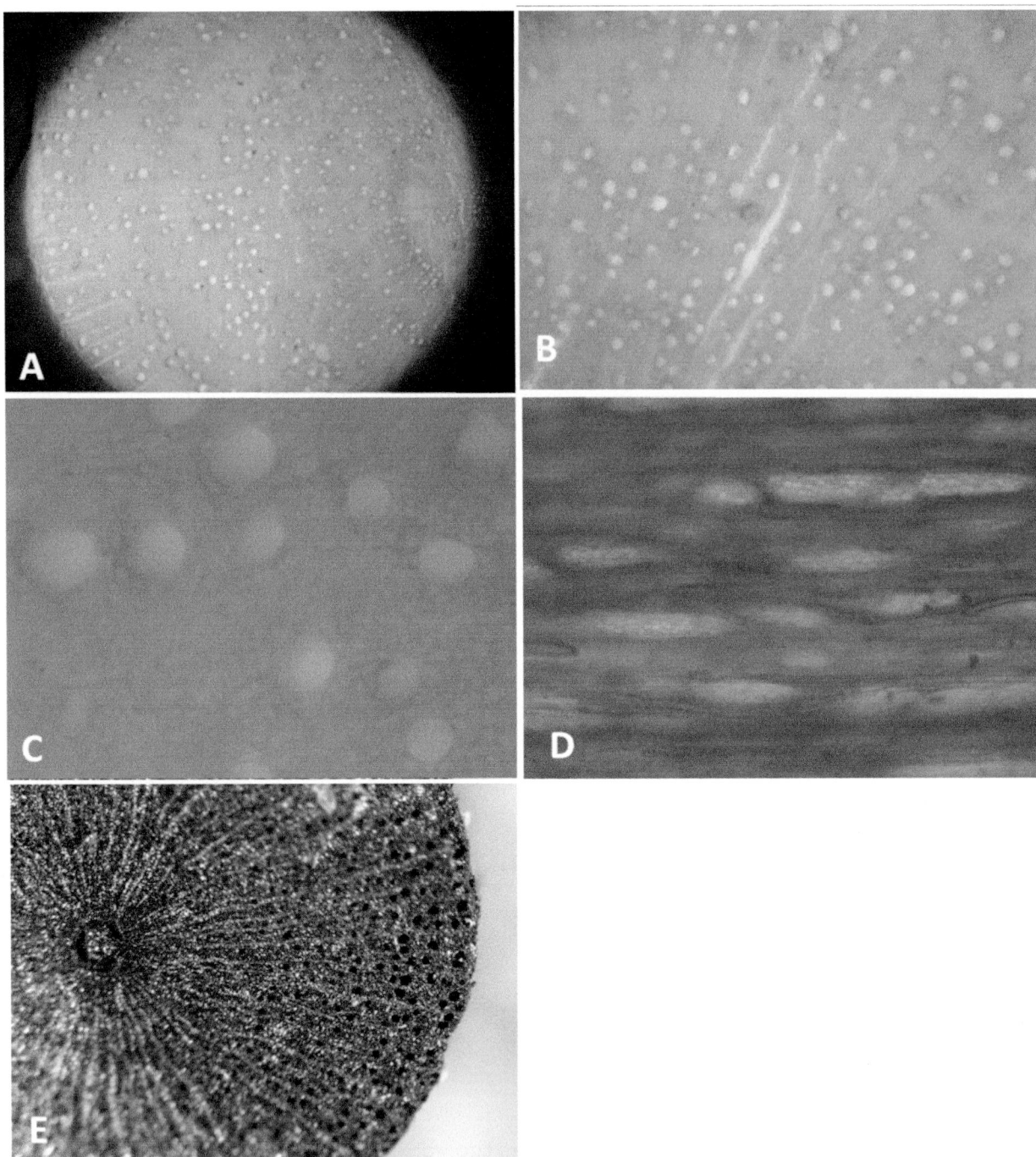

Figura 4.2.2.1.2.- *Aspidosperma quebracho blanco* Cortes histológico: A. Corte transversal a (25x). B. Corte transversal (50x). C. Corte transversal a (100x) D. Corte longitudinal tangencial (100x) Muestra de carbón E. Corte transversal (60x) con lupa.

4.2.3.- Boungainvillea *sp.*

Descripción anatómica del género: Anillos no demarcados. Porosidad difusa. Vasos solitarios y en series radiales cortas de hasta 4 elementos, también en racimos. Parénquima paratraqueal en bandas confluentes de hasta 8 células de espesor. Radios seriados poco visibles. Células procumbentes. Elementos vasculares de trayecto rectilíneo con placa simple y oblicua.

4.2.3.1.- Bougainvillea stipitata *Griseb.*

Familia: Nyctaginaceae

Nombre común: Tala Falso

Descripción: Árbol de hasta 10 metros de altura, se encuentra en las zonas boscosas junto a los cursos de agua. Crece en suelos húmedos y la floración es en Diciembre (Zuloaga, 1997; Demaio *et. al.* 2002). Especie que se le asemeja a *Celtis tala*.

Muestras de Referencia: Se obtuvieron muestras para realizar los cortes histológicos y las muestras carbonizadas de: Ejemplares de herbario (CORD) leg. Subilz, nro. 2552, del departamento de Ischilín. Se obtuvo un ejemplar de campo para la zona del Dique de La Quebrada, leg. A. Robledo nro. 1-8-19.

FIGURA 4.2.3.1.1.- *BOUGAINVILLEA STIPITATA* A. HÁBITO, FOTOGRAFÍA TOMADA DE DEMAIO *ET. AL.* (2002). B. VISTA DE EJEMPLAR DE HERBARIO, LEG. SUBILZ, NRO. 2552 (CORD).

> Descripción anatómica: Leño de anillos no demarcados y porosidad difusa. Vasos solitarios y en series radiales cortas de hasta 4 elementos, pueden presentarse en racimos. Parénquima paratraqueal en bandas confluentes. Radios poco visibles, uniseriados. Células procumbentes. Elementos vasculares de trayecto rectilíneo con placa de perforación simple.

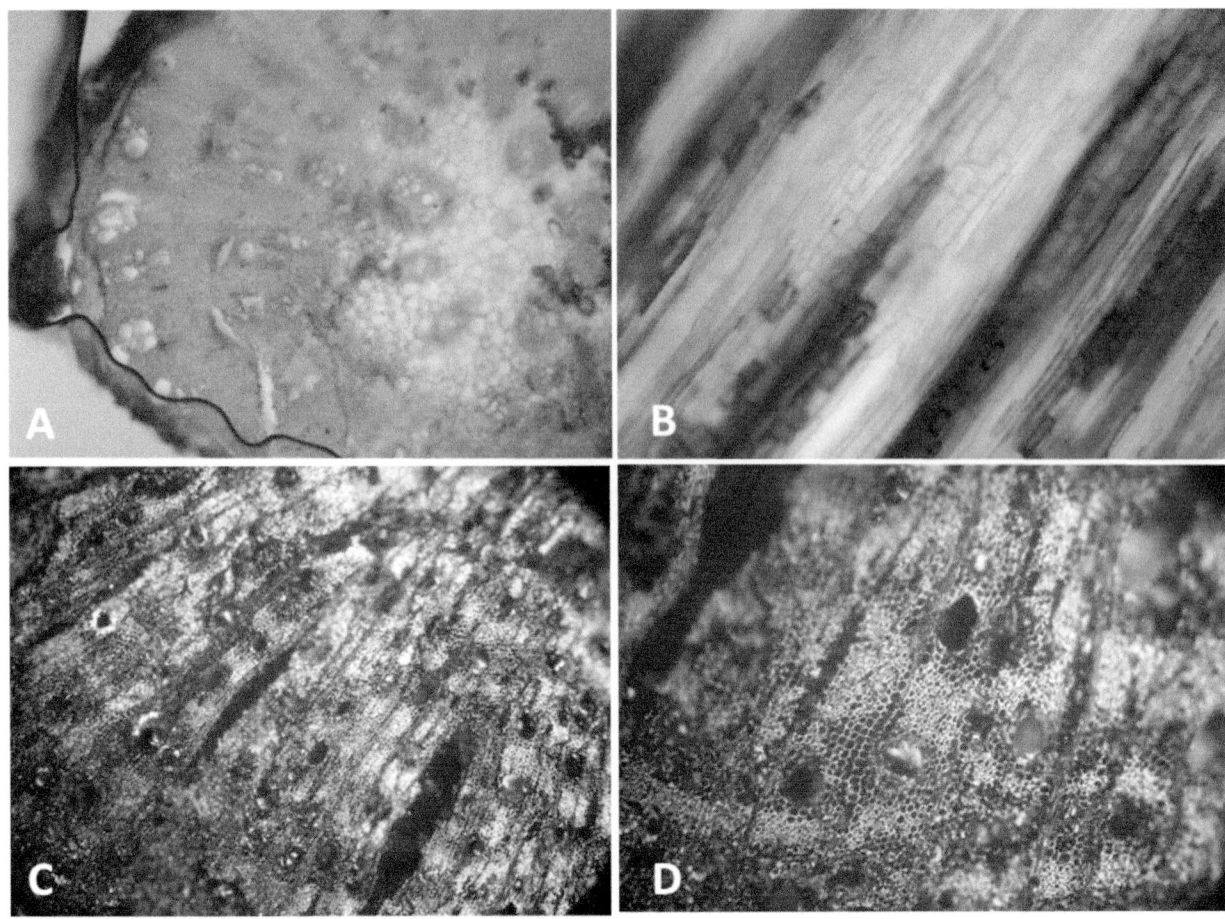

Figura 4.2.3.1.2.- *Boungainvillea stipitata* Cortes histológico: A. Corte transversal a (50x). B. Corte longitudinal tangencial (100x). Muestra de carbón C. Corte transversal a (100x) D. Corte transversal (200x).

4.2.4.- Castela *sp.*

Descripción anatómica del género: Anillos demarcados con porosidad semicircular. Vasos agrupados en patrón dendrítico, y solitarios de contorno angular. Parénquima axial vasicéntrico y en bandas marginales. Radios de 4 a 10 series. Células procumbentes. Puntuaciones entre vasos alternas y placa de perforación simple.

4.2.4.1.- Castela coccinea *Griseb.*

Familia: Simaroubaceae

Nombre común: Mistol del Zorro

Descripción: Árbol pequeño de 4 metros de altura situado en sitios cálidos y áridos en llanuras y montañas. Florece en Septiembre y sus frutos maduran entre Octubre y Diciembre (Zuloaga 1997; Demaio *et. al.* 2002).

Etnobotánica: Se menciona el uso de la planta para el tratamiento de las infecciones urinarias (Arrambari et. al. 2009).

Muestras de Referencia: Muestras de Referencia: Se obtuvieron muestras para realizar los cortes histológicos y las muestras carbonizadas de: Ejemplares de herbario (CORD) leg. Hutzinger, nro. 7802, del departamento de Ischilín. No se obtuvieron ejemplares de campo en la región de estudio.

Capítulo 4 Resultados del análisis de la muestra de estudio

Figura 4.2.4.1.1 *Castela coccinea*. A. Hábito, fotografía tomada de Demaio *et. al.* (2002). B. Vista de ejemplar de herbario, leg. Hutzinger, nro. 7802 (CORD).

Descripción anatómica: Anillos demarcados y porosidad semicircular. Vasos en patrón dendrítico con algunos solitarios de contorno angular. Parénquima vasicéntrico y en bandas marginales. Radios angostos y largos. Células radiales procumbentes.

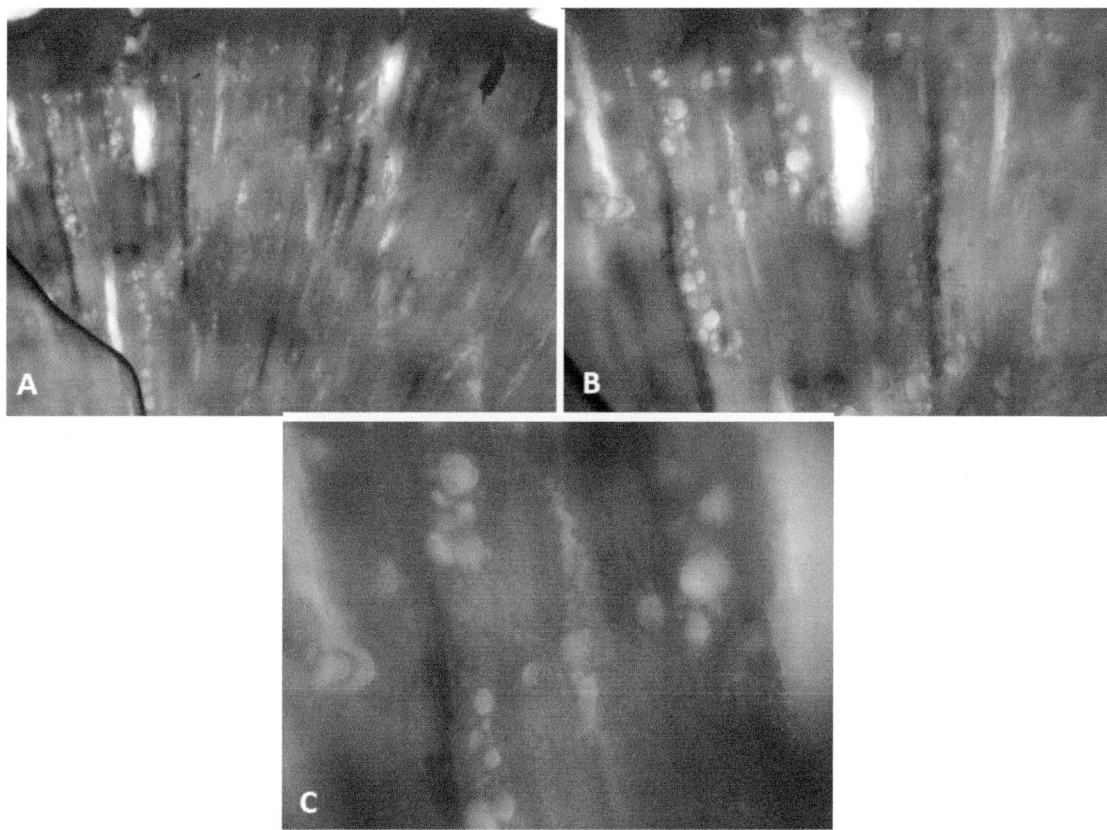

Figura 4.2.4.1.2.- *Castela coccinea* Cortes histológico: A. Corte transversal (100x). B. Corte transversal (100x). C. Corte longitudinal tangencial (200x).

4.2.5.- Celtis *sp.*

Descripción anatómica del género: Anillos no demarcados. Porosidad difusa. Vasos solitarios de contorno elíptico. Vasos agrupados en series radiales cortas (de 2 a 4 elementos) y algunas series de 6 también agrupados. Parénquima axial paratraqueal abundante en bandas confluentes anchas y aliforme. Radios uni y pluriseriados (de 2 a 4 células de ancho). Radios con células procumbentes y verticales. Elementos vasculares de trayecto sinuoso. Placa de perforación simple y tabique horizontal a oblicuo.

4.2.5.1. - Celtis tala *Gillies ex Planch.*

Familia: Cannabaceae

Nombre común: Tala

Descripción: Árbol de hasta 12 metros de altura, distribuido por las zonas boscosas serranas hasta los 900 msnm. Tolerante del frío. Florece entre septiembre y octubre los frutos maduran en enero (Cabrera, 1976; Romanczuk 1987; Demaio *et. al.* 2002).

Etnobotánica: Uso de leña y para manufactura de herramientas dada la resistente de su madera (Cabrera, 1976). En algunas comunidades, como los wichi y toba, sus frutos son consumidos durante el camino (Arenas, 2003).

Muestras de Referencia: Se obtuvieron muestras para realizar los cortes histológicos y las muestras carbonizadas de ejemplar de herbario leg. Hutzinger, nro. 18272 (CORD), del departamento de Punilla. Se obtuvo un ejemplar para el valle de Ongamira, leg. A. Robledo, 1-6-5 (IDACOR).

FIGURA 4.2.5.1.1.- *CELTIS TALA* A. HÁBITO, FOTOGRAFÍA TOMADA DE DEMAIO *ET. AL.* (2002). B. VISTA DE EJEMPLAR DE HERBARIO, LEG HUTZINGER, NRO.18272. C. EJEMPLAR RECIENTEMENTE RECOLECTADO EN LA CIUDAD CÓRDOBA, LEG. A. ROBLEDO Nº 1-6-5.

> Descripción anatómica: Leño de anillos no demarcados y porosidad difusa. Vasos solitarios y en series radiales cortas de 2 a 4 elementos y algunas series de 6. Contorno de vasos elíptico. Parénquima axial paratraqueal abundante en bandas confluentes y vasicéntrico aliforme. Radios uniseriados y de 2 a 4 de ancho. Células radiales procumbentes y verticales. Elementos vasculares de trayecto sinuoso. Placa de perforación simple.

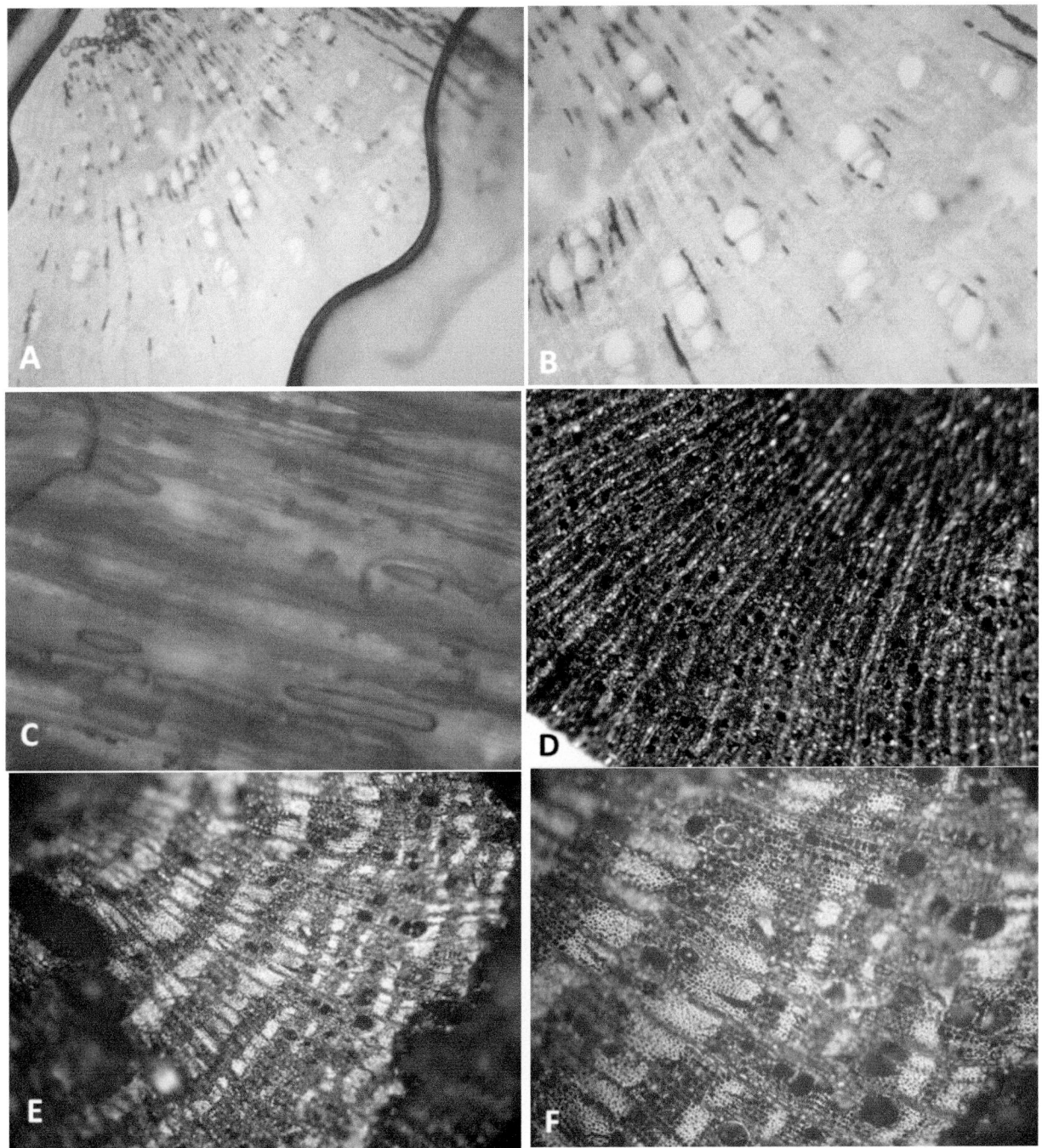

Figura 4.2.5.1.2.- *Celtis tala* Cortes histológico: A. Corte transversal a (50x). B. Corte transversal (100x). C. Corte longitudinal tangencial (100x) Muestra de carbón D. Corte transversal a (60x) en lupa E. Corte transversal (100x). F. Corte transversal (200x).

4.2.6.- Cercidium *sp.*

Descripción anatómica del género: Anillos demarcados con porosidad semicircular a difusa. Poros solitarios de contorno circular y múltiples radiales cortos de a 2 y en menor escala de a 6. Parénquima paratraqueal vasicéntrico a confluente en bandas angostas ininterrumpidas diagonales. Radios de 2 a 4 células de ancho, de células procumbentes. Elementos vasculares cortos, algo sinuosos. Puntuaciones intervasculares alternas con perforaciones simples y tabiques oblicuos

4.2.6.1.- Cercidium praecox *(Ruiz & Pav. Ex Hook.) Harms*

Familia: Fabaceae Subfamilia Caesalpinioideae

Nombre común: Brea

Descripción: Árbol de hasta 5 metros de altura, se encuentra en suelos pobres y arenosos. Florece entre septiembre y octubre (Zuloaga 1997; Demaio *et. al.* 2002; Sousa Sánchez *et. al.* 2003).

Etnobotánica: Utilizada como leña (Cabrera 1976). La resina del brea es utilizada como parche o para la manufactura de herramientas entre los wichis y tobas (Arenas, 2003).

Muestras de Referencia: Se obtuvieron muestras para realizar los cortes histológicos y las muestras carbonizadas de: Ejemplares de herbario leg. Hutzinger, nro. 22014 (CORD), del departamento de Ischilín. Se obtuvo ejemplar de campo para la zona del Dique de La Quebrada, departamento Colón leg. A. Robledo, nro. 1-8-14.

FIGURA 4.2.6.1.1.- *CERCIDIUM PRAECOX*. A. HÁBITO, FOTOGRAFÍA TOMADA DE DEMAIO *ET. AL.* (2002). B. VISTA DE EJEMPLAR DE HERBARIO, LEG HUTZINGER, NRO.22014.

> Descripción anatómica: Leño de anillos demarcados y porosidad semicircular a difusa. Vasos solitarios y en múltiples radiales de 2 hasta 6. Los vasos solitarios son de contorno circular. Parénquima vasicéntrico a confluente en bandas angostas. Radios seriados de 2 a 4 elementos. Células radiales procumbentes. Elementos vasculares sinuosos.

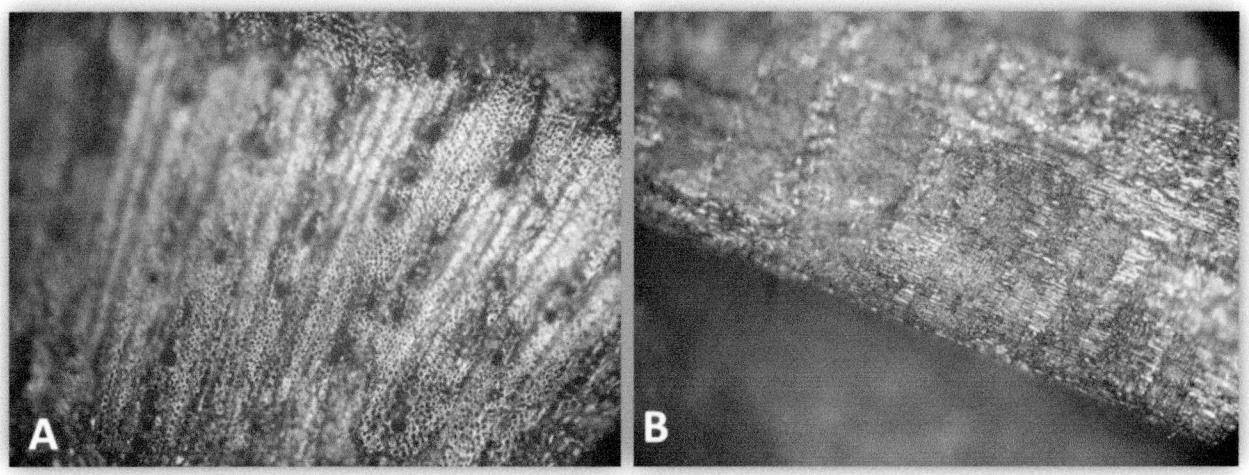

Figura 4.2.6.1.2.- *Cercidium praecox* Muestra de carbón A. Corte transversal a (100x) B. Corte longitudinal tangencial (100x).

4.2.7.- Condalia *sp.*

Descripción anatómica del género: Anillos demarcados, porosidad difusa a semicircular. Disposición de vasos acompañando el anillo de crecimiento y en diagonal. Patrón dendrítico. Agrupamiento de vasos en series múltiples en grupos de 4 o más. Vasos solitarios de contorno circular. Parénquima axial paratraqueal vasicéntrico confluente y en bandas angostas concentrados en anillos. Radios con células procumbentes y verticales o cuadradas. Elementos vasculares de trayecto rectilíneo. Placa de perforación simple.

4.2.7.1.- Condalia buxifolia *Reissek*

Familia: Rhamnaceae

Nombre común: Piquillín

Descripción: Arbusto de hasta 6 metros de altura, se distribuye en los bosques serranos en zonas relativamente húmedas. Florece en Octubre y los frutos maduran en Enero (Zuloaga 1997; Demaio *et. al.* 2002).

Etnobotánica: Sus frutos pueden ser consumidos (Zuloaga *et. al.* 2008; Baldín *et. al.* 2011)

Muestras de Referencia: Se obtuvieron muestras para realizar los cortes histológicos y las muestras carbonizadas de: Ejemplares de herbario leg. Hutzinger, nro. 6269 (CORD), del departamento de Colón. No se obtuvieron ejemplares en la región de estudio.

Figura 4.2.7.1.1.- *Condalia buxifolia* A. Hábito, fotografía tomada de Demaio *et. al.* (2002). B. Vista de ejemplar de herbario, leg .Hutzinger, nro.6259. C. Ejemplar recientemente recolectado en la Ciudad Córdoba, leg. A. Robledo Nº 1-7-7 (IDACOR).

Descripción anatómica: Leño de anillos demarcados y porosidad semicircular a difusa. Vasos en series tangenciales acompañando el anillo, pero en su mayoría en patrón dendrítico, agrupados en series múltiples de 4 o más. Contorno de vasos angular. Parénquima paratraqueal vasicéntrico confluente y en bandas angostas. Células radiales procumbentes y cuadradas. Elementos vasculares rectilíneos con placa de perforación simple.

Figura 4.2.7.1.2.- *Condalia buxifolia* Muestra histológica: A. Corte transversal (50x) Muestra de carbón B. Corte transversal a (60x) en lupa.

4.2.7.2.- Condalia microphylla *Cav.*

Familia: Rhamnaceae

Nombre común: Piquillín (arbusto)

Descripción: Similar a *Condalia buxifolia*, es un arbusto pequeño. Habita suelos húmedos de las serranías (Zuloaga, 1997; Demaio *et. al.* 2002).

Etnobotánica: Sus frutos pueden ser consumidos (Boelcke; 1989; Zuloaga *et. al.* 2008; Baldín *et. al.* 2011).

Muestras de Referencia: Se obtuvieron muestras para realizar los cortes histológicos y las muestras carbonizadas de ejemplar de herbario leg. Hutzinger, nro. 14785 (CORD), del departamento de Ischilín. No se obtuvieron ejemplares de campo en la región de estudio.

FIGURA 4.2.7.2.1.- A. EJEMPLAR DE HERBARIO, *CONDALIA MICROPHYLLA* LEG. HUTZINGER, NRO.14785 (CORD).

Descripción anatómica: Leño de anillos demarcados y porosidad semicircular. Disposición de vasos en patrón dendrítico y en series tangenciales sobre anillos de crecimiento. Parénquima paratraqueal vasicéntrico. Células procumbentes y cuadradas. Elementos vasculares de trayecto rectilíneo.

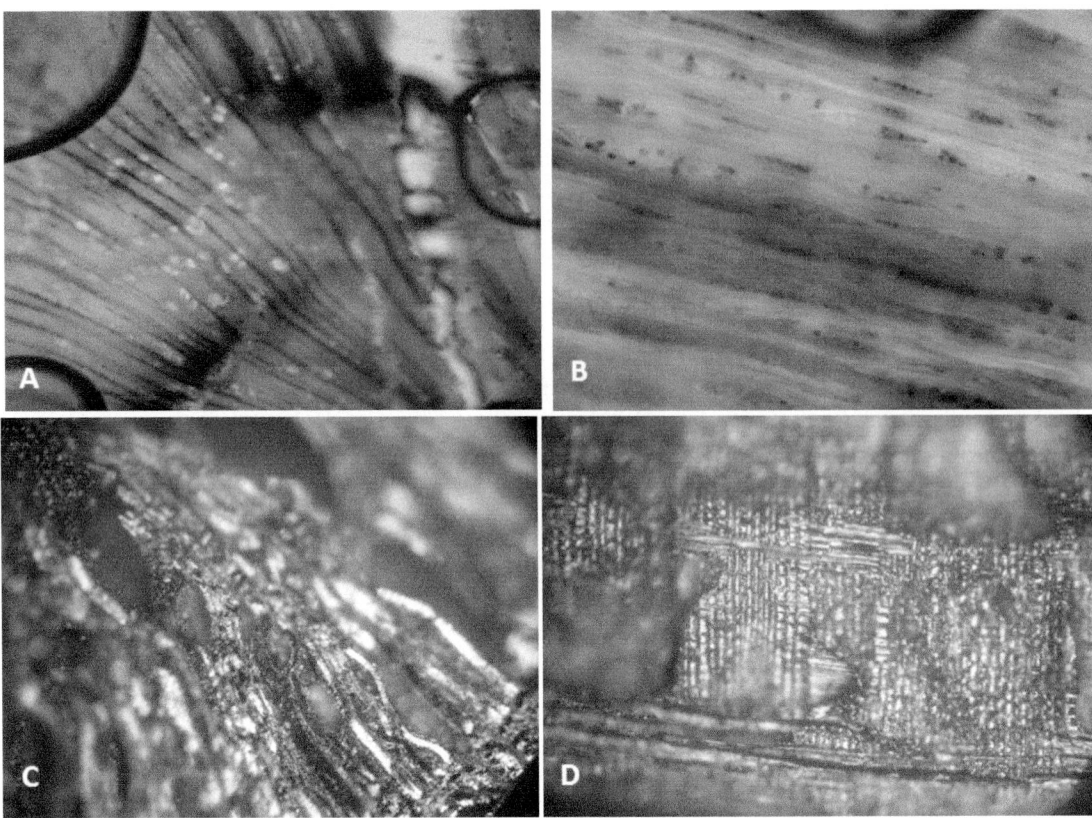

Figura 4.2.7.2.2.- *Condalia microphylla* Muestra histológica: A. Corte transversal (50x) B. corte longitudinal tangencial (100x) Muestra de carbón C. Corte transversal a (100x) D. Corte longitudinal radial a (200x).

4.2.8.- Geoffraea *sp.*

Descripción anatómica del género: Anillos poco marcados de porosidad semicircular a difusa. Vasos solitarios y en series radiales cotas de 2 a 3 elementos. Vasos solitarios de contorno circular. Parénquima axial paratraqueal en estrechas bandas confluentes, y parénquima terminar en estrechas bandas. Radios estratificados. Sistema de radios uniseriados, algunos agregados. Células procumbentes. Placa simple y tabique horizontal a oblicuo

4.2.8.1.- Geoffraea decorticans *(Gillies ex Hook. & Arn.) Bukart*

Familia: Fabaceae, Subfamilia Papilionoideae

Nombre común: Chañar

Descripción: Árbol de hasta 10 metros de altura, presente en la zona serrana hasta los 1300 msnm. Se desarrolla en todo tipo de ambientes, en especial en zonas áridas. Tolerantes a los cambios de temperatura. Florece a principios de la primavera y sus frutos maduran en enero (Zuloaga 1997; Dimaio *et. al.* 2002).

Etnobotánica: Además de tener utilidad para el fuego como leña, sus frutos son comestibles y de gran importancia en la alimentación de las comunidades wichi y toba (Arenas, 2003).

Muestras de Referencia: Se obtuvieron muestras para realizar los cortes histológicos y las muestras carbonizadas de ejemplar de herbario leg. Cocucci, nro. 360 (CORD), en el departamento de Cruz del Eje. No se obtuvo un ejemplar de campo para la región de estudio.

CAPÍTULO 4 RESULTADOS DEL ANÁLISIS DE LA MUESTRA DE ESTUDIO

FIGURA 4.2.8.1.1.- *GEOFFRAEA DECORTICANS*. HÁBITO, FOTOGRAFÍA TOMADA DE DEMAIO *ET. AL.* (2002). B. EJEMPLAR DE HERBARIO, LEG. COCCUCI, NRO.360 (CORD).

Descripción anatómica: Leño de anillos poco demarcados con porosidad semicircular a difusa. Vasos solitarios y en series radiales cortas de 2 a 3 elementos. Contorno de vasos circular a elíptico. Parénquima axial paratraqueal en bandas confluentes y terminar estrecho. Radios estratificados, con radios uniseriados. Células radiales procumbentes.

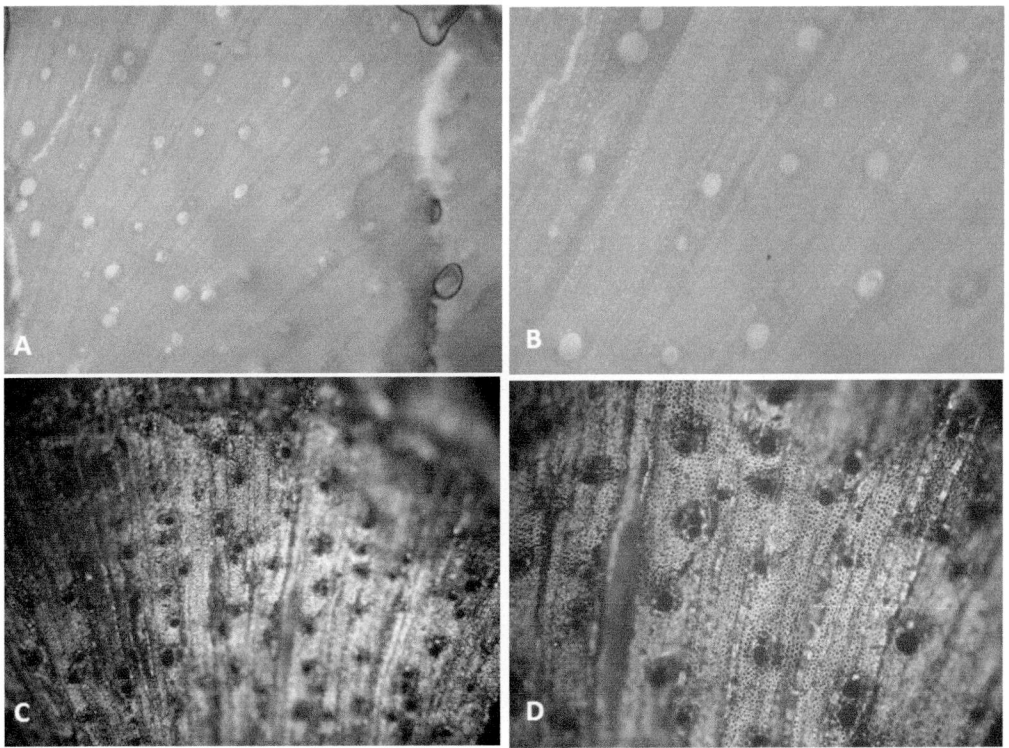

FIGURA 4.2.8.1.2.- *GEOFFRAEA DECORTICANS* MUESTRA HISTOLÓGICA: A. CORTE TRANSVERSAL (50X) B. CORTE TRANSVERSAL (100X) MUESTRA DE CARBÓN C. CORTE TRANSVERSAL A (100X) D. CORTE TRANSVERSAL A (200X).

4.2.9.- Jodina *sp.*

Descripción anatómica del género: Anillos no diferenciados. Porosidad difusa. Disposición de vasos dendrítica. Vasos solitarios de contorno angular. Parénquima axial apotraqueal difuso. Sistema de radios multiseriados (series de 3 a 4 células en su mayoría). Radios con células procumbentes, cúbicas y erectas. Elementos vasculares de trayecto rectilíneo y placa simple, horizontal a oblicua.

4.2.9.1.- Jodina rhombifolia *(Hook. & Arn.) Reissek*

Familia: Santalaceae

Nombre común: Sombra de Toro

Descripción: Árbol de hojas puntiagudas de 5 metros de alto, presente en las zonas serranas hasta 1000 msnm. Soporta fríos y sequías prosperando en distinto tipos de suelo. Florece entre mayo y octubre y los frutos maduran en agosto (Zuloaga, 1997; Demaio *et. al.* 2002).

Etnobotánica: Se destacan sus propiedades medicinales (Sola 1942).

Muestras de Referencia: Se obtuvieron muestras para realizar los cortes histológicos y las muestras carbonizadas de ejemplares de herbario leg. Caro, nro. 3527 (CORD), del departamento de Pocho. Se obtuvo una ejemplar de campo para el valle de Ongamira, leg. A. Robledo, nro. 1-1-6 (IDACOR).

FIGURA 4.2.9.1.1.- *JODINA RHOMBIFOLIA* A. HÁBITO, FOTOGRAFÍA TOMADA DE DEMAIO *ET. AL.* (2002). B. EJEMPLAR DE HERBARIO, LEG. CARO, NRO.3527. C. EJEMPLAR RECIENTEMENTE RECOLECTADO EN LA CIUDAD CÓRDOBA, LEG. A. ROBLEDO, NRO. 1-1-6.

Descripción anatómica: Leño de anillos no demarcados con porosidad difusa. Disposición de vasos dendrítica. Vasos solitarios de contorno angular. Parénquima axial apotraqueal difuso. Radios multiseriados de 3 a 4 células. Células radiales procumbentes, verticales y algunas cúbicas. Elementos vasculares de trayecto rectilíneo con placa de perforación simple.

Capítulo 4 Resultados del análisis de la muestra de estudio

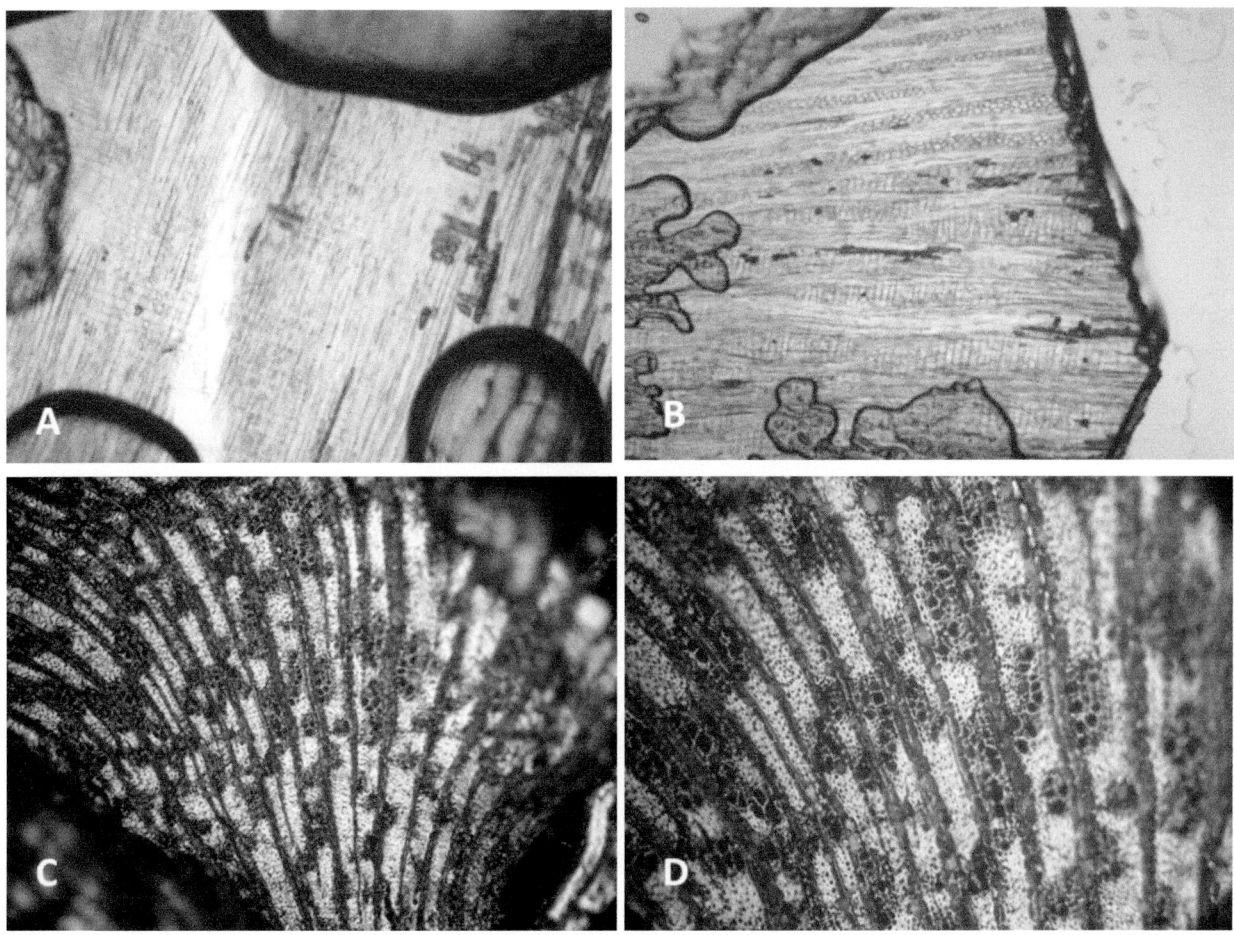

Figura 4.2.9.1.2.- *Jodina rhombifolia* Muestra histológica: A. Corte longitudinal radial (100x) B. corte longitudinal tangencial (100x) Muestra de carbón C. Corte transversal a (100x) D. Corte transversal a (200x).

4.2.10.- Lithraea *sp.*

Descripción anatómica del género: Anillos demarcados. Porosidad semicircular a difusa. Disposición de vasos solitarios y en series radiales cortas de 2 a 5 elementos. Vasos solitarios de contorno angular. Parénquima axial apotraqueal difuso escaso. Radios uniseriados en su mayoría, escasos bi y triseriados. Células procumbentes y verticales. Vasos de trayecto rectilíneo con placa de perforación simple oblicua.

4.2.10.1.- Lithraea ternifolia *(Gillies) Barkley & Rom*

Familia: Anacardiaceae

Nombre común: Molle de Beber

Descripción: Árbol de hasta 6 metros de altura. Es una de las especies más representativas en el bosque serrano llegando hasta los 1500 msnm. Habita los suelos de piedemonte y sierras, preferentemente quebradas y laderas más húmedas (Zuloaga, 1997; Martineja, 1987; Demaio *et. al.* 2002).

Muestras de Referencia: Se obtuvieron muestras para realizar los cortes histológicos y las muestras carbonizadas de ejemplares de herbario leg. Hutzinger, nro. 7788 (CORD), del departamento de Ischilín. Se obtuvieron ejemplares de campo para el valle de Ongamira, leg. A. Robledo, nro. 1-6-6 (IDACOR).

Figura 4.2.10.1.1.- *Lithraea ternifolia* A. Hábito, fotografía tomada de Demaio *et. al.* (2002). B. Ejemplar de herbario, leg. Hutzinger, nro.7788 B. Ejemplar recientemente recolectado en la Ciudad Córdoba, leg. A. Robledo, nro. 1-6-6.

Descripción anatómica: Anillos demarcados de porosidad semicircular a difusa. Disposición de vasos solitarios y en series radiales de 2 a 5 elementos. Vasos de contorno angular. Parénquima axial apotraqueal difuso escaso. Radios uniseriados. Células radiales procumbentes y verticales. Elementos vasculares de trayecto rectilíneos con placa de perforación simple.

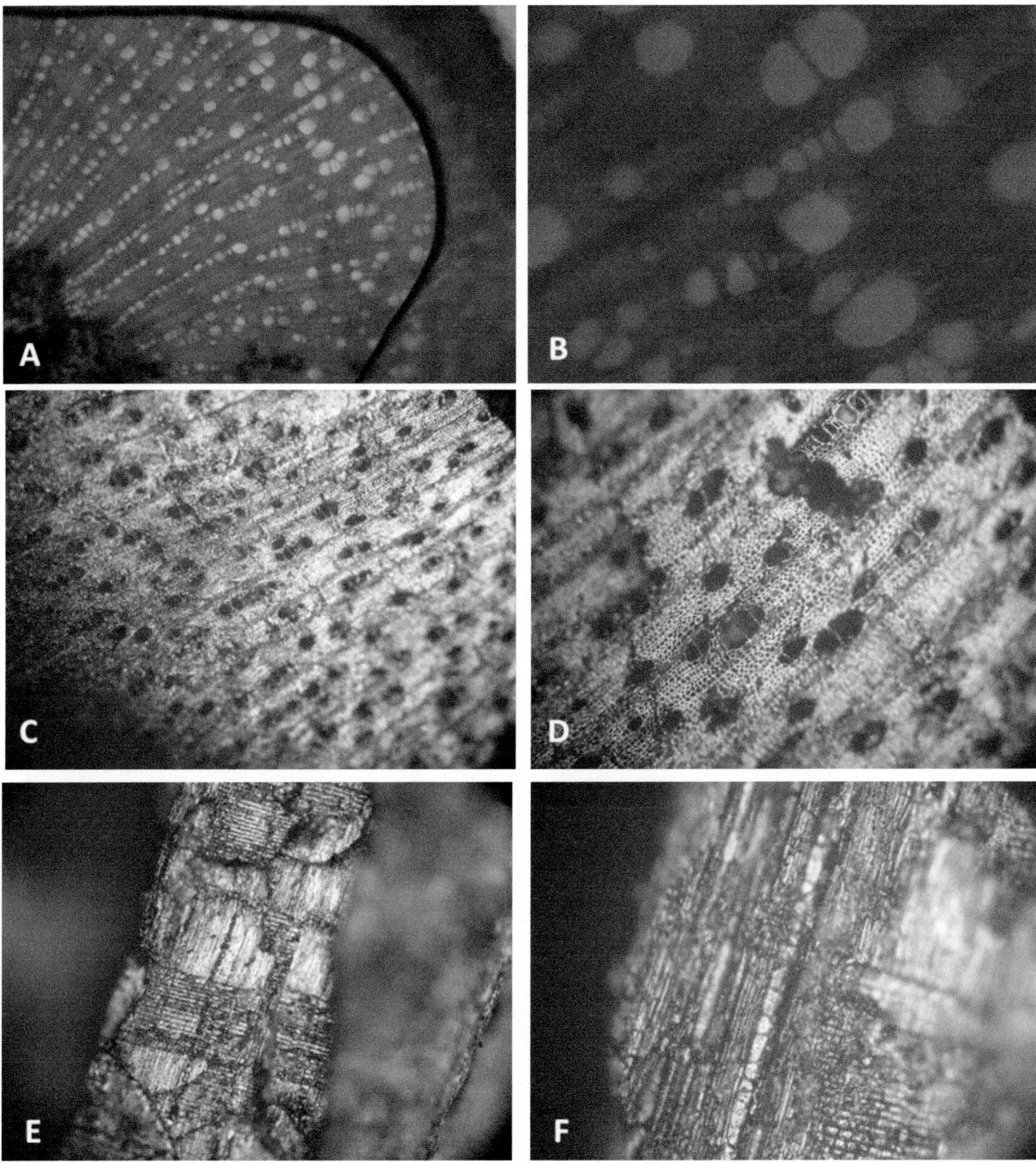

Figura 4.2.10.1.2.- *Lithraea ternifolia* Muestra histológica: A. Corte transversal (50x) B. corte transversal (100x) Muestra de carbón C. Corte transversal (100x) D. Corte transversal (200x). E. Corte longitudinal radial (200x). F. Corte longitudinal radial (200x).

4.2.11.- Polylepis *sp.*

Descripción anatómica del género: Anillos no demarcados o indiferenciados. Porosidad difusa pero con muchos poros. Vasos en patrón radial, algunos en patrón tangencial. Vasos solitarios de contorno angular y múltiples de 2 a 3. Parénquima vasicéntrico confluente y en bandas angostas en paralelo a los radios. Células radiales procumbentes y algunas cuadradas. Elementos vasculares de trayecto rectilíneo, placa de perforación simple a oblicua.

4.2.11.1.- Polylepis australis *Bitter*

Familia: Rosaceae

Nombre común: Tabaquillo

Descripción: Árbol de hasta 8 metros de altura, se distribuye en las quebradas serranas entre los 1000 y 2600 msnm. Florece a fines de septiembre y los frutos en diciembre (Cabido y Acosta 1985; Zuloaga 1997; Demaio *et. al.* 2002;).

Etnobotánica: Además de un frecuente uso como leña, se destaca su uso como astringente (Arambarri *et. al.* 2009).

Muestras de Referencia: Se obtuvieron muestras para realizar los cortes histológicos y las muestras carbonizadas de referencia del Herbario del Museo Botánico de Córdoba, del departamento de Cruz del Eje. No se obtuvieron muestras en verde de la región.

FIGURA 4.2.11.1.1.- *POLYLEPIS AUSTRALIS* A. HÁBITO, FOTOGRAFÍA TOMADA DE DEMAIO *ET. AL.* (2002). B. EJEMPLAR DE HERBARIO, LEG. SUBILS, NRO.3171.

> Descripción anatómica: Leño de anillos no demarcados o indiferenciados de porosidad difusa. Vasos en disposición solitarios y múltiples radiales de 2 a 3. Contorno de vasos angular. Parénquima vasicéntrico confluente y en bandas angostas. Células radiales procumbentes y verticales. Elementos vasculares de trayecto rectilíneo con placa de perforación simple.

Capítulo 4 Resultados del análisis de la muestra de estudio

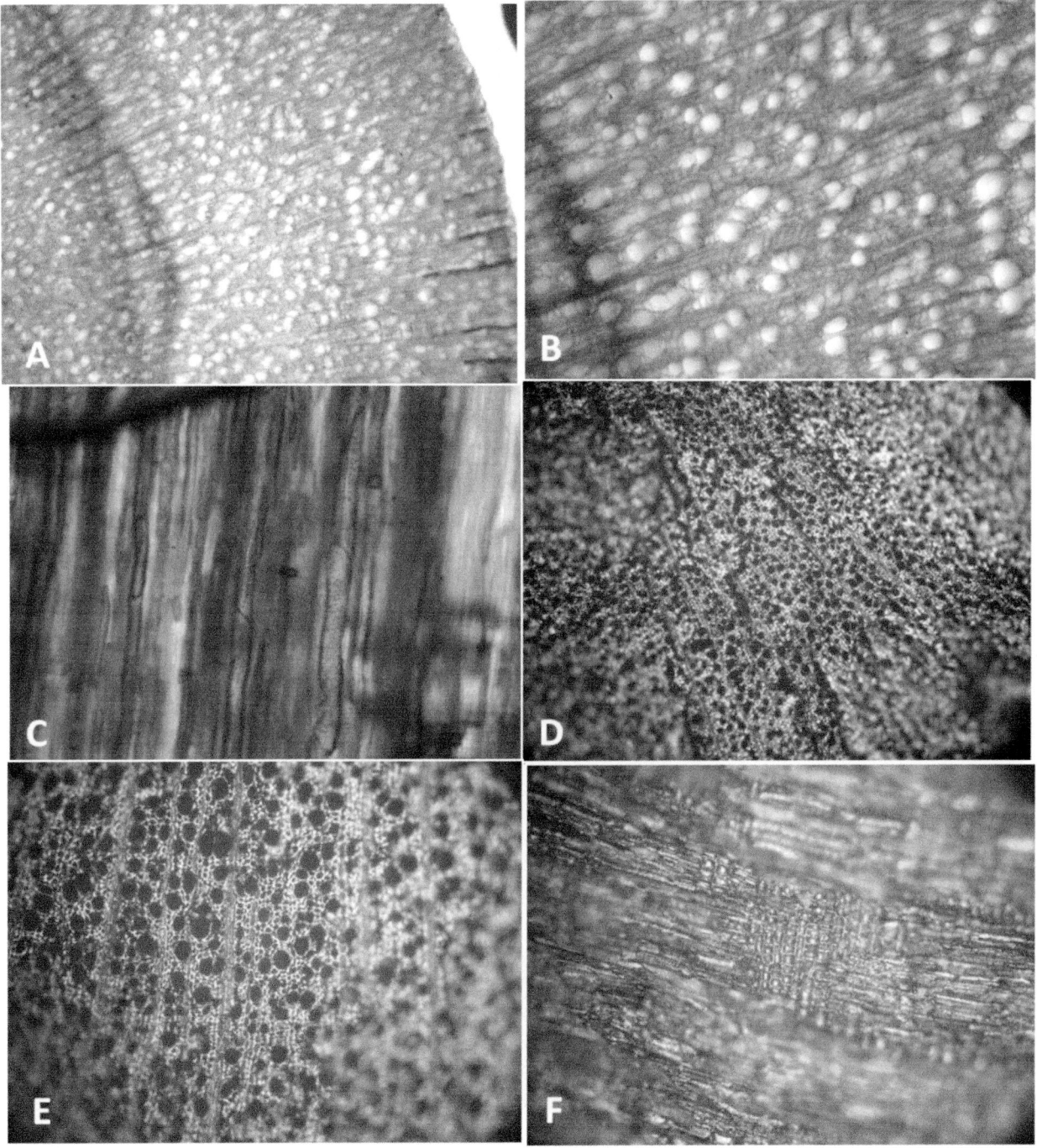

Figura 4.2.11.1.2.- *Polylepis australis* Muestra histológica: A. Corte transversal (50x) B. corte transversal (100x) C. Corte longitudinal tangencial (100x) Muestra de carbón D. Corte transversal a (100x) E. Corte transversal a (200x). F. Corte longitudinal radial (200x).

4.2.12.- Porliera sp.

Descripción anatómica del género: Anillos indiferenciados. Porosidad difusa pero con poros grandes. Disposición de vasos radial pero dispersos, algunos en líneas tangenciales. Vasos solitarios de contorno circular. Parénquima poco visible, vasicéntrico pero escaso, con tendencia aliforme. Radios angostos y cortos, células procumbentes. Elementos vasculares con trayecto sinuoso. Placa de perforación simple oblicua.

4.2.12.1.- Porlieira microphylla *(Baill.) Descole, ODonell & Lourteig*

Familia: Zygophyllaceae

Nombre común: Guayacán

Descripción: Árbol de hasta 5 metros de altura que se presenta en las serranías hasta lo 2000 msnm (Zuloaga 1997; Demaio *et. al.* 2002).

Muestras de Referencia: Se obtuvieron muestras para realizar los cortes histológicos y las muestras carbonizadas de ejemplares de herbario leg. Hutzinger, nro. 18791, del departamento de Totoral. No se obtuvieron ejemplares de campo de la región.

FIGURA 4.2.12.1.1.- *PORLIERA MICROPHYLLA* EJEMPLAR DE HERBARIO LEG. HUTZINGER, NRO.18791

Descripción anatómica: Leño de anillos no demarcados con porosidad difusa. Disposición de vasos radial, algunos en líneas tangenciales. Contorno de vasos circular. Parénquima vasicéntrico escaso con tendencia aliforme. Radios angostos y cortos. Células radiales procumbentes. Elementos vasculares de trayecto sinuoso y placa de perforación simple.

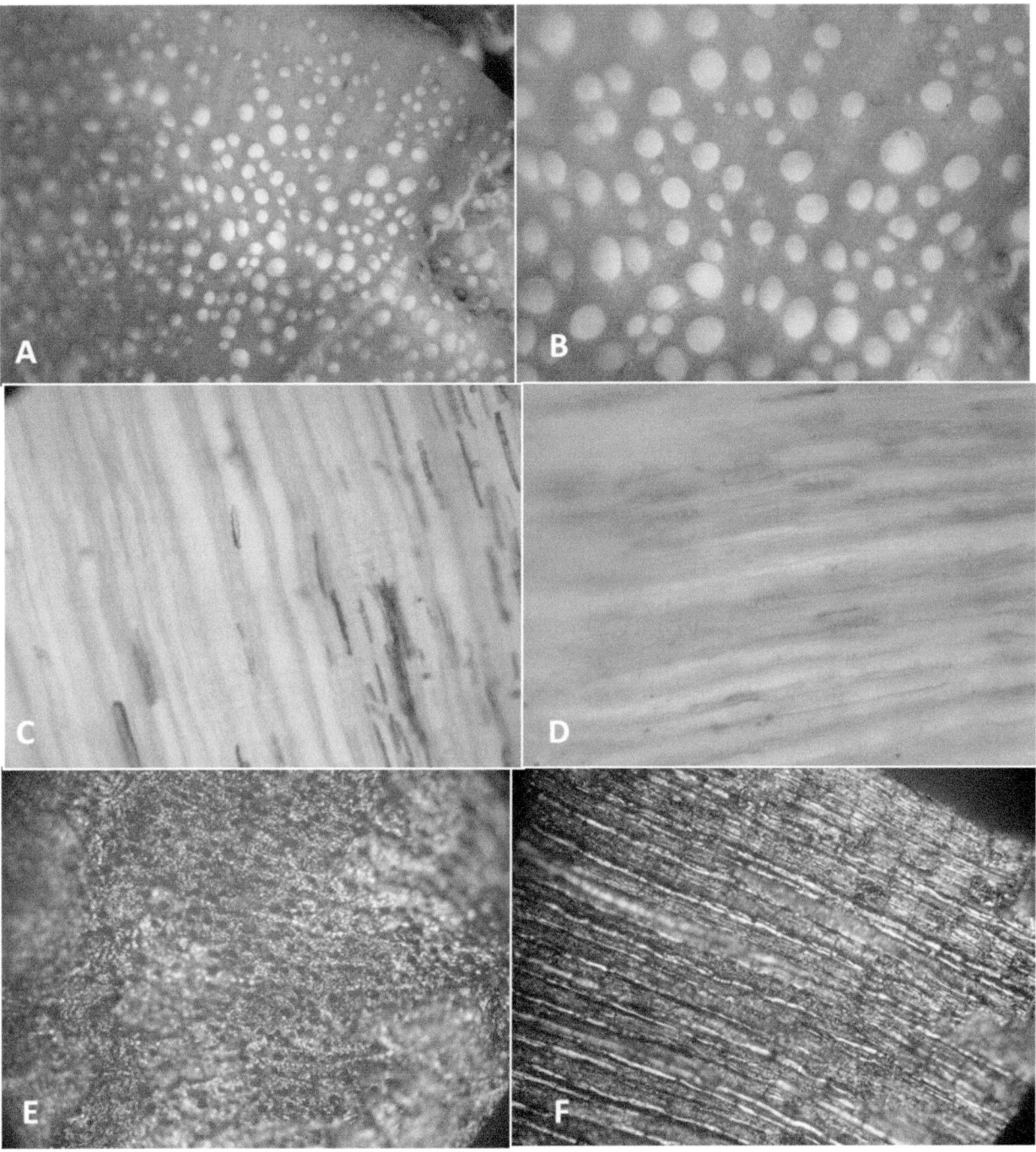

Figura 4.2.12.1.2.- *Porliera microphylla* Muestra histológica: A. Corte transversal (50x) B. Corte transversal (100x) C. Corte longitudinal tangencial (100x) D. Corte longitudinal tangencial (100x) Muestra de carbón E. Corte transversal (100x) F. Corte longitudinal radial (200x).

4.2.13.- Prosopis *sp.*

Descripción anatómica del género: Anillos demarcados. Porosidad semicircular a circular. Vasos solitarios de contorno circular. Vasos agrupados en series radiales múltiples cortas de 2 a 5 elementos y series radiales múltiples largas de 6 a 9 elementos, en racimos y en series tangenciales de 2 a 5 elementos. Parénquima axial paratraqueal bandeado confluente, abundante y apotraqueal difuso. Sistema de radios compuesto por uni y pluriseriados (de 2 a 5 elementos). Células procumbentes. Vasos de trayecto rectilíneo. Placa de perforación simple a oblicua.

4.2.13.1.- Prosopis alba *Griseb.*

Familia: Fabaceae, Subfamilia Mimosoideae

Nombre común: Algarrobo Blanco

Descripción: Árbol de hasta 12 metros de alto, ocupa el bosque chaqueño occidental. Crece en suelos sueltos, bien drenados, adaptados a las sequías aunque no tanto a las heladas (Cabrera 1976; Castro 1994; Zuloaga 1997; Demaio *et. al.* 2002; Villalba *et. al.*, 2000; Bravo *et. al.*, 2001; Friesen, 2004; Bolzón de Muniz *et. al.*, 2010).

Etnobotánica: Los Prosopis tienen un conocido uso para la leña, la alimentación por las vainas dulces para la elaboración de harinas, aloja, entre otros (Castro 1994; Arenas 2003).

Muestras de Referencia: Se obtuvieron muestras para realizar los cortes histológicos y las muestras carbonizadas de ejemplar de herbario leg. Hutzinger, nro. 2648 (CORD), de la ciudad de Córdoba. Se obtuvo un ejemplar para la zona de la ciudad de Córdoba, leg. A. Robledo, nro. 1-2-7 (IDACOR).

FIGURA 4.2.13.1.1.- *PROSOPIS ALBA* A. HÁBITO, FOTOGRAFÍA TOMADA DE DEMAIO *ET. AL.* (2002). B. EJEMPLAR DE HERBARIO, LEG. HUTZINGER, NRO.2648. C. EJEMPLAR RECIENTEMENTE RECOLECTADO DE CAMPO, LEG. A. ROBLEDO, NRO. 1-2-7.

> Descripción anatómica: Leño de anillos demarcados con porosidad semicircular. Vasos solitarios y en series radiales múltiples cortas de 2 a 5 elementos y de 6 9 elementos. Contorno de vasos circular. Parénquima axial paratraqueal en bandas confluentes abundante y apotraqueal difuso. Radios uniseriados y seriados de 2 a 5 elementos. Células radiales procumbentes. Elementos vasculares de trayecto rectilíneo y placa de perforación simple.

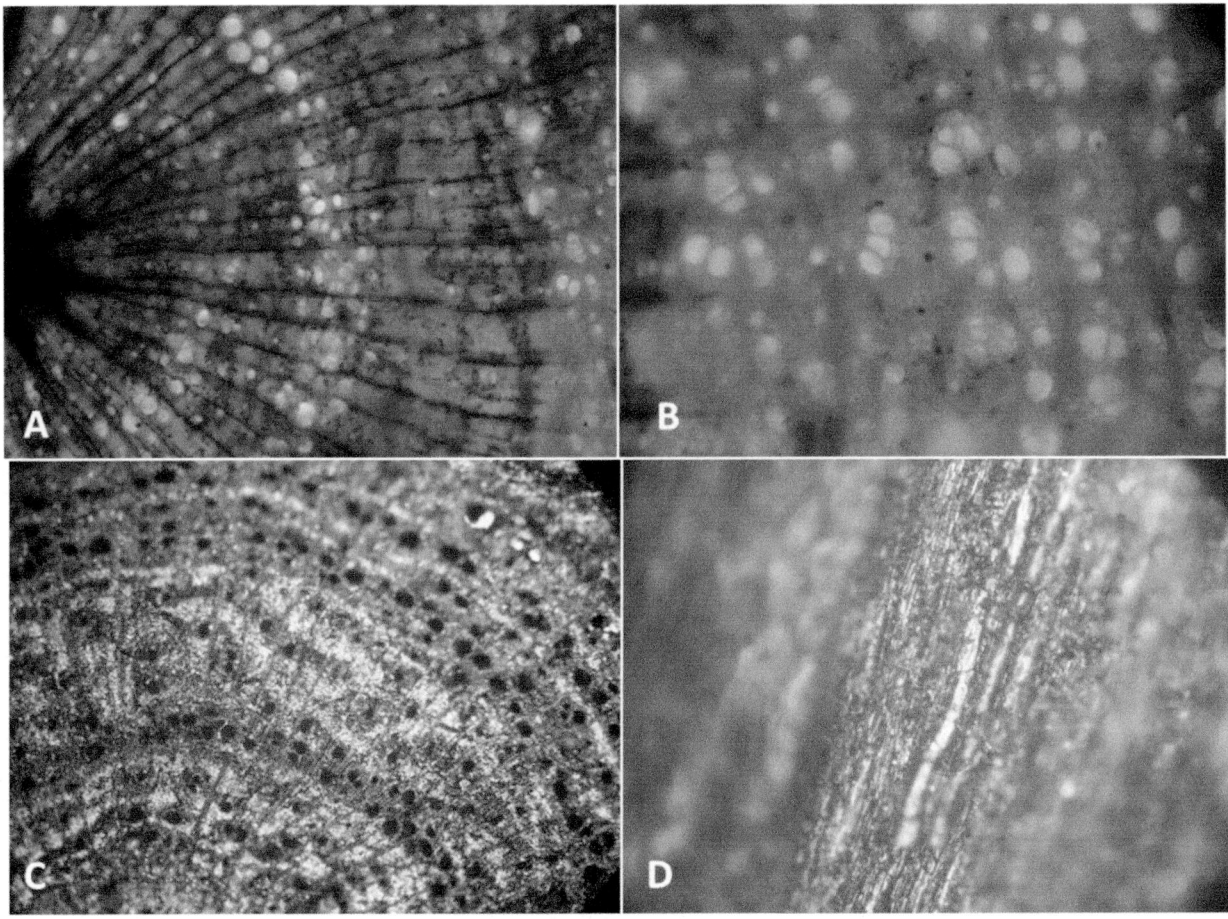

Figura 4.2.13.1.2.- *Prosopis alba* Muestra histológica: A. Corte transversal (50x) B. Corte transversal (100x) Muestra de carbón C. Corte transversal (100x) D. Corte longitudinal radial (200x).

4.2.13.2.- Prosopis chilensis *(Molina) Stuntz emend. Burkart*

Familia: Fabaceae, Subfamilia Mimosoideae

Nombre común: Algarrobo Blanco (variedad gris)

Descripción: Similar a los Prosopis, es un árbol de 18 metros de altura que ocupa las zonas serranas. Ocupa suelos sueltos bien irrigados y es resistente a las sequías (Cabrera 1976; Castro 1994; Zuloaga 1997; Demaio *et. al.* 2002; Villalba *et. al.*, 2000; Bravo *et. al.*, 2001;).

Etnobotánica: Los Prosopis tienen un conocido uso para la leña, la alimentación por las vainas dulces para la elaboración de harinas, aloja, entre otros (Castro 1994; Arenas 2003).

Muestras de Referencia: Se obtuvieron muestras para realizar los cortes histológicos y las muestras carbonizadas de referencia del Herbario del Museo Botánico de Córdoba, de la provincia de Catamarca. No se obtuvieron muestras en verde para la región.

FIGURA 4.2.13.2.1.- *PROSOPIS CHILENSIS* A. HÁBITO, FOTOGRAFÍA TOMADA DE DEMAIO *ET. AL.* (2002). B. EJEMPLAR DE HERBARIO, LEG. HUTZINGER, NRO.21785.

Descripción anatómica: Leño de anillos de crecimiento demarcados y porosidad semicircular a circular. Vasos solitarios y en series radiales múltiples cortas de 2 a 5 elementos y en series radiales múltiples largas de 6 a 9 elementos. Contorno de vasos circular. Parénquima paratraqueal en bandas confluentes y aliforme con tendencia a confluente. Radios uniseriados y pluriseriados de 2 a 5 elementos. Células radiales procumbentes. Elementos vasculares de trayecto sinuoso.

Capítulo 4 Resultados del análisis de la muestra de estudio

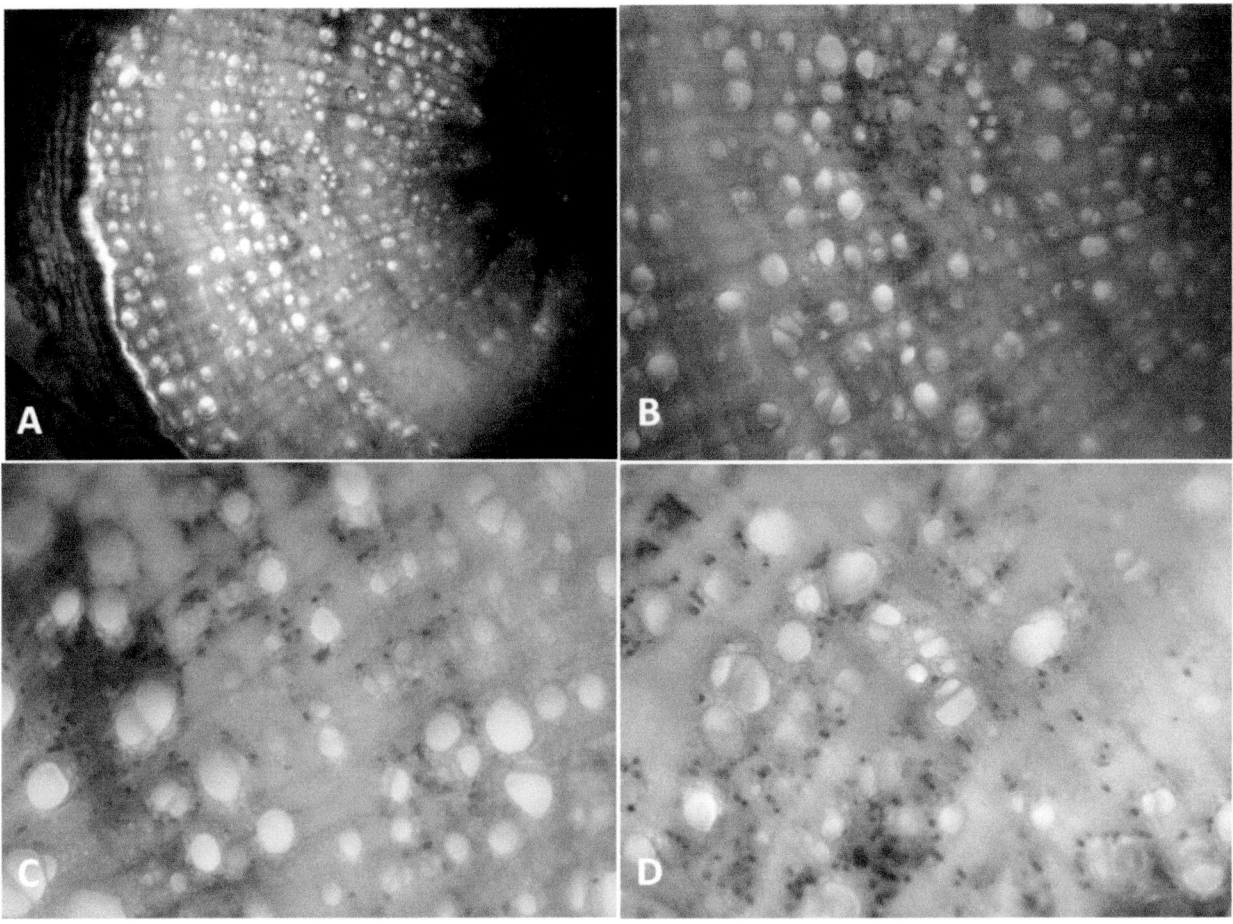

Figura 4.2.13.2.2.- *Prosopis chilensis* Muestra histológica: A. Corte transversal (50x) B. corte transversal (100x) C. Corte transversal a (200x) D. Corte transversal (200x).

4.2.13.3.- Prosopis flexuosa *DC. Fo Flexuosa*

Familia: Fabácea, sub. Familia Mimosoideae

Nombre común: Algarrobo Chico

Descripción: Árbol similar a los Prosopis que alcanza unos 8 metros de altura. Ocupa las zonas serranas áridas. Resistente a las sequías (Cabrera 1976; Castro 1994; Zuloaga 1997; Demaio *et. al.* 2002; Villalba *et. al.*, 2000; Bravo *et. al.*, 2001; Alvaréz y Villalba, 2009).

Etnobotánica: Los Prosopis tienen un conocido uso para la leña, la alimentación por las vainas dulces para la elaboración de harinas, aloja, entre otros (Castro 1994; Arenas 2003).

Muestras de Referencia: Se obtuvieron muestras para realizar los cortes histológicos y las muestras carbonizadas de referencia del Herbario del Museo Botánico de Córdoba, del departamento de Tulumba. No se obtuvo muestra en verde para la región.

FIGURA 4.2.13.3.1.- *PROSOPIS FLEXUOSA* A. HÁBITO, FOTOGRAFÍA TOMADA DE DEMAIO *ET. AL.* (2002). B. EJEMPLAR DE HERBARIO, LEG. HUTZINGER, NRO.10981.

Descripción anatómica: Anillos de crecimiento demarcados, porosidad de vasos semicircular a difusa. Vasos solitarios y en series radiales múltiples cortas de 2 a 5 elementos y en series radiales múltiples largas de 6 a 9 elementos. Contorno de vasos circular. Parénquima paratraqueal en bandas confluentes y ocasionalmente aliforme con tendencia confluente. Radios uniseriados y pluriseriados de 2 a 5 elementos. Células radiales procumbentes. Elementos vasculares de trayecto sinuoso.

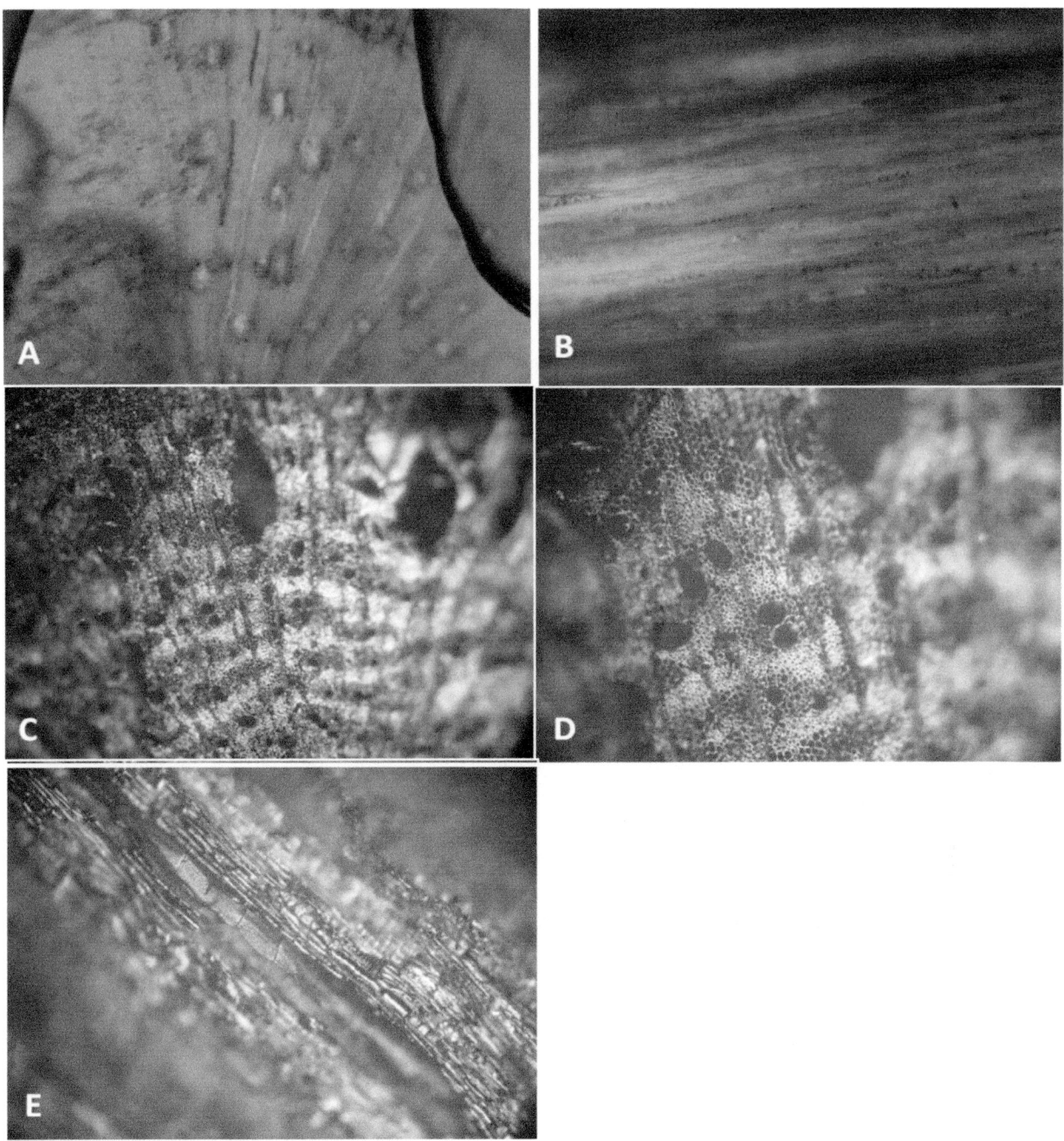

Figura 4.2.13.3.2.- *Prosopis flexuosa* <u>Muestra histológica:</u> A. Corte transversal (50x) B. Corte longitudinal tangencial (100x) <u>Muestra Carbón:</u> C. Corte transversal a (100x) D. Corte transversal (200x). E. Corte longitudinal tangencial (200x).

4.2.13.4.- Prosopis nigra *(Griseb.) Hieron.*

Familia: Fabaceae, Subfamilia Mimosoideae

Nombre común: Algarrobo Negro

Descripción: Similar al *Prosopis alba*, es un árbol que alcanza los 10 metros de altura. Es capaz de crecer en diversos suelos y es resistente a la falta de agua (Cabrera 1976; Castro 1994; Zuloaga 1997; Demaio *et. al.* 2002; Villalba *et. al.*, 2000; Giménez *et. al.*, 2000; Bravo *et. al.*, 2001).

Etnobotánica: Los Prosopis tienen un conocido uso para la leña, la alimentación por las vainas dulces para la elaboración de harinas, aloja, entre otros (Castro 1994; Arenas 2003).

Muestras de Referencia: Se obtuvieron muestras para realizar los cortes histológicos y las muestras carbonizadas de ejemplar de herbario leg. Hutzinger, nro. 9283 (CORD), del departamento de Junín. Se obtuvo un ejemplar para la ciudad de Córdoba Capital, leg. A. Robledo, nro. 1-4-8 (IDACOR).

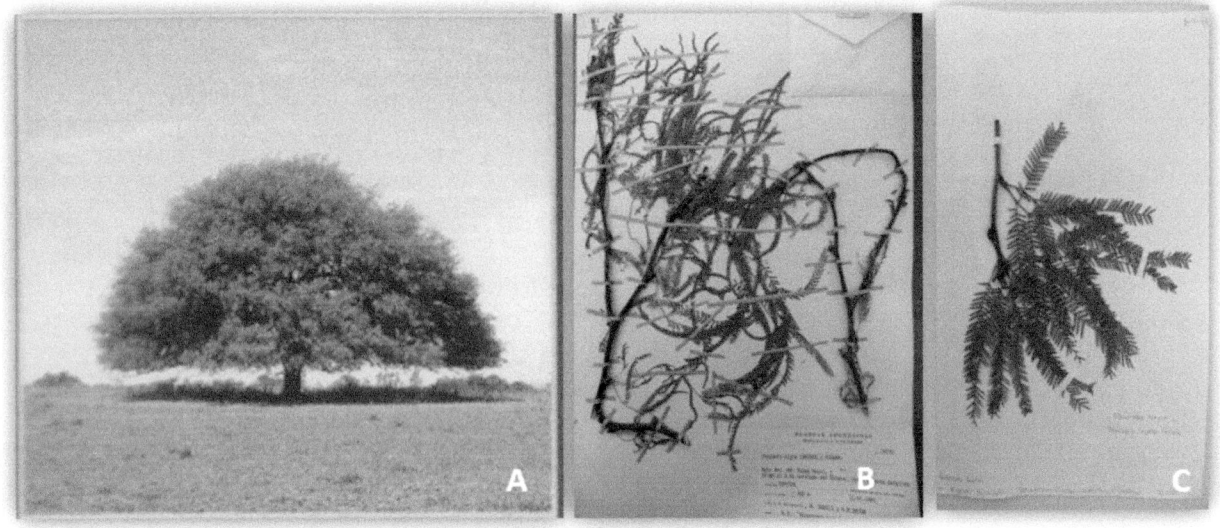

FIGURA 4.2.13.4.1.- *PROSOPIS NIGRA* A. HÁBITO, FOTOGRAFÍA TOMADA DE DEMAIO *ET. AL.* (2002). B. EJEMPLAR DE HERBARIO, LEG. HUTZINGER, NRO.9283. C. EJEMPLAR DE CAMPO RECOLECTADO RECIENTEMENTE EN LA CIUDAD DE CÓRDOBA, LEG. A. ROBLEDO 1-4-8.

Descripción anatómica: Anillos de crecimiento demarcados con porosidad semicircular. Vasos solitarios y en series radiales múltiples cortas de 2 a 5 elementos y series radiales múltiples largas de 6 a 15. Contorno de vasos circular. Parénquima axial paratraqueal en bandas confluentes y aliforme con tendencia confluente. Radios compuestos por uniseriados y pluriseriados de 2 a 6 elementos. Células radiales procumbentes. Elementos vasculares de trayecto sinuoso.

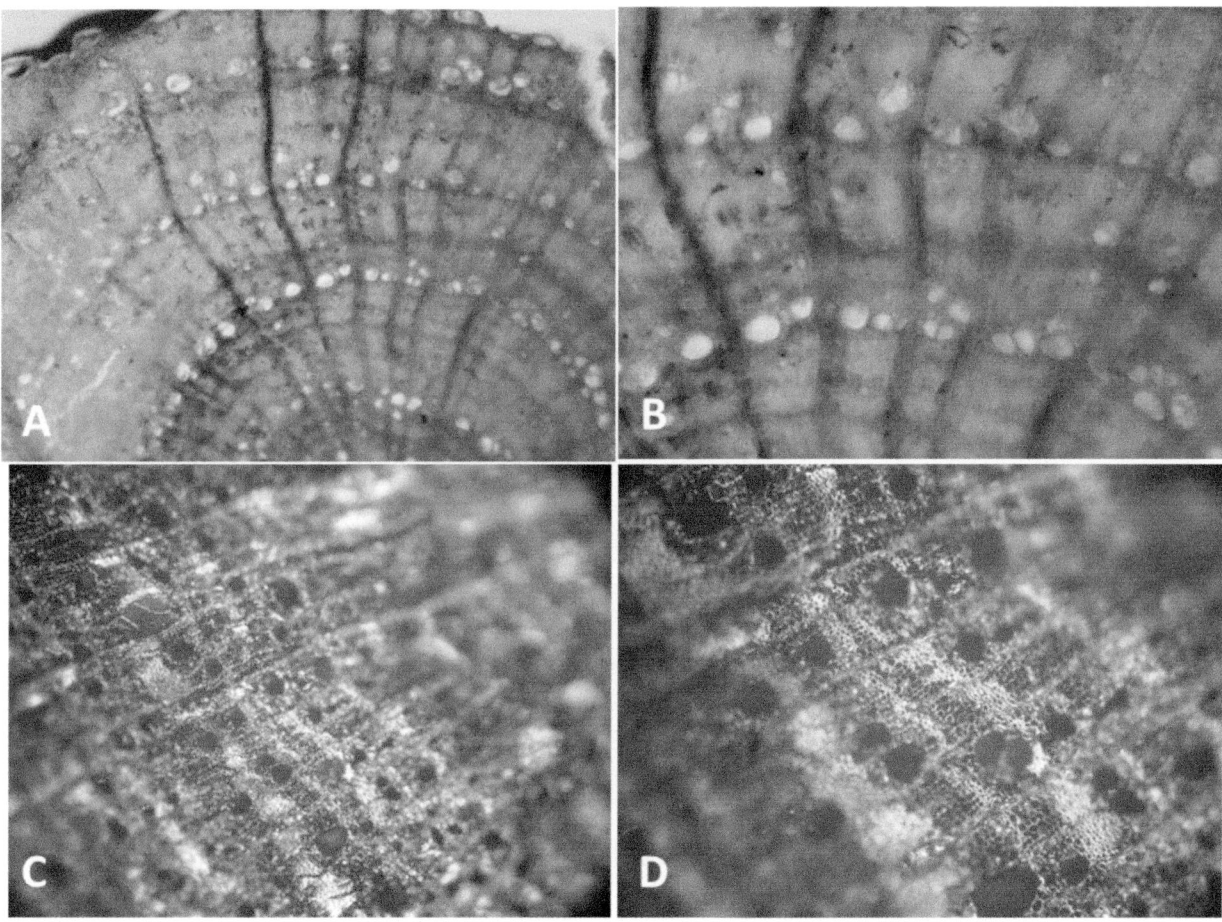

Figura 4.2.13.4.2.- *Prosopis nigra* Muestra histológica: A. Corte transversal (50x) B. Corte transversal (100x) Muestra Carbón: C. Corte transversal a (100x) D. Corte transversal (200x).

4.2.13.5.- Prosopis torquata *(Cav. ex. Lag.) DC.*

Familia: Fabaceae, Subfamilia Mimosoideae

Nombre común: Tintitaco

Descripción: Árbol de menor tamaño, llegando hasta los 5 metros de alto. Es una especie que habita bosques bajos (Cabrera 1976; Castro 1994; Zuloaga 1997; Demaío *et. al.* 2002; Villalba *et. al.*, 2000; Bravo *et. al.*, 2001).

Etnobotánica: Los Prosopis tienen un conocido uso para la leña, la alimentación por las vainas dulces para la elaboración de harinas, aloja, entre otros (Castro 1994; Arenas 2003).

Muestras de Referencia: Se obtuvieron muestras para realizar los cortes histológicos y las muestras carbonizadas de ejemplar de herbario leg. Cerana, nro. 1650 (CORD), del departamento de Ischilín.

Figura 4.2.13.5.1.- *Prosopis torquata* A. Ejemplar de herbario, leg. Cerana, nro.1650.

Descripción anatómica: Anillos de crecimiento demarcados y porosidad semicircular a difusa. Vasos solitarios y en series radiales múltiples de 2 a 5 elementos. Contorno de vasos circular. Parénquima paratraqueal vasicéntrico aliforme con tendencia a confluente. Radios uniseriados y ocasionalmente biseriados. Células radiales procumbentes.

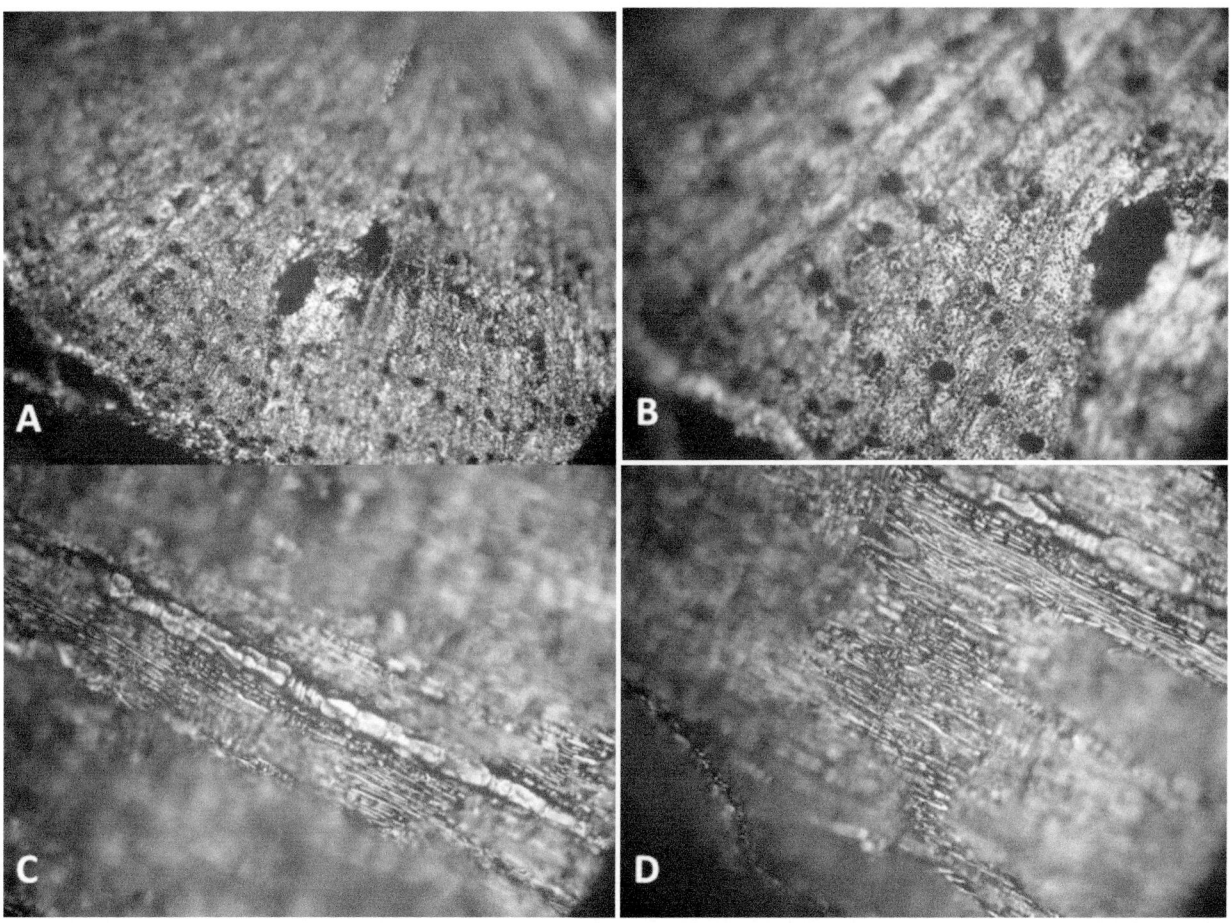

Figura 4.2.13.5.2.- *Prosopis torquata* Muestra carbón: A. Corte transversal (100x) B. Corte transversal (200x) C. Corte longitudinal tangencial (100x) D. corte longitudinal tangencial (200x).

4.2.14.- Ruprechtia *sp.*

Descripción anatómica del género: Anillos demarcados por vasos. Porosidad semicircular a difusa. Disposición de vasos en patrón tangencial formando parte del anillo de crecimiento y en series radiales de 2 a 4. Vasos solitarios de contorno circular. Parénquima vasicéntrico escaso, confluente y unilateral. Parénquima en bandas anchas (anillo). Radios seriados angostos y cortos con células procumbentes. Elementos vasculares de trayecto rectilíneo. Placa de perforación simple

4.2.14.1.- Ruprechtia apetala *Wedd.*

Familia: Polygonacea

Nombre común: Manzano del Campo

Descripción: Árbol pequeño de hasta 10 metros de altura, se ubica en las zonas serranas. Habita suelos rocosos y bien drenados, tolerante de las sequías (Zuloaga 1997; Demaio *et. al.* 2002).

Muestras de Referencia: Se obtuvieron muestras para realizar los cortes histológicos y las muestras carbonizadas de ejemplar de herbario de leg. Hutzinger, nro. 10514 (CORD), del departamento de Colón. Se obtuvo un ejemplar para la zona del Dique de La Quebrada, departamento Colón, leg. A. Robledo, nro. 1-8-16 (IDACOR).

Figura 4.2.14.1.1.- *Ruprechtia apetala* A. Hábito, fotografía tomada de Demaio *et. al.* (2002). B. Ejemplar de herbario, leg. Hutzinger, nro.10514).

Descripción anatómica: Anillos demarcados por vasos con porosidad semicircular a difusa. Disposición de vasos en patrón tangencial formando parte del anillo de crecimiento y en series radiales agrupados de 2 a 4. Contorno de vasos solitarios circular. Parénquima vasicéntrico confluente y unilateral. Radios angostos y cortos. Células radiales procumbentes. Elementos vasculares de trayecto rectilíneo con placa de perforación simple.

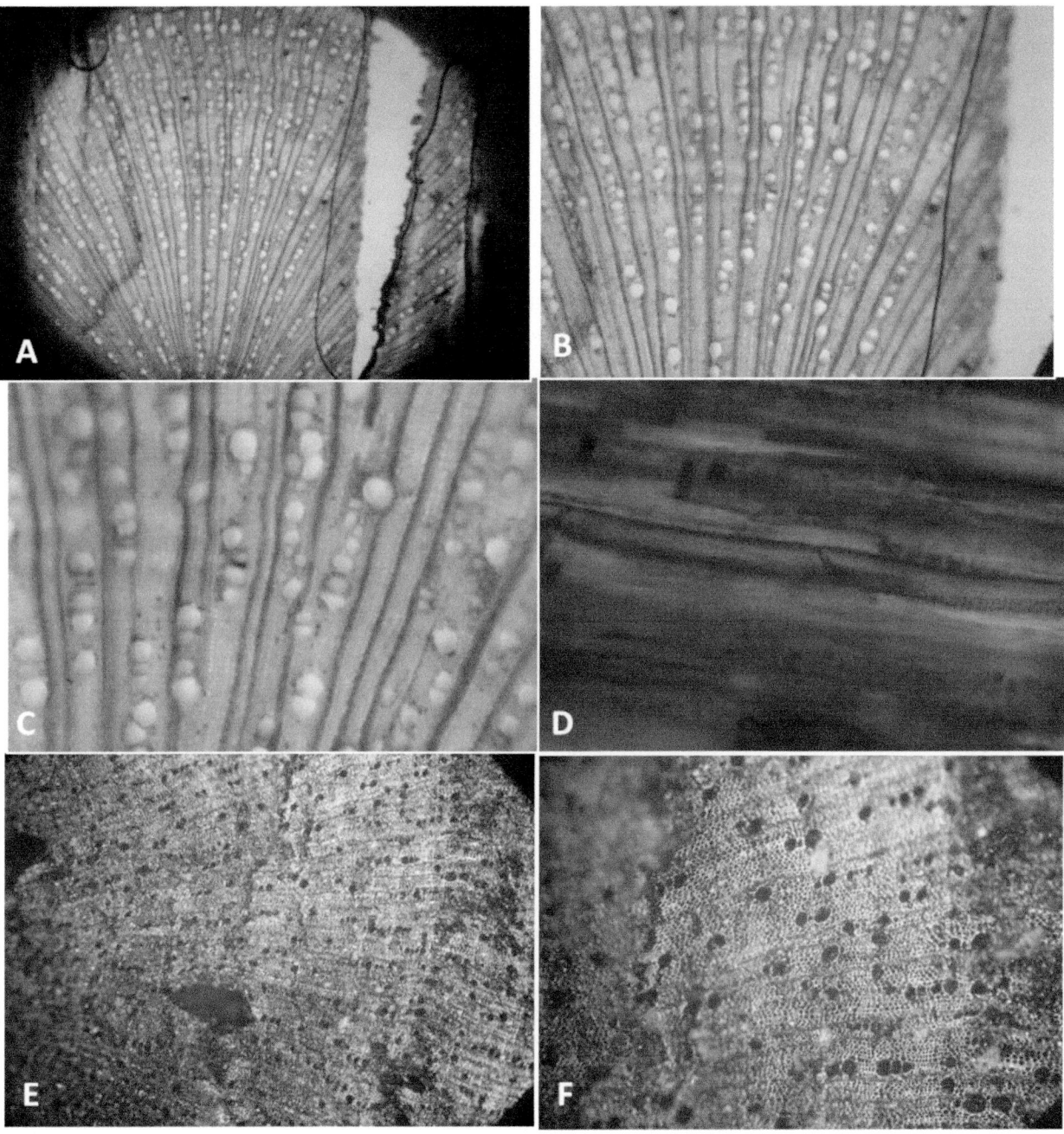

Figura 4.2.14.1.2.- *Ruprechtia apetala* Muestra histológica: A. Corte transversal (50x) B. Corte transversal (100x) C. Corte transversal (200x) D. Corte longitudinal tangencial (200x) Muestra Carbón: E. Corte transversal a (100x) D. Corte transversal (200x).

4.2.15.- Schinopsis *sp.*

Descripción anatómica del género: Anillos no demarcados o poco visibles. Porosidad difusa. Vasos solitarios de contorno elíptico. Múltiples radiales cortos de 3 a 4. Parénquima paratraqueal escaso a vasicéntrico angosto. Radios uni a tri seriados. Células procumbentes y verticales. Tílides y cristales. Placa de perforación simple y horizontal. Elementos vasculares de trayecto sinuoso

4.2.15.1.- Schinopsis balansae *Engl.*

Familia: Anacardiaceae

Nombre común: Quebracho Colorado

Descripción: Árbol de hasta 25 metros de altura, ocupando los suelos profundos de llanura. Sensible a las heladas (Cabrera, 1976; Zuloaga 1997; Demaio *et. al.* 2002).

Etnobotánica: Conocido por su uso como leña y propiedades medicinales (Cabrera, 1976; Arambari *et. al.* 2009).

Muestras de Referencia: Se obtuvieron muestras para realizar los cortes histológicos y las muestras carbonizadas de ejemplar de herbario leg. Luti, nro. 4239 (CORD), del departamento de Ischilín. No hay ejemplar para la región.

FIGURA 4.2.15.1.1.- *SCHINOPSIS BALANSAE* A. HÁBITO, FOTOGRAFÍA TOMADA DE DEMAIO *ET. AL.* (2002). B. EJEMPLAR DE HERBARIO, LEG. LUTI, NRO.4239.

Descripción anatómica: Leño de anillos demarcados pero estrechos con porosidad difusa. Disposición de vasos en múltiples radiales cortos de 3 a 4 elementos. Vasos solitarios de contorno elíptico. Parénquima paratraqueal vasicéntrico escaso y terminal. Radios multiseriados de 1 a 3 elementos. Células radiales procumbentes y verticales. Elementos vasculares de trayecto sinuoso.

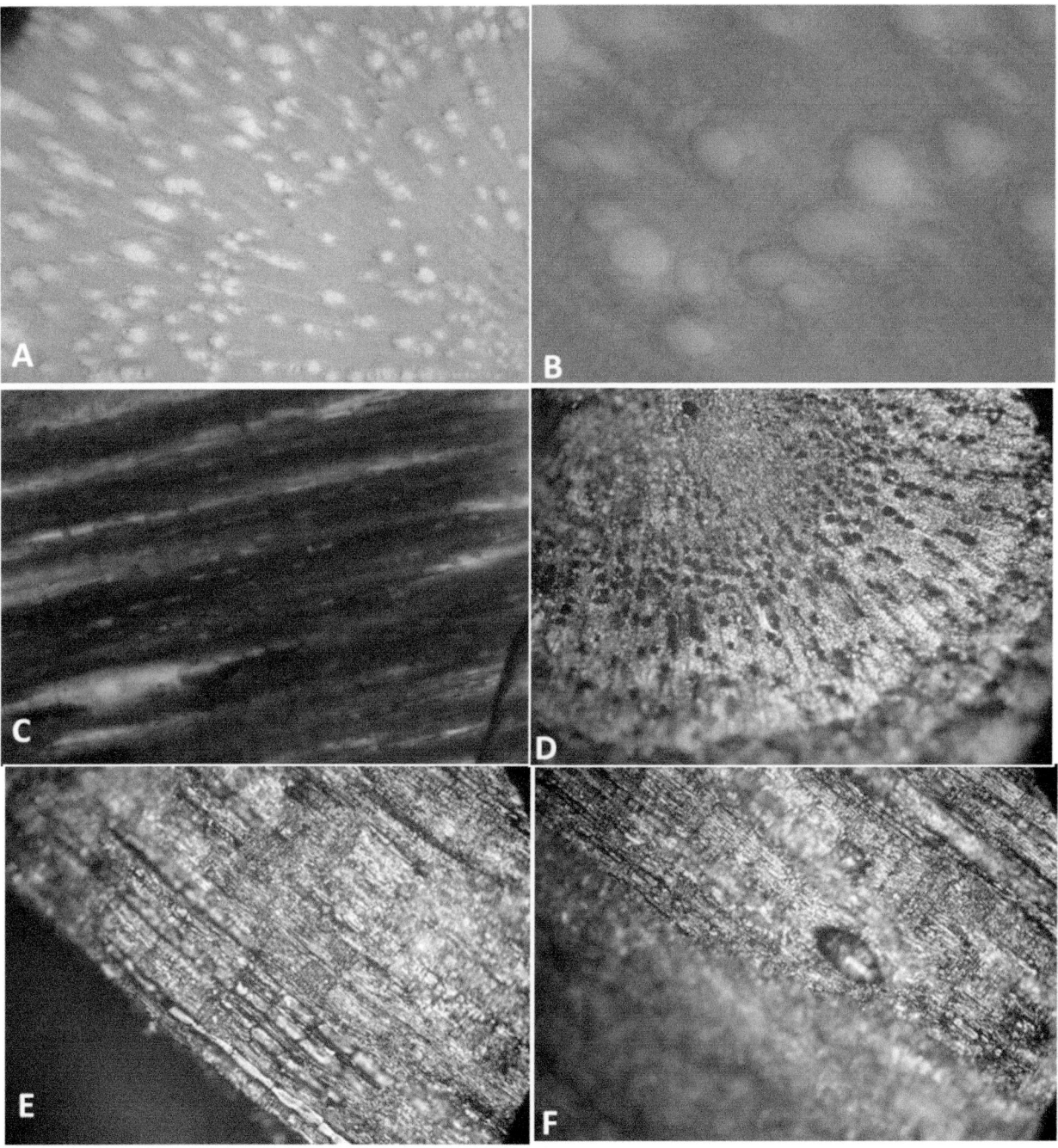

FIGURA 4.2.15.1.2.- *SCHINOPSIS BALANSAE* MUESTRA HISTOLÓGICA: A. CORTE TRANSVERSAL (50X) B. CORTE TRANSVERSAL (100X) C. CORTE LONGITUDINAL TANGENCIAL (200X) MUESTRA CARBÓN: D. CORTE TRANSVERSAL A (100X) E. CORTE LONGITUDINAL TANGENCIAL (200X). D. CORTE LONGITUDINAL TANGENCIAL (X200).

4.2.15.2.- Schinopsis hankeana *Engl.*

Familia: Anacardiaceae

Nombre común: Orco Quebracho

Descripción: Árbol de hasta 20 metros de altura, exclusivo de las zonas serranas. Alcanza los 1000 msnm. (Cabrera 1976; Zuloaga, 1997; Demaio *et. al.* 2002).

Etnobotánica: Conocido por su utilización como leña (Cabrera, 1976).

Muestras de Referencia: Se obtuvieron muestras para realizar los cortes histológicos y las muestras carbonizadas de ejemplar de herbario leg. Hutzinger, nro. 13653 (CORD), del departamento de Ischilín. Se obtuvo un ejemplar para ciudad de Córdoba, leg. A. Robledo, nro. 1-4-5 (IDACOR).

FIGURA 4.2.15.2.1.- *SCHINOPSIS HANKEANA* A. HÁBITO, FOTOGRAFÍA TOMADA DE DEMAIO *ET. AL.* (2002). B. EJEMPLAR DE HERBARIO, LEG. LUTI, NRO.4239. C. EJEMPLAR DE CAMPO RECOLECTADO RECIENTEMENTE EN LA QUEBRADA, DEPARTAMENTO COLÓN, LEG. A. ROBLEDO, NRO. 1-4-5.

Descripción anatómica: Leño de anillos no diferenciados y porosidad difusa. Vasos solitarios y en series radiales cortas. Parénquima axial paratraqueal vasicéntrico escaso. Radios uniseriados y en menor proporción de 2 a 3 elementos. Células radiales procumbentes. Elementos vasculares de trayecto rectilíneo y placa de perforación simple.

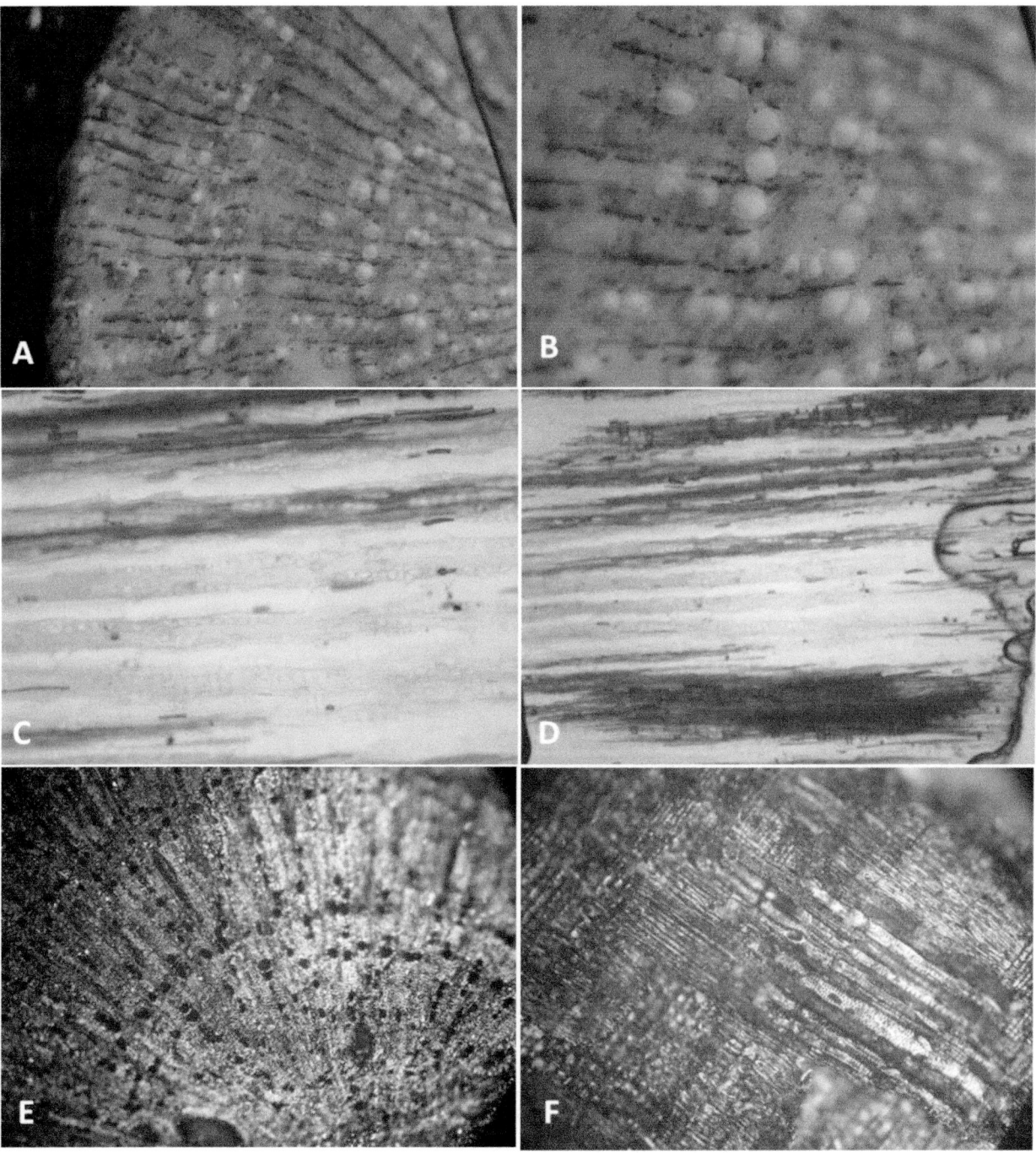

Figura 4.2.15.2.2.- *Schinopsis hankeana* Muestra histológica: A. Corte transversal (50x) B. Corte transversal (100x) C. Corte longitudinal tangencial (200x) D. Corte longitudinal tangencial (200x) Muestra Carbón: E. Corte transversal a (100x). F. Corte longitudinal tangencial (x200).

4.2.16.- Schinus *sp.*

Descripción anatómica del género: Anillos no demarcados. Porosidad difusa. Vasos agrupados en múltiples radiales de 2 a 5 elementos. Solitarios de contorno angular. Parénquima paratraqueal escaso. Radios uni a triseriados. Canales intercelulares. Células cubicas y procumbentes. Elementos vasculares de trayecto rectilíneo a levemente sinuoso. Placa de perforación simple y oblicua.

4.2.16.1.- Schinus areira L.

Familia: Anacardiaceae

Nombre común: Aguaribay

Descripción: Árbol que llega hasta los 20 metros de altura, característico de las zonas serranas (Cabrera, 1976; Zuloaga, 1997; Demaio *et. al.* 2002).

Muestras de Referencia: Se obtuvieron muestras para realizar los cortes histológicos y las muestras carbonizadas de ejemplar de herbario leg. Scrivanti, nro. 11 (CORD), del departamento de Ischilín. Se obtuvo un ejemplar para la zona de la Ciudad de Córdoba, leg. A. Robledo, nro. 1-4-1.

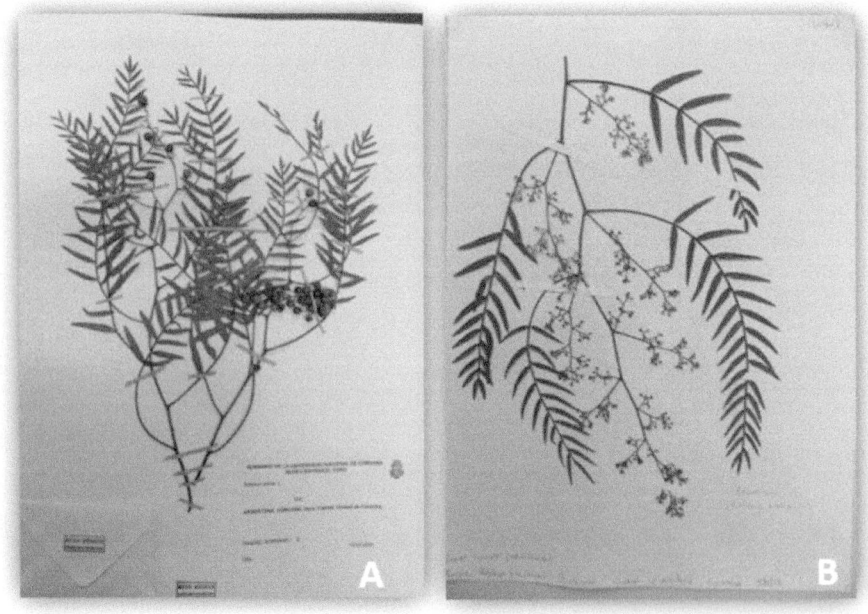

Figura 4.2.16.1.1.- *Schinus areira* A. Ejemplar de herbario, leg. Scrivanti, nro.11. C. Ejemplar de campo recolectado recientemente en la ciudad de Córdoba, leg. A. Robledo, nro. 1-4-1.

Descripción anatómica: Leño de anillos no demarcados con porosidad difusa. Vasos agrupados en múltiples radiales cortos y vasos solitarios de contorno elíptico. Parénquima paratraqueal escaso. Radios uniseriados y triseriados. Células radiales procumbentes y verticales. Elementos vasculares de trayecto levemente sinuoso y placa de perforación simple.

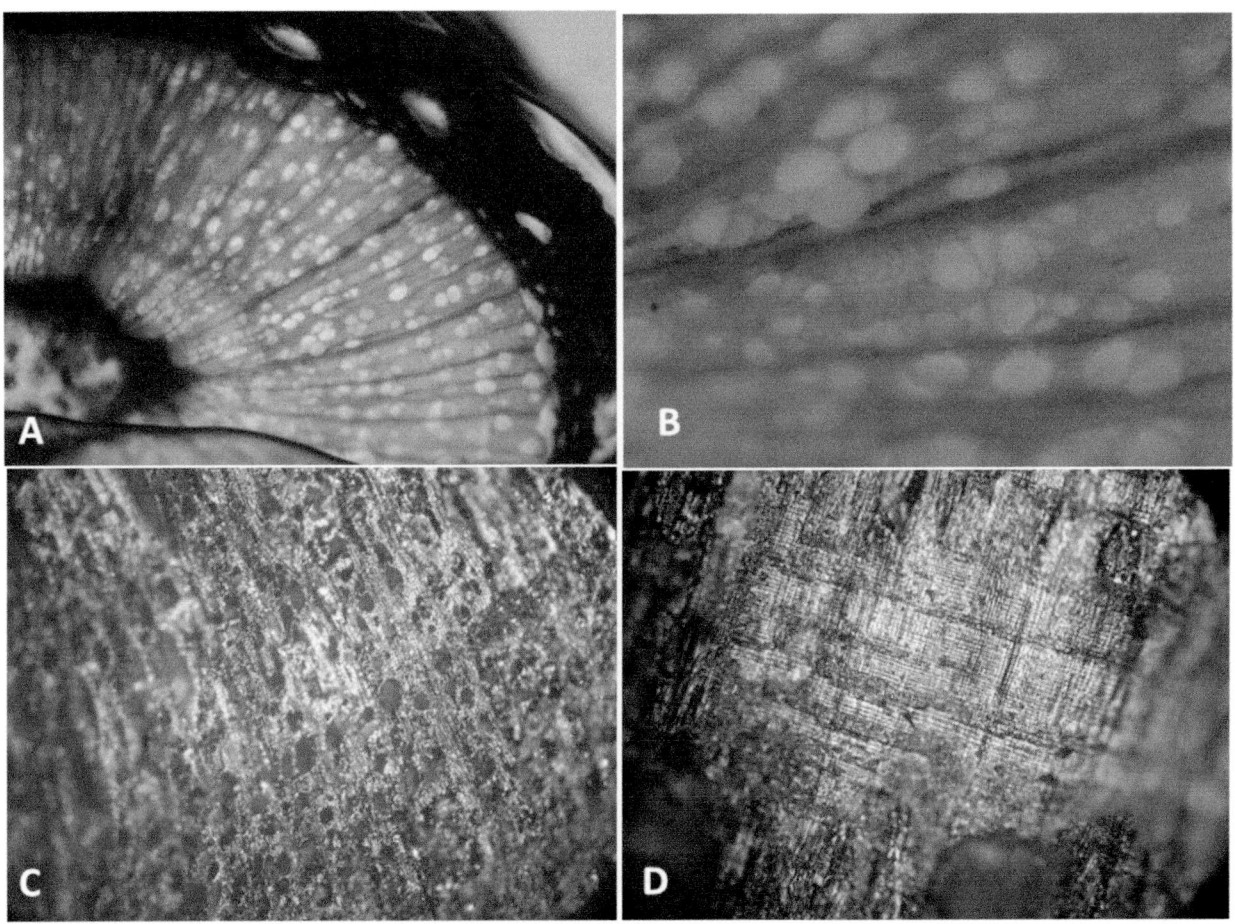

Figura 4.2.16.1.2.- *Schinus areira* Muestra histológica: A. Corte transversal (50x) B. Corte transversal (100x) Muestra Carbón: C. Corte transversal a (100x). D. Corte longitudinal tangencial (200x).

4.2.16.2.- **Schinus fasciculata** *(Griseb.) I.M. Johnst*

Familia: Anacardiaceae

Nombre común: Moradillo

Descripción: Árbol de hasta 6 metros de altura distribuido en distintas zonas hasta los 1300 msnm. Crece en ambientes serranos y de llanura tolerando sequías y heladas (Zuloaga, 1997; Árboles Nativos de Córdoba, 2000).

Muestras de Referencia: Se obtuvieron muestras para realizar los cortes histológicos y las muestras carbonizadas de ejemplar del herbario leg. Hutzinger, nro. 7716 (CORD), del departamento de Santa María. Se obtuvo un ejemplar para el valle de Ongamira, leg. A. Robledo, nro. 1-6-2 (IDACOR).

FIGURA 4.2.16.2.1.- *SCHINUS FASCICULATA* A. HÁBITO, FOTOGRAFÍA TOMADA DE DEMAIO *ET. AL.* (2002). B. EJEMPLAR DE HERBARIO, LEG. HUTZINGER, NRO.7716. C. EJEMPLAR DE CAMPO RECOLECTADO RECIENTEMENTE DEL VALLE DE ONGAMIRA, LEG. A. ROBLEDO, NRO. 1-6-2.

Descripción anatómica: Anillos no demarcados de porosidad difusa. Vasos dispuestos en series radiales cortas de 2 a 5 elementos con tendencia dendrítica. Vasos solitarios de contorno angular. Parénquima paratraqueal escaso. Radios seriados de 1 a 3 elementos. Células radiales procumbentes y verticales. Elementos vasculares de trayecto rectilíneo con placa de perforación simple.

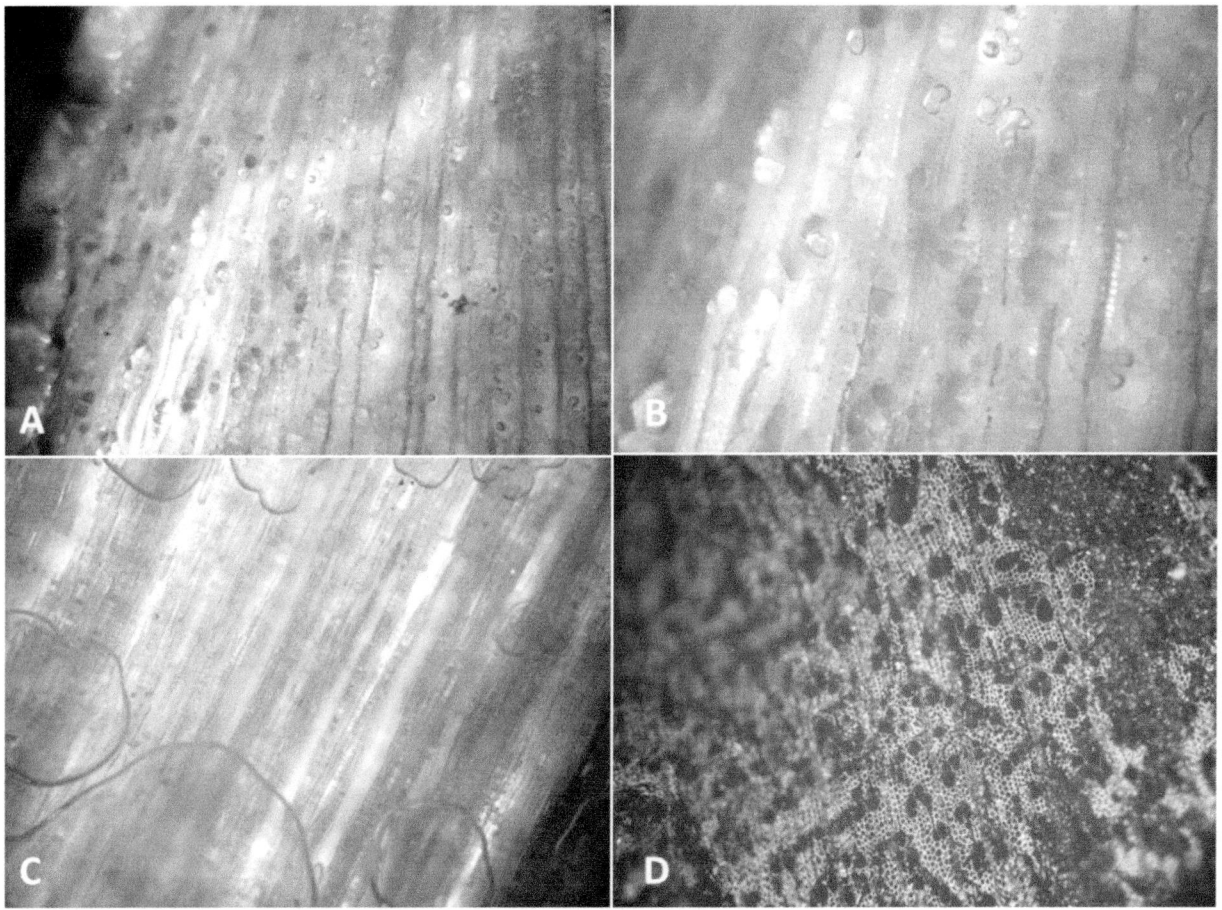

Figura 4.2.16.2.2.- *Schinus fasciculata* Muestra histológica: A. Corte transversal (50x) B. Corte transversal (100x) C. Corte longitudinal tangencial (100x) Muestra Carbón: D. Corte transversal a (100x).

4.2.17.- Senna *sp.*

Descripción anatómica del género: Anillos de crecimiento poco visibles o indiferenciados. Porosidad difusa con vasos grandes. Disposición de vasos con patrón radial agrupados de 2 a 4. Vasos solitarios de contorno circular. Parénquima axial paratraqueal vasicéntrico aliforme confluente y en bandas tangenciales apenas perceptible. Células procumbentes y cuadradas. Elementos vasculares de trayecto rectilíneo. Placa de perforación simple y oblicua.

4.2.17.1.- Senna aphylla *(Cav.) H.S. Irwin & Barneby*

Familia: Fabácea, Subfamilia Caesalpinioideae

Nombre común: Pichana

Descripción: Arbusto que alcanza los 3 metros de altura, se desarrolla en las llanuras y zonas serranas (Zuloaga, 1997; Demaio *et. al.* 2002).

Etnobotánica: Conocida por sus usos como leña (Ruiz Leal, 1972).

Muestras de Referencia: Se obtuvieron muestras para realizar los cortes histológicos y las muestras carbonizadas de ejemplar de herbario leg. Cocucci, nro. 168 (CORD), del departamento de Punilla. No hay ejemplares para la región.

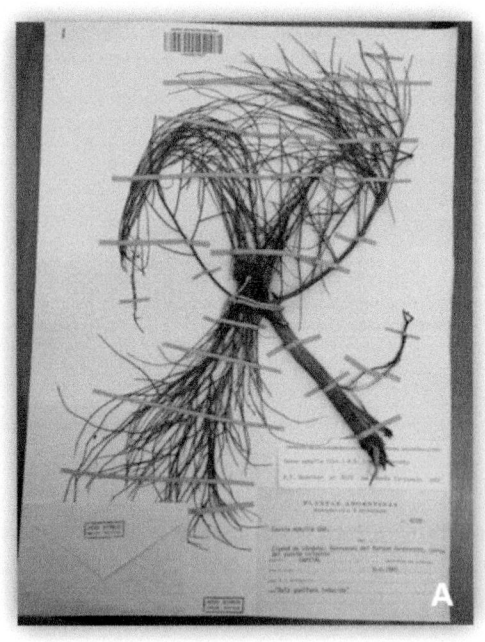

FIGURA 4.2.17.1.1.- *SENNA APHYLLA* B. EJEMPLAR DE HERBARIO, LEG. COCUCCI, NRO.168.

> Descripción anatómica: Anillos de crecimiento demarcados pero poco visibles, porosidad difusa. Disposición de vasos en patrón radial agrupados de 2 a 4 elementos. Vasos solitarios de contorno circular. Parénquima paratraqueal vasicéntrico aliforme confluente y en bandas tangenciales. Células radiales procumbentes y cuadradas. Elementos vasculares de trayecto rectilíneo con placa de perforación simple.

CAPÍTULO 4 RESULTADOS DEL ANÁLISIS DE LA MUESTRA DE ESTUDIO

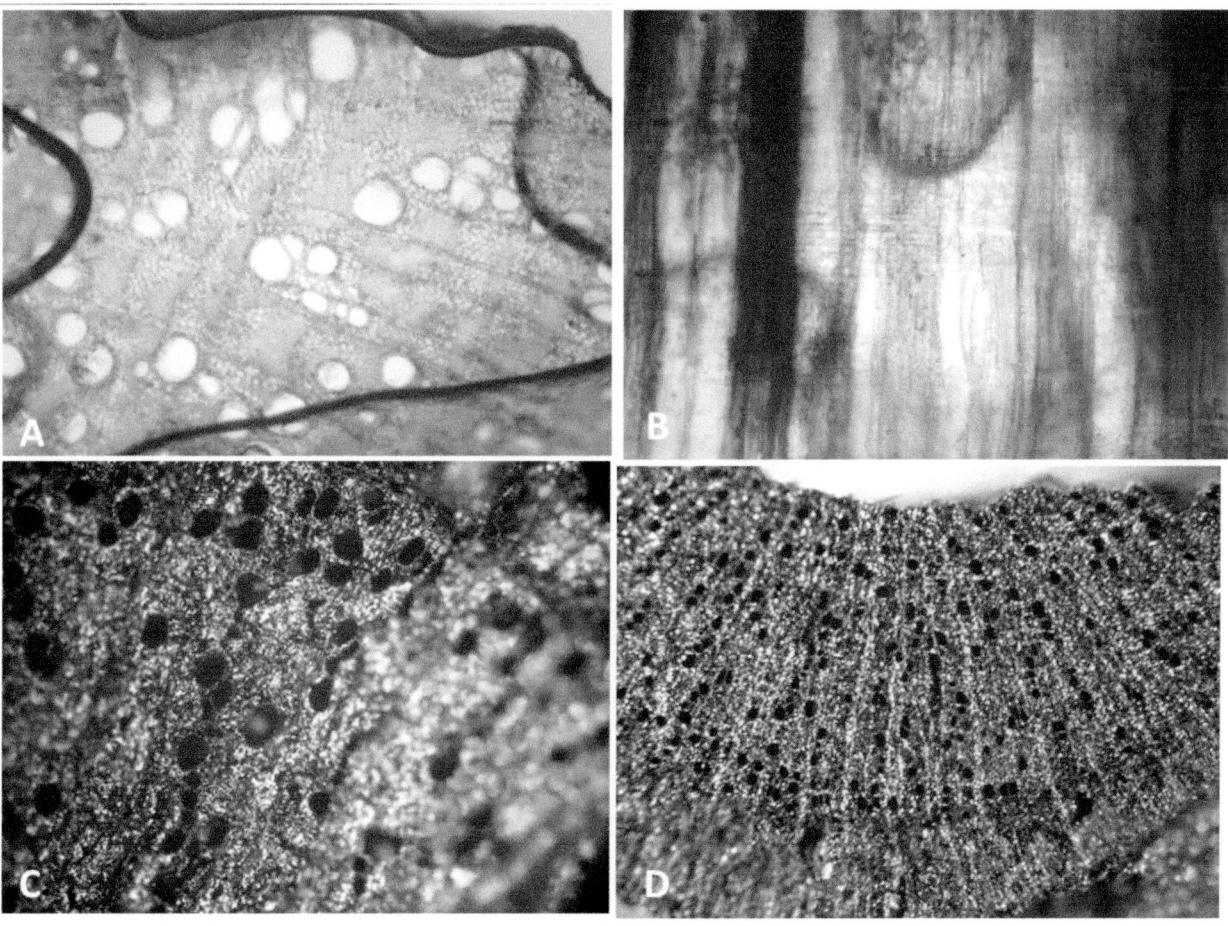

FIGURA 4.2.17.1.2.- *SENNA APHYLLA* MUESTRA HISTOLÓGICA: A. CORTE TRANSVERSAL (50X) B. CORTE LONGITUDINAL TANGENCIAL (100X) MUESTRA CARBÓN: C. CORTE TRANSVERSAL (200X) D. CORTE TRANSVERSAL A (100X).

4.2.18.- Zanthoxylum *sp.*

Descripción anatómica del género: Anillos no demarcados. Porosidad difusa. Vasos solitarios de contorno circular y elíptico. Agrupados en series radiales múltiples cortas de 2 a 4 elementos y en racimos. Parénquima axial paratraqueal escaso y en bandas terminales angostas. Radios uni y bi seriados, en su mayoría pluricelulares (7 u 8 células de ancho). Radios con células procumbentes. Elementos vasculares de trayecto sinuoso y placa de perforación simple y oblicua.

4.2.18.1.- Zanthoxylum coco *Gillies ex Hook. f. et Arn.*

Familia: Rutaceae

Nombre común: Coco

Descripción: Árbol que alcanza los 10 metros de altura. Se desarrolla en terrenos montañosos hasta los 1300 msnm y tolera las heladas (Stucker, 1980; Fernández Rua, 1983; Boelcke, 1989; Zuloaga, 1997; Demaio *et. al.* 2002).

Etnobotánica: Se conoce poco sobre los usos de esta especie para otros fines; se han estudiado sus propiedades alcaloides (Fernándes Rúa, 1983). Posee atributos medicinales (Arambarri *et. al.*, 2009).

Muestras de Referencia: Se obtuvieron muestras para realizar los cortes histológicos y las muestras carbonizadas de referencia del Herbario del Museo Botánico de Córdoba, del departamento de Ischilín. Se obtuvo una muestra verde en el valle de Ongamira.

FIGURA 4.2.18.1.1.- *ZANTHOXYLUM COCO* A. HÁBITO, FOTOGRAFÍA TOMADA DE DEMAIO *ET. AL.* (2002). B. EJEMPLAR DE HERBARIO, LEG. SUBILS, NRO.359. C. EJEMPLAR DE CAMPO RECOLECTADO RECIENTEMENTE, LEG. A. ROBLEDO, NRO. 1-6-7.

> Descripción anatómica: Leño de anillos no demarcados con porosidad difusa. Vasos solitarios y en series radiales múltiples cortas de 2 a 4 elementos. Contorno de vasos circular. Parénquima axial paratraqueal escaso y en bandas terminales. Radios uniseriados y en su mayoría pluriseriados de 7 u 8 elementos. Células radiales procumbentes. Elementos vasculares de trayecto sinuoso con placa de perforación simple.

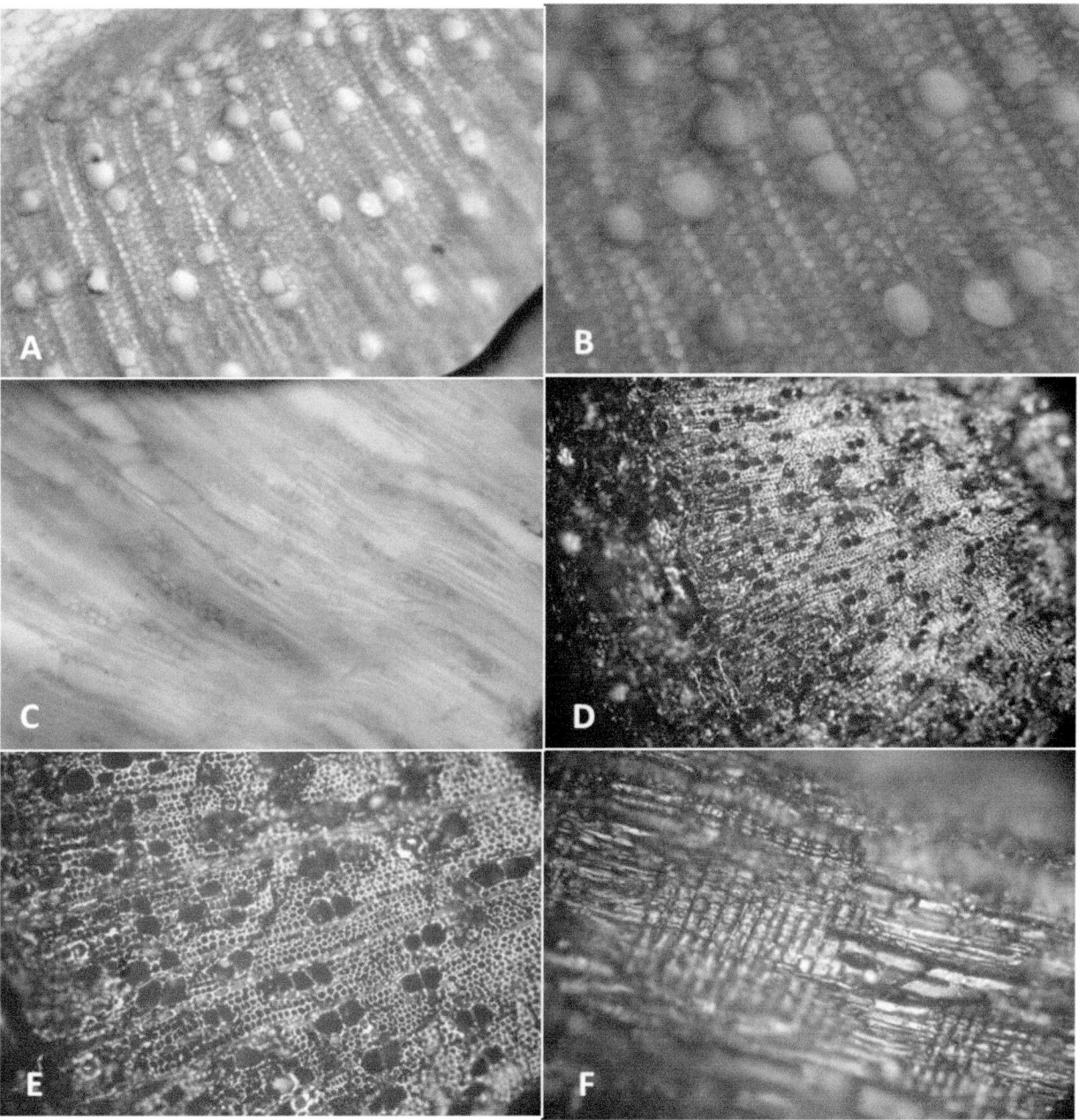

Figura 4.2.18.1.2.- *Zanthoxylum coco* Muestra histológica: A. Corte transversal (100x) B. Corte transversal (200x) C. Corte longitudinal tangencial (100x) Muestra Carbón: D. Corte transversal (100x) E. Corte transversal a (200x). F. Corte longitudinal radial (200x).

4.2.19.- Ziziphus sp.

Descripción anatómica del género: Anillos no demarcados. Porosidad difusa. Vasos solitarios de contorno elíptico. Vasos agrupados en series radiales de 2 a 3 elementos. Parénquima axial vasicéntrico angosto y aliforme confluente. Radios uni a triseriados. Radios de células procumbentes y verticales. Elementos vasculares de trayecto rectilíneo con placa de perforación simple y oblicua.

4.2.19.1.- Ziziphus mistol *Griseb.*

Familia: Rhamnaceae

Nombre común: Mistol

Descripción: Árbol de hasta 10 metros de altura, ocupando las llanuras y quebradas. Se ubica en suelos de piedementonte y es tolerante a la falta de agua y altas temperaturas, pero sensible a las heladas (Cabrera, 1976; Zuloaga, 1997; Demaio *et. al.* 2002).

Etnobotánica: Conocido por sus frutos comestibles y sus propiedades medicinales (Arenas, 2003; Arambari, *et. al.* 2009).

Muestras de Referencia: Se obtuvieron muestras para realizar los cortes histológicos y las muestras carbonizadas de referencia del Herbario del Museo Botánico de Córdoba, del departamento de Ischilín. No se obtuvieron muestras en verde para la región.

FIGURA 4.2.19.1.1.- *ZIZIPHUS MISTOL* A. HÁBITO, FOTOGRAFÍA TOMADA DE DEMAIO *ET. AL.* (2002). B. EJEMPLAR DE HERBARIO, LEG. HUTZINGER, NRO.14695.

> Descripción anatómica: Leño de anillos no demarcados y porosidad difusa. Vasos solitarios y en series radiales de 2 a 3 elementos. Contorno de vasos elípticos. Parénquima axial vasicéntrico y aliforme con tendencia a confluente. Radios uniseriados y triseriados. Células radiales procumbentes y verticales. Elementos vasculares de trayecto rectilíneo.

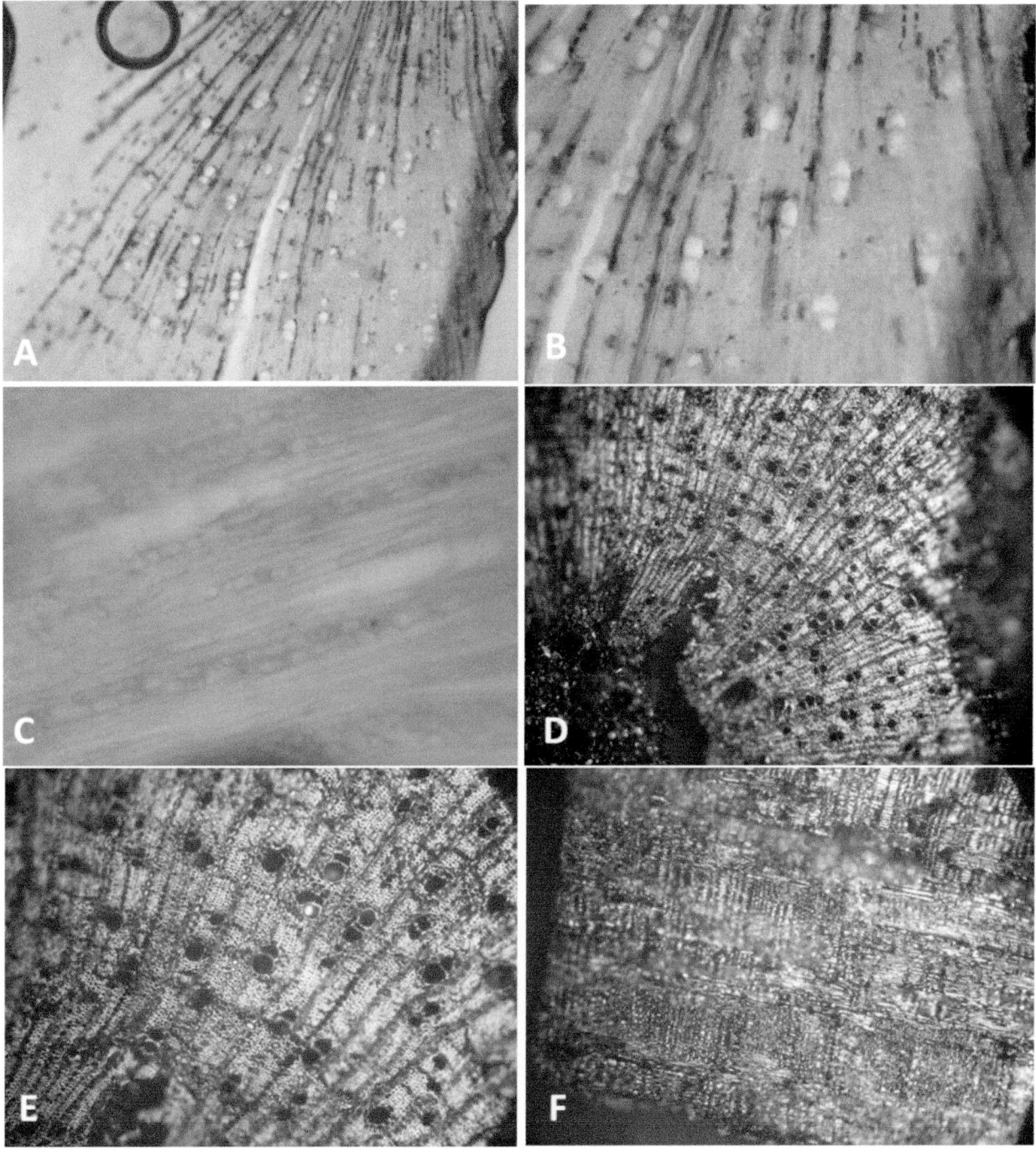

Figura 4.2.18.1.2.- *Ziziphus mistol* Muestra histológica: A. Corte transversal (100x) B. Corte transversal (200x) C. Corte longitudinal tangencial (200x) Muestra Carbón: D. Corte transversal (100x) E. Corte transversal a (200x). F. Corte longitudinal radial (200x).

4.3.- Las muestras arqueológicas de carbón provenientes del Alero Deodoro Roca.

En el capítulo anterior se mencionaron las muestras de carbón arqueológico con la procedencia de las excavaciones del Alero Deodoro Roca. Las mismas se componen de muestras de carbón y de sedimento provenientes de los distintos rasgos interpretados como unidades estratigráficas. A continuación se presentan los resultados de cada muestra realizada por unidad estratigráfica.

4.3.1.- Caracterización general del registro

Se contabilizaron los fragmentos de carbón a partir de una revisión del material de cada unidad estratigráfica. Esto nos dejó con un número de carbones contabilizados de distintos tamaños (Figura 4.3.1.1), y un restante de sedimento compuesto en algunos casos solo por polvo de carbón, otros con ceniza y en algunos casos con valva de caracoles.

La contabilización de las muestras nos permite tener un universo concreto con el cual continuar trabajando y realizar las identificaciones taxonómicas, eligiendo los carbones a estudiar por su tamaño e importancia en las Unidad Estratigráfica en estudio.

La totalidad de fragmentos de carbón analizados es de 4787, distribuyéndose a lo largo de las distintas unidades estratigráficas. La UE14 se presenta como la dominante en lo que respecta a cantidad de material con cerca de 2000 fragmentos. Seguido están las UE52, UE45, UE7, UE50; y las restantes con menor cantidad. De la UE26 no se pudieron obtener carbones ya que la muestra consistía en sedimento compuesto por pequeñas astillas y polvo de carbón. La UE60, UE62, UE63 y UE68 solo se registró la composición de ceniza y sedimento con termoalteración, sin tener fragmentos de carbón para el estudio antracológico.

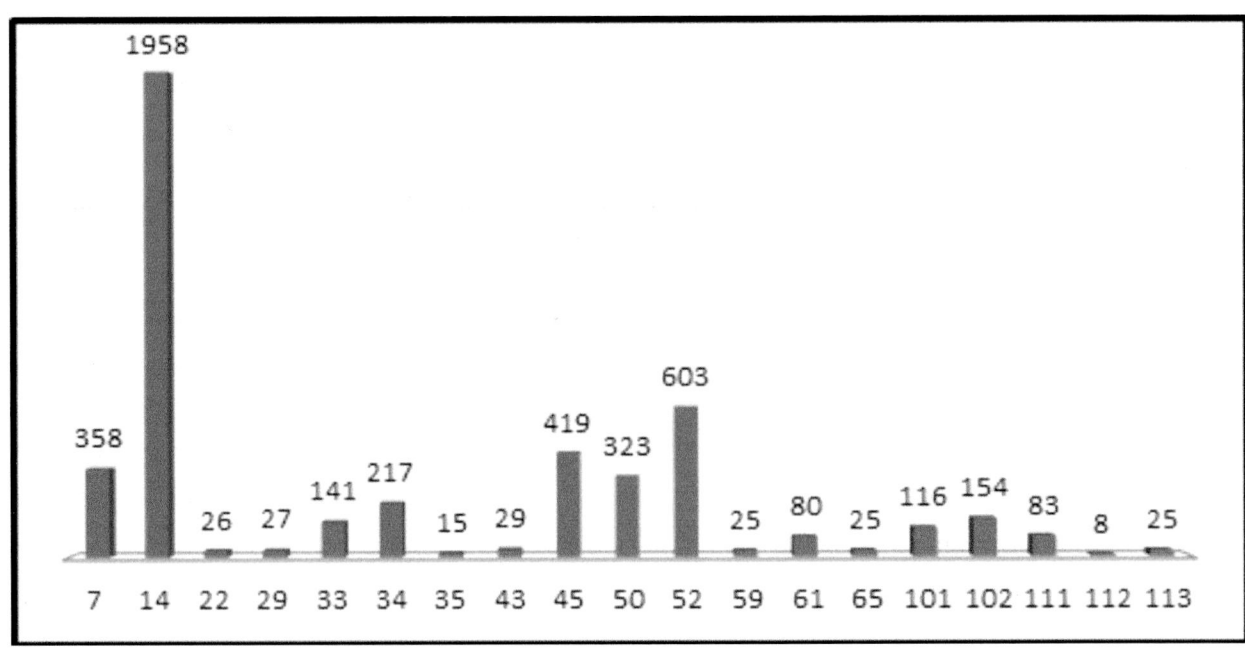

FIGURA 4.3.1.1.- DISTRIBUCIÓN TOTAL DE FRAGMENTOS DE CARBÓN POR UNIDAD ESTRATIGRÁFICA.

Teniendo en cuenta el grado de fragmentación del carbón y la composición de las muestras por distintas partes del leño (corteza, por ejemplo) se realizó una separación de la misma por tamaño y características macroscópicas:

-*Carbón en polvo, ceniza y/o sedimento, astillas;*
-*Fragmentos de carbón de un tamaño inferior a 0,5 cm;*
-*Fragmentos de carbón de un tamaño entre 0,5 a 1 cm;*
-Fragmentos de carbón que superan 1 cm;
-Corteza;
-Ramas finas

Como resultado, de los 4787 fragmentos de carbón analizados, alrededor de 1219 fueron descriptos macroscópica y microscópicamente; de los cuales solo 107 fueron identificados taxonómicamente;14 fragmentos de carbón no pudieron ser asignados a ningún taxón por lo que fueron indeterminables; 94 fragmentos fueron descriptos como ramas finas (entre 0,5 a 1 centímetro de diámetro mostrando la circunferencia completa y con presencia de corteza); 860 fragmentos fueron no identificables correspondientes a rama mediana y chica; finalmente, se encontraron 124 cortezas de distintos tamaños y características (Figura 4.3.1.2.). El restante de elementos, 3568 fragmentos, son de tamaños que no superan 1 centímetro de espesor que han sufrido un mayor grado de fragmentación y por lo tanto difíciles de describir.

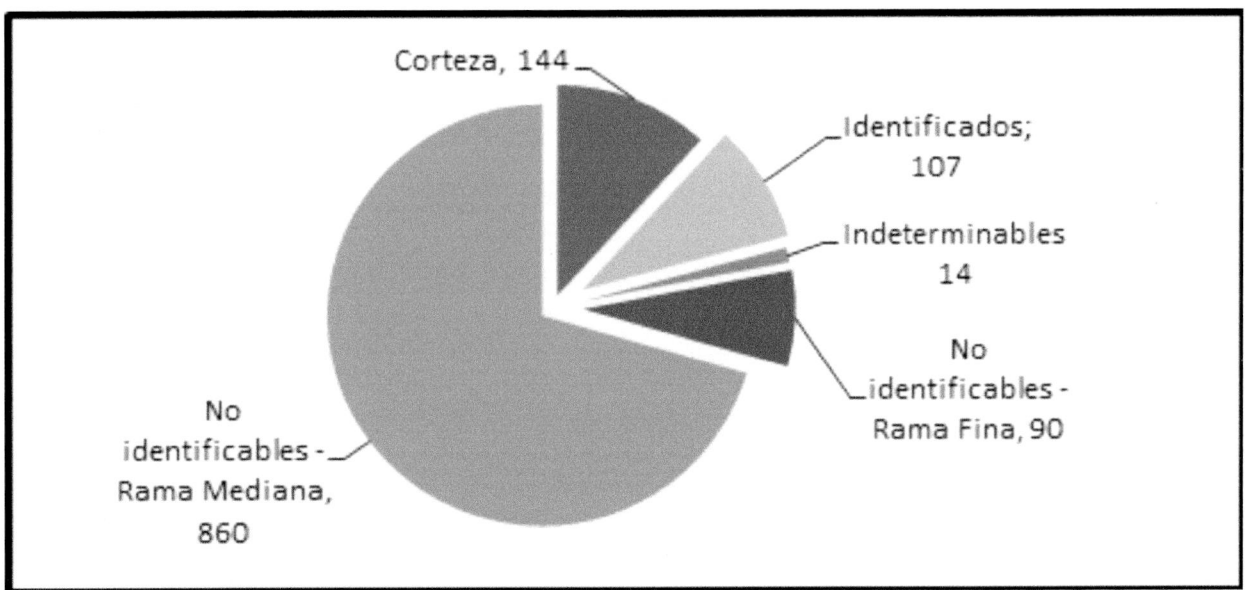

FIGURA 4.3.1.2.- GRAFICO REPRESENTANDO LOS RESULTADOS DE LA DESCRIPCIÓN.

4.3.2.- Las Unidades Estratigráficas

A continuación se presentan los resultados obtenidos por unidad estratigráfica atendiendo al tamaño de la muestra (fragmentos grandes y pequeños), la caracterización macroscópica de la muestra en ramas finas, corteza, nudos; el estado de conservación de la muestra, si presenta galería de insectos, adherencias o grietas realizada sobre el material observado al microscopio; y la identificación taxonómica. Las descripciones de cada género que compone la muestra se presentan al final del capítulo (Tabla 4.3.4.1).

4.3.2.1.- Unidad Estratigráfica 7

La UE7 se registró material para las cuadrículas XIII-C, XIV-C y XV-C.

Muestra de Carbón		Unidad Estratigráfica	7
Tamaño de la Muestra		**Estado de conservación**	
Grandes (> a 1cm)	7	Grietas	-
Medianas (entre 0,5 a 1 cm)	329	Galería de insectos	-
Pequeñas (< a 1 cm	-	Adherencias	-
Caracterización de la Muestra			
Identificables	2	Rama Fina	-
No identificables	329	Corteza	5
Indeterminables	-	Nudo y otros	-
Muestra de Sedimento		Unidad Estratigráfica	7
Tamaño de la Muestra		**Estado de conservación**	
Grandes (> a 1cm)	1	Grietas	-
Medianas (entre 0,5 a 1 cm)	21	Galería de insectos	-
Pequeñas (< a 1 cm	-	Adherencias	-
Caracterización de la Muestra			
Identificables	-	Rama Fina	-
No identificables	22	Corteza	-
Indeterminables	-	Nudo y otros	-
Especies Identificadas		Numero de fragmentos	
Lithraea sp.		2	

TABLA 4.3.2.1.1.- TABLA DE MATERIAL ARQUEOLÓGICO CORRESPONDIENTE UE7

Solo se pudieron identificar dos fragmentos de *Lithraea* sp. para la Unidad Estratigráfica 7. Teniendo presente que es un rasgo que fue descripto como matriz sedimentaria que contiene otros rasgos de combustión, creemos relevante la presencia de cantidades de carbón de tamaños pequeños principalmente. No se registraron alteraciones tafonómicas en las muestras miradas al microscopio, sin embargo los fragmentos de menor tamaño presentan la característica de ser astillas. Se registraron, en algunas muestras, la presencia de valva de caracol partidas. Se reconocieron la presencia de 5 fragmentos de corteza.

4.3.2.2.- Unidad Estratigráfica 14

La UE14 registró material para las cuadrículas XIII-C y XIV-C.

Muestra de Carbón		Unidad Estratigráfica	14
Tamaño de la Muestra		**Estado de conservación**	
Grandes (> a 1cm)	40	Grietas	2
Medianas (entre 0,5 a 1 cm)	359	Galería de insectos	-
Pequeñas (< a 1 cm	86	Adherencias	-
Caracterización de la Muestra			
Identificables	13	Rama Fina	-
No identificables	38	Corteza	34
Indeterminables	2	Nudo y otros	-
Muestra de Sedimento		Unidad Estratigráfica	14
Tamaño de la Muestra		**Estado de conservación**	
Grandes (> a 1cm)	29	Grietas	2
Medianas (entre 0,5 a 1 cm)	224	Galería de insectos	-
Pequeñas (< a 1 cm	1012	Adherencias	-
Caracterización de la Muestra			
Identificables	20	Rama Fina	3
No identificables	34	Corteza	26
Indeterminables	1	Nudo y otros	-
Especies Identificadas		Numero de fragmentos	
Acacia sp.		4	
Boungainvillea sp.		1	
Castela sp.		1	
Celtis sp.		1	
Cercidium sp.		6	
Condalia sp.		4	
Lithraea sp.		2	
Polylepis sp.		1	
Porliera sp.		1	
Ruprechtia sp.		7	
Senna sp.		1	
Schinopsis sp.		4	
Zanthoxylum sp.		1	

TABLA 4.3.2.2.1.- TABLA DE MATERIAL ARQUEOLÓGICO CORRESPONDIENTE UE14

Se pudieron identificar 33 géneros para la UE14 con 34 fragmentos de carbón identificados; solo 3 quedaron indeterminables debido a falta de información o bien no correspondía a alguno de los géneros de la colección de referencia.

Esta unidad estratigráfica es la que más fragmentos de carbón posee, aunque en relación, es la unidad estratigráfica con mayor grado de fragmentación dada la alta cantidad de fragmentos menores a 0,5 centímetros que posee. Entre las especies leñosas se destaca con mayor presencia *Ruprechtia* sp. y *Cercidium* sp.; siguiéndoles *Condalia* sp., *Acacia* sp. y *Schinopsis* sp. Finalmente, *Lithraea* sp., *Zanthoxylum* sp., *Senna* sp., *Porliera* sp., *Polylepis* sp., *Celtis* sp., *Castela* sp., y *Boungainvillea* sp.

La UE14 tiene la característica de ser un rasgo de combustión con abundante presencia de malacofauna, entre otros registros faunísticos, en distintos estados de conservación (enteros y partidos); junto a ello, se destaca también la presencia de ceniza en el sedimento. Ocupa las extensiones centrales de la cuadrícula XIII-C y XIV-C.

La fragmentación de los elementos de carbón es un detalle importante de remarcar, 1098 fragmentos de carbón son menores a 0,5 centímetros, mientras que 556 fragmentos superan los 0,5 centímetros y fueron analizados 173 al microscopio y lupa. De estos fragmentos, se destaca la presencia de corteza en la muestra, teniendo 60 elementos distribuidos en el rasgo y 3 ramas finas. Mientras que se registraron 72 carbones no identificables, de los cuales 4 presentaban signos de grietas por alteración térmica.

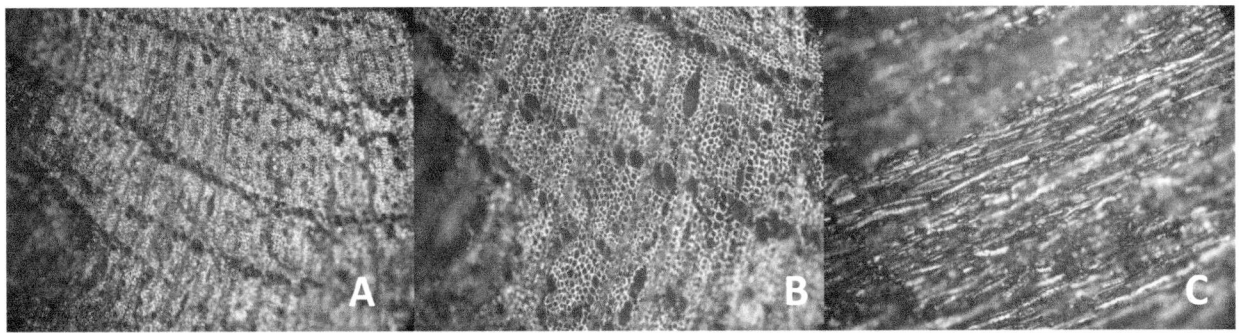

Figura 4.3.2.2.2.- Muestra de material arqueológico UE14 - Género Castela sp. A- Plano transversal (100x). B- Plano transversal (200x). C- Plano longitudinal tangencial (100x).

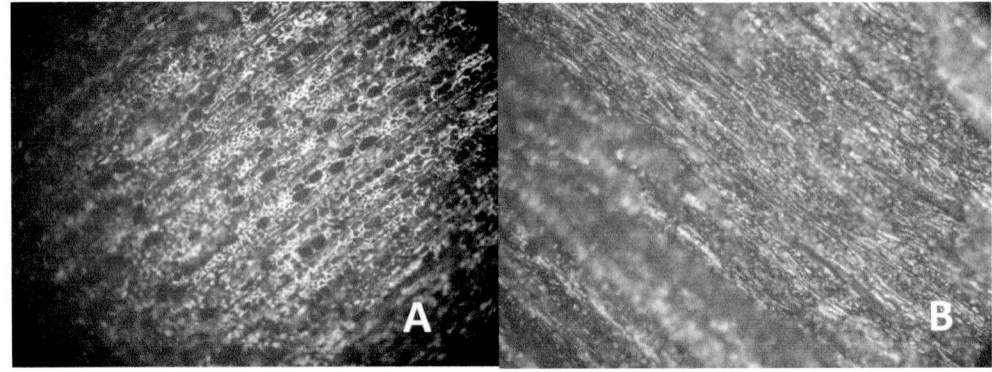

Figura 4.3.2.2.3.- Muestra de material arqueológico UE14 - Género Cercidium sp. A- Plano transversal (100x). B- Plano longitudinal tangencia (L 00x).

CAPÍTULO 4 RESULTADOS DEL ANÁLISIS DE LA MUESTRA DE ESTUDIO

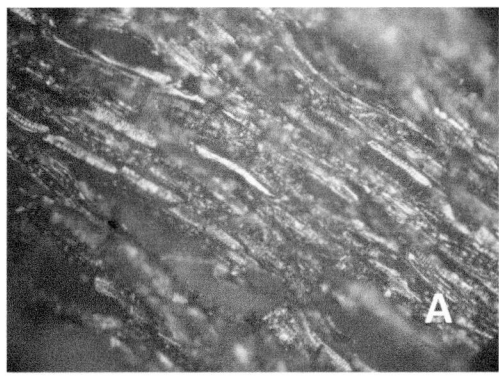

Figura 4.3.2.2.4.- Muestra de material arqueológico UE14 - Género Porliera sp. A- Plano longitudinal tangencial a (100x).

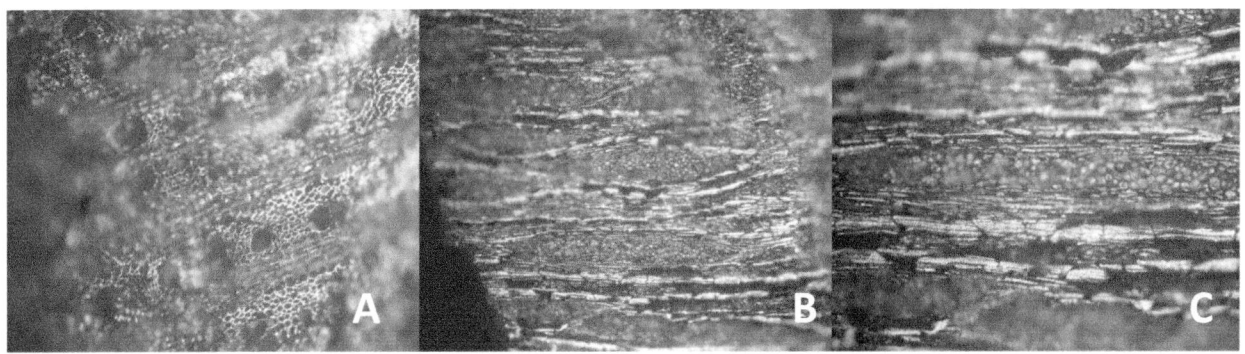

Figura 4.3.2.2.5.- Muestra de material arqueológico UE14 - Género Ruprechtia sp. A- Plano transversal (100x). B- Plano longitudinal tangencial (100x). C- Plano longitudinal tangencial (100x).

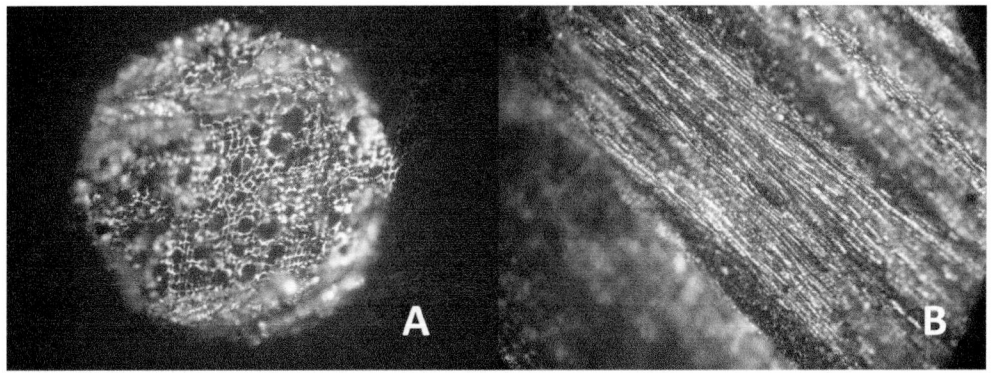

Figura 4.3.2.2.6.- Muestra de material arqueológico UE14 - Género Schinopsis sp. A- Plano transversal (200x) B- Plano longitudinal tangencial (100x).

4.3.2.3.- Unidad Estratigráfica 15

La UE15 se encuentra ubicada en la cuadrícula XVI-C, está compuesta de carbones de diversos tamaños, algunas son ramas pequeñas y otros que superan 1 centímetro. También están asociadas a tierra termoalterada. No se realiza un estudio de este rasgo del cual se obtuvo un fechado tardío de YU2289: 183 +/- 20 años AP (Cattáneo e Izeta 2014)

4.3.2.4.- Unidad Estratigráfica 16

En la UE16 no se registró material durante las excavaciones, fue registrado sobre un perfil en la cuadrícula XIV-C y se dejó in situ sin excavar. Sin embargo conocemos de su composición al ser un lente de fogón con abundante ceniza, fragmentos de carbón de distintos tamaños y la presencia de malacofauna.

4.3.2.5.- Unidad Estratigráfica 22

Muestra de Carbón		Unidad Estratigráfica	22
Tamaño de la Muestra		Estado de conservación	
Grandes (> a 1cm)	-	Grietas	-
Medianas (entre 0,5 a 1 cm)	19	Galería de insectos	-
Pequeñas (< a 1 cm	-	Adherencias	-
Caracterización de la Muestra			
Identificables	-	Rama Fina	-
No identificables	19	Corteza	-
Indeterminables	-	Nudo y otros	-
Muestra de Sedimento		Unidad Estratigráfica	22
Tamaño de la Muestra		Estado de conservación	
Grandes (> a 1cm)	-	Grietas	-
Medianas (entre 0,5 a 1 cm)	2	Galería de insectos	-
Pequeñas (< a 1 cm	5	Adherencias	-
Caracterización de la Muestra			
Identificables	-	Rama Fina	3
No identificables	7	Corteza	-
Indeterminables	-	Nudo y otros	-

Tabla 4.3.2.5.1.- Tabla de material arqueológico correspondiente UE22

No se identificaron fragmentos de carbón para la unidad estratigráfica 22, de hecho, la muestra es pequeña y los carbones se astillaban al partir. Se destaca la presencia de 3 fragmentos de rama fina (menores a 0,5 centímetros pero con el diámetro completo). No se registra presencia de ceniza en la UE.

4.3.2.6.- Unidad Estratigráfica 26

La UE26 corresponde a la cuadrícula XV-C y no se registran fragmentos de carbón de un tamaño que permita su análisis para la identificación. La muestra corresponde a polvo de carbón con algunas astillas de distintos tamaños pero siempre menores a 0,5 centímetros.

4.3.2.7.- *Unidad Estratigráfica 29*

Muestra de Carbón		Unidad Estratigráfica	29
Tamaño de la Muestra		Estado de conservación	
Grandes (> a 1cm)	7	Grietas	1
Medianas (entre 0,5 a 1 cm)	20	Galería de insectos	-
Pequeñas (< a 1 cm	-	Adherencias	-
Caracterización de la Muestra			
Identificables	2	Rama Fina	-
No identificables	25	Corteza	-
Indeterminables	-	Nudo y otros	-
Especies Identificadas		Numero de fragmentos	
Schinopsis sp.		2	

TABLA 4.3.2.7.1.- TABLA DE MATERIAL ARQUEOLÓGICO CORRESPONDIENTE A UE29

La UE29 corresponde a un rasgo de combustión de la cuadrícula XIV-C. Se pudieron identificar dos fragmentos del género *Schinopsis* sp. Entre la caracterización macroscópica, solo se registró que 1 de los fragmentos tuviese grietas quedando el restante como no identificable dado por su tamaño o por la poca información que proveía la muestra.

4.3.2.8.- *Unidad Estratigráfica 33*

Muestra de Carbón		Unidad Estratigráfica	33
Tamaño de la Muestra		Estado de conservación	
Grandes (> a 1cm)	13	Grietas	-
Medianas (entre 0,5 a 1 cm)	128	Galería de insectos	-
Pequeñas (< a 1 cm	-	Adherencias	-
Caracterización de la Muestra			
Identificables	1	Rama Fina	5
No identificables	130	Corteza	5
Indeterminables	-	Nudo y otros	-
Especies Identificadas		Numero de fragmentos	
Lithraea sp.		1	

TABLA 4.3.2.8.1.- TABLA DE MATERIAL ARQUEOLÓGICO CORRESPONDIENTE A UE33

La UE33 corresponde a la cuadrícula XV-C y se pudo identificar 1 fragmento de carbón correspondiente al género *Lithraea* sp. La muestra estaba compuesta por 5 fragmentos de corteza y 5 que eran ramas finas (menores a 0,5 centímetros). Un gran porcentaje de la muestra, 130 fragmentos, quedaron sin identificar dado su tamaño.

-Tercera Parte-

Capítulo 5
Discusión de los resultados

5.1.- En relación a la formación y composición de los rasgos de combustión

Para los procesos de formación del registro en el Alero Deodoro Roca, sector B, se ha interpretado una situación de penecontemporaneidad entre una serie de rasgos fechados en *ca.* 3000 años AP, un conjunto de *ca.* 3600 años AP y un conjunto de *ca.* 3900 años AP (Cattáneo *et. al.* 2014). Por ello, es importante entender la composición florística de los conjuntos a partir de los restos de carbón allí recuperados. Entender la variabilidad entre ellos nos permite plantear diferencias entre los procesos de selección de taxones para el uso de la combustión, así como para otros como la obtención de resinas o alimentos.

5.1.1.- Discusión de los procesos de formación y selección de taxones

5.1.1.1.- En relación al conjunto de ca. 3000 años AP

La UE7, con un fechado de YU2291: 2.944 +/-44 años AP, ha sido interpretada como la unidad estratigráfica que contiene el desarrollo de estructuras de combustión (Cattáneo *et. al.*2014). Se encontraron 2 fragmentos de *Lithraea* sp. (Tabla 4.3.2.1.1.).

En esta unidad se encuentran representadas las siguientes unidades de combustión:

La UE12, de la cual no se obtuvieron muestras para su estudio antracológico. Caracterizada por la presencia de ceniza y espículas de carbón.

La UE16 también se halla caracterizada por la presencia de fragmentos de carbón y ceniza. Aunque bien, no se obtuvieron muestras para su análisis ya que fue descripta en base a las relaciones estratigráficas en un perfil de la excavación, por ende no ha sido intervenida.

La UE22 no posee identificaciones de las muestras recuperadas (Tabla 4.3.2.5.). Sin embargo, esta unidad se encuentra asociada al evento de formación de la UE33 en la cual se identificó un fragmento de *Lithraea* sp. (Tabla 4.3.2.8.1).

En la UE29 se identificaron dos fragmentos de *Schinopsis* sp. (Tabla 4.3.2.7.1).

La UE34 posee un fechado de YU2290: 2952 +/-21 y se identificaron fragmentos de carbón de *Lithraea* sp., *Acacia* sp., *Castela* sp. y *Cercidium* sp. (Tabla 4.3.2.9.1.). Además se encontró una semilla carbonizada, aunque no ha sido identificada en este trabajo. Las UE109 y UE110 son equivalentes en cuanto a descripción a la UE34, poseen las mismas características; están compuestas principalmente por sedimento gris con ceniza compactada.

La UE35 no posee identificaciones realizadas a partir de las muestras recuperadas (Tabla 4.3.2.10.).

En la UE50 se identificaron fragmentos de *Ruprechtia sp.*, con un fechado de (YU2292) 2943+/-25 años AP (Tabla 4.3.2.13.).

En la UE52 se identificaron fragmentos de *Acacia sp.* y *Zanthoxylum* sp. (Tabla 4.3.2.1.14.).

En particular, para el caso de la UE65, donde se encontró un fragmento de *Schinopsis* sp. (Tabla 4.3.2.20), fue descripta como parte de la acumulación de piedras de fogón de la estructura de la UE50. Posee también un fechado contemporáneo de MTC13133: 3.043 +/-41 años AP.

Infrayaciendo a la UE65 encontramos un conjunto de 4 unidades, la UE60, UE61, UE62 y UE63, vinculadas a eventos de combustión caracterizados como áreas de combustión, con presencia de lentes de ceniza, escasos restos de carbón, la presencia de huesos quemados y sedimentos termoalterados. Para el caso de la UE61, la única de la cual se recuperaron fragmentos de carbón para su estudio, se identificaron dos taxones, *Castela* sp. y *Cercidium* sp.

La UE8 y UE11 fueron descriptas como áreas de combustión, caracterizadas por la presencia de ceniza, espículas de carbón y sedimento termoalterado. La UE15 (acápite 4.3.2.3.) también se caracteriza de la misma forma, aunque no fue estudiada en esta oportunidad dado que se encuentra alterada por un proceso postdepositacional (pozo).

Con respecto a la UE14, que se encuentra debajo del techo de la UE7, fue descripta como una unidad con una estructura que permitió la extracción de un fogón en bloque (Cattáneo *et. al.* 2014). Se identificaron fragmentos de carbón de 13 taxones (Tabla 4.3.2.2.1.) que incluyen 8 de los mencionados anteriormente. Entre estos géneros, se destacan por su mayor presencia *Ruprechtia* sp., *Cercidium* sp., *Acacia* sp. y *Condalia* sp.

Con respecto a la variabilidad taxonómica representada en esta unidad, debemos tomar en cuenta que es posible que se encuentre vinculada a una mayor integridad de la estructura de combustión, estando esto relacionado a la cantidad de fragmentos recuperados en total, y la cantidad de estos identificados. Por otra parte, la UE14 se ha caracterizado como asociada a una gran acumulación de valvas enteras de moluscos, mayormente del género *Plagiodontes* sp.; a diferencia de los restantes eventos de combustión (Izeta *et. al.* 2013; Cattáneo *et. al.* 2014).

Podemos ver que, contenidas en la UE7 se encuentran 17 unidades estratigráficas, 14 que conforman estructuras de combustión y 3 que están descriptas como áreas de combustión. Dada la variabilidad taxonómica presente en estas unidades, nos lleva a pensar la posibilidad de distintos focos de combustión con la utilización de distintos tipo de leñas, con un aprovechamiento de lo que se conoce como poda natural, es decir proviniendo de restos de ramas caídas debajo de las plantas, o de arbustos de menor porte ya secas. Este quiere decir que es posible ver en el registro estratigráfico un uso intenso del fuego, con distintas actividades llevadas a cabo en el alero, entre las cuales la alimentación cumple un rol de importancia. La presencia de restos faunísticos como restos óseos termoalterados y valvas de moluscos, entre las principales; nos lleva a pensar en actividades de alimentación en donde el uso del fuego era importante.

La composición del registro con rasgos caracterizados por ceniza y tierra termoalterada nos supone actividades de combustión de temperaturas altas. La presencia de ramas finas y cortezas (ver acápite 5.1.3 más adelante) nos hace pensar en actividades de rápido uso y apagado del fuego. Esto se asemeja a la interpretación de rasgos penecontemporáneos en un conjunto cronológico similar de *ca.* 3000 años AP (Cattáneo *et. al.* 2014).

5.1.1.2.- En relación al conjunto de ca. 3600 años AP

Este conjunto se encuentra caracterizado por un fechado de la UE43 en YU2292: 3.620 +/-27 años AP. La misma ha sido interpretada como la matriz en la que se encuentran asociados los rasgos UE45, UE66 y UE68.

En la UE43 se identificaron fragmentos de carbón de géneros que no han aparecido en las unidades anteriores, *Prosopis* sp. y *Condalia* sp. (Tabla 4.3.2.11.1).

Por otra parte, la UE45, caracterizada como una estructura de combustión con una microestratificación de niveles de carbón intercalados por niveles de sedimento (Cattáneo *et. al.* 2014), está compuesta por fragmentos donde se identificaron 7 taxones, entre los cuales se destacan por su mayor frecuencia el *Cercidium* sp. y *Zanthoxylum* sp.

La UE66 y UE68, interpretadas como áreas de combustión, están compuestas por cenizas y espículas de carbón principalmente, sin haberse recuperado fragmentos para el análisis taxonómico ya que no ha terminado su excavación aún, por lo que futuros análisis completaran la interpretación de estos rasgos.

En lo que respecta al componente de *ca.* 3600 años AP el material estratigráfico analizado es menor al anterior de *ca.* 3000 años AP. Sin embargo, dos resultados de importancia nos permiten pensar diferencias entre los distintos componentes.

La presencia de un taxón que no han aparecido con anterioridad, y que no han aparecido hasta el momento en ninguna parte del registro, nos sugiere un cambio en la formas de selección de géneros. Dado que *Prosopis* sp. es una especie leñosa del Bosque Chaqueño Serrano con una importancia reconocida en los sitios arqueológicos (López 2006; Pastor 2006; Marconetto 2008, por mencionar algunos casos en donde el Bosque Chaqueño haya sido estudiado) y etnológicos (por ejemplo, Arenas 2003); nos lleva a pensar que su presencia en el registro arqueológico del Alero Deodoro Roca sería dentro de las frecuentes. Sin embargo, en contraposición con el conjunto de *ca.* 3600 años AP que ha sido el de mayor estudio en este trabajo, solo aparece en la UE43 y no asociado directamente a estructuras de combustión. Esto, por supuesto, solo a modo hipotético ya que conocemos la posibilidad de que un taxón haya sido utilizado y aun así no se haya conservado.

Agregado a esto, la UE45 compuesta por fragmentos de carbón de distinto tamaños entre los que se destaca la presencia de ramas finas y cortezas (ver acápite 5.1.3 más adelante), nos hace pensar la continuidad de un uso de distintos taxones para la composición de las estructuras de combustión. Sin embargo, se diferencia del componente de *ca.* 3000 años AP por la ausencia de restos malacológicos (Izeta *et. al.* 2013; Cattáneo *et. al* 2014).

La presencia de taxones que no han vuelvo a aparecer hasta el momento en el registro y la ausencia del registro malacofaunístico para este marco temporal nos lleva a suponer un cambio en la elección de leñas y en las prácticas de alimentación. Esperando, a futuro, continuar con los trabajos para este conjunto temporal.

5.1.1.3.- En relación al conjunto de ca. 4000 años AP

Para el componente *ca.* 4000 años AP, se ubican las unidades estratigráficas UE111, UE112 y UE113. Para la UE111 se identificaron 3 fragmentos de *Castela* sp. (Tabla 4.3.2.27.1.), taxón que aparecen en los conjuntos mencionados anteriormente. Para la UE112 no se logró identificar ningún taxón de los fragmentos de carbón recuperados. Para la UE113, la cual tiene un fechado en YU2288 3.9.69 +/-23 años AP, no se identificó ningún taxón a partir de la muestra recuperada.

El material analizado no nos permite reflexionar más sobre las discusiones propuestas en este trabajo, sin embargo nos da una idea de una de las especies leñosas presentes en este período y la composición del registro (ver más adelante acápite 5.1.3.). Se considera importante ampliar las áreas de excavación perteneciente a estos momentos a los fines de poder completar la información sobre la selección de leñas para este período.

5.1.2.- En relación al posible uso de los taxones

En este acápite se pondrán en discusión la presencia de ciertos taxones que pueden haber sido utilizados con otros fines además de para la combustión y la generación del calor.

Es necesario aclarar que estos posibles usos solo son explicitados a los fines de generar preguntas y reflexiones sobre las propiedades y particularidades de las especies; comparando con el registro arqueológico del Alero Deodoro Roca no a través de una analogía directa, sino como potenciales usos por parte de los grupos humanos sin por ello descartar otros.

Por otra parte, también para pensar el uso y selección de leñas para la combustión como parte de un proceso que implica una relación con el paisaje circundante, una forma de entablar relación entre el mismo y las actividades humanas relacionadas entre sí. La recolección de leña pasa por un proceso de selección cuyo decisión puede estar compuesta de criterios como leña *buena, mala, dura, blanda, con olor, sin olor, entre otros* (Marconetto 2006a y b); y si bien puede ser utilizada por otros procesos, el conocimiento del entorno y de la composición del mismo en lo que respecta a árboles, arbustos y otros tipos de plantas, los seres humanos lo tienen presente constantemente (Allué *et. al.* 2003).

Otro punto de aclaración es que, al referirnos a taxones más frecuentes siempre va a ser teniendo en cuenta, por un lado, que la existencia de que nuestro universo de estudio, es decir, las muestras de carbón, forman parte de una totalidad que fue atravesando distintos filtros. Desde el individuo en el pasado disponiendo de cierta cantidad de leña para quemar; los procesos de la misma combustión que posibilito que cierta parte no llegase a quemarse del todo; los procesos post-depositacionales de su entierro y los que ocurrieron durante el mismo a través del tiempo; y el muestreo realizado por el investigador al realizar la excavación. A esto se le suma la presente investigación a partir de la cual se seleccionaron fragmentos de carbón de cierto tamaño para poder identificar, mientras que gran parte de la muestra continúa sin ser identificada taxonómicamente.

Las tablas 5.1.2.1. y 5.1.2.2. nos permiten, una vez realizada la separación por conjuntos temporales de *ca.* 3000 y *ca.* 3600 respectivamente, ver la frecuencia con la que aparecieron los distintos taxones para cada paquete.

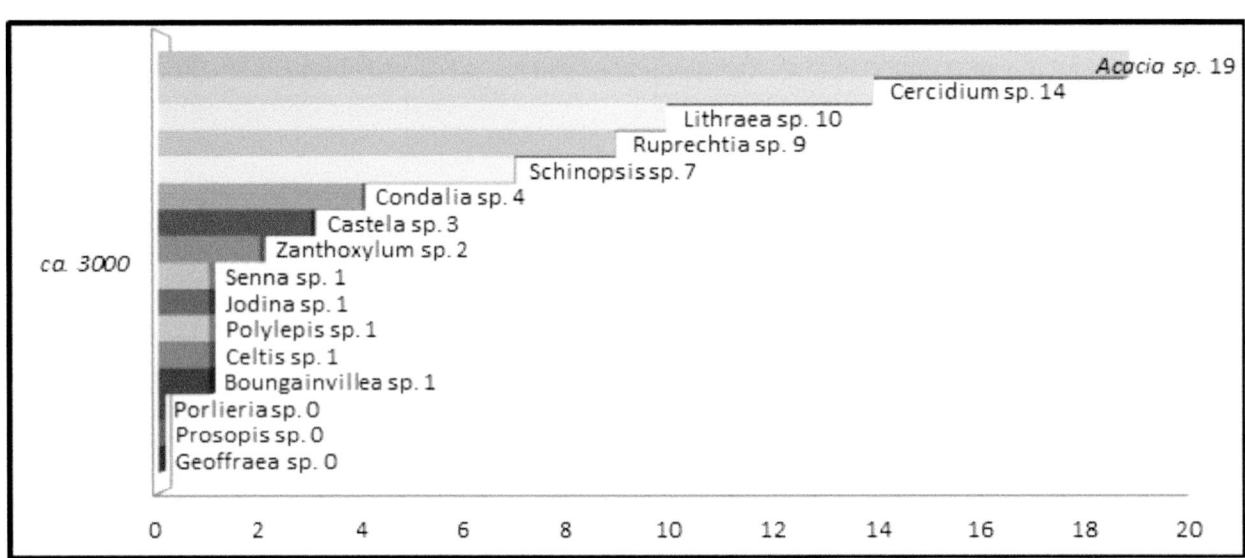

FIGURA 5.1.2.1.- LISTADO DE ESPECIES POR CANTIDAD, IDENTIFICADAS EN EL CONJUNTO *CA*. 3000 AÑOS AP.

CAPÍTULO 5 DISCUSIÓN DE LOS RESULTADOS

Dentro del conjunto de *ca.* 3000 años AP podemos ver que los taxones más frecuentes son *Acacia* sp. y *Cercidium* sp. Le siguen *Lithraea* sp, *Ruprechtia* sp. y *Schinopsis* sp. Luego en menor cantidad se encontraron fragmentos de *Condalia* sp., *Castela* sp. y *Zanthoxylum* sp. Algunos géneros solo están presentes por un fragmento identificado, como *Senna* sp., *Jodina* sp., *Polylepis* sp., *Celtis* sp. y *Boungainvillea* sp. No se encontraron fragmentos de carbón de *Porliera* sp., *Prosopis* sp., *Geoffraea* sp., *Aspidosperma* sp., *Schinus* sp. y *Ziziphus* sp. que forman parte del Bosque Chaqueño Serrano y que fueron tomados en cuenta en nuestra colección de referencia (Giorgis *et. al.* 2011).

Ahora bien, todo esto implica la presencia de 13 taxones para un conjunto interpretado como cronológicamente cercanos (Cattáneo *et. al* 2014). Esto refiere, en un principio, a una selección de taxones diversos y con distintas particularidades cada uno.

La presencia del género *Acacia* sp. nos lleva a pensar en al menos 5 especies conocidas para el Bosque Chaqueño Serrano (Giorgis *et. al* 2011) de los cuales se seleccionaron 4 para la colección de referencia. Estas especies son de los más frecuentes en la composición fitogeográfica, especialmente el *Acacia caven* (Espinillo), el cual se encuentra actualmente en el valle de Ongamira. Si bien los estudios antracológicos no fueron suficientes para diferenciar estos fragmentos de carbón a nivel de especie, si es de interés remarcar que además de ser conocidas por ser utilizados como leña para la combustión (Cabrera 1976, Arenas 2003); algunas especies son conocidas por tener frutos que sirven de alimentación, como la *Acacia aroma* (Tusca), y otras por su madera con utilidades para herramientas como arcos como la *Acacia praecox* y *A. furcatispina* (Arenas 2003).

La selección del género *Cercidium sp.* resultó novedosa para nuestro estudio. Existe solo un taxón conocido para el Bosque Chaqueño y es la Brea, o *Cercidium praecox* (Giorgis *et. al.* 2011). Hasta el momento no fue encontrada en las cercanías al sitio arqueológico, aunque no se descarta la posibilidad. En la bibliografía se pudo ver que el *Cercidium praecox* prefiere suelos sueltos y arenosos, no característicos del valle de Ongamira, y es más frecuente en otras más zonas secas y áridas del norte de Córdoba. Dada la cantidad de veces que aparece este taxón en el registro arqueológico, nos hace preguntarnos sobre sus posibles usos e importancia, dado que no es de los taxones más conocidos por ser útil para el fuego. Pastor Arenas (2003), para las comunidades toba y wichi del noreste de Argentina, observa que la Brea (*C. praecox*) es una leña poco útil dado que se consume rápido; mientras que es más útil por su resina para parchar botijas o tinajas dado que es muy duradera. Esto se puede realizar de dos formas, de la secreción del árbol provocándole una herida, o bien quemando una rama y por efecto del calor exuda la resina líquida. Se planifica realizar futuros trabajos donde se estudie mejor el género como también la potencial relación de esta práctica de comunidades originarias con la resina del árbol y la manufactura de instrumental lítico en su montaje en astiles, por ejemplo.

Para el caso de los géneros *Lithraea* sp., *Ruprechtia* sp. y *Schinopsis* sp. su presencia en el Bosque Chaqueño es frecuente (Giorgis *et. al.* 2011). Para el *Lithraea* sp. la especie conocida es el Molle (*L. ternifolia*), un taxón que aparece en el valle de Ongamira y para el cual hasta el momento no conocemos otros usos posibles a excepción de leña. El Manzano del Campo (*Ruprechtia apetala*) es una especie presente en el Bosque Chaqueño Serrano, como también en el valle de Ongamira. Así como el Orco-Quebracho (*Schinopsis hankeana*), que también se halla actualmente en las cercanías al sitio de estudio. Estos géneros forman parte de árboles de gran tamaño con la formación de ramas de distintos tamaños (Cabrera 1976), muy posibles de ser utilizados como leñas.

El género *Condalia* sp. tiene tres especies conocidas para el Bosque Chaqueño Serrano, dos de ellas pertenecientes en nuestra colección de referencia, *Condalia buxifolia* y *C. microphylla* (Giorgis *et. al* 2011); siendo de características similares pero el primero es un árbol y el segundo es un arbusto, conocidos ambos como Piquillín. Según Baldín *et. al.* (2011) sus frutos pueden ser consumidos.

El género *Castela* sp. posee una única especie arbustiva conocida para el Bosque Chaqueño Serrano, a ser *Castela coccinea* (Giorgis *et. al.* 2011). De acuerdo a Arrambari *et. al.* (2009), el Mistol del Zorro (*C. coccinea*) tiene una utilidad para fines medicinales, como por ejemplo el tratamiento de infecciones urinarias.

El género *Zanthoxylum* sp. tiene una especie arbórea conocida para el Bosque Chaqueño Serrano, conocida como el Coco (*Zanthoxylum coco*). Muy frecuente para el valle de Ongamira. Según Arrambari *et. al.* (2009) posee propiedades medicinales, aunque es más conocido por su uso como leña y propiedades de la madera para la construcción de muebles (Marconetto 2008).

El género *Senna* sp. tiene 5 especies arbustivas conocidas para el Bosque Chaqueño Serrano (Giorgis *et. al.*2011) de las cuales se ha trabajado con una, *Senna aphylla* o Pichana. Conocida por sus usos como leña (Ruiz Leal, 1972).

Jodina sp., o conocida como Sombra de Toro (*Jodina rhombifolia*) es frecuente en el Bosque Chaqueño Serrano (Giorgis *et. al.* 2011) y se puede hallar en el valle de Ongamira. Se la conoce por sus propiedades medicinales (Sola, 1942).

El género *Polylepis* sp. tiene una especie frecuente en el Bosque Chaqueño Serrano (Giorgis *et. al.* 2011) a ser el *Polylepis australis* o Tabaquillo, conocido principalmente por su uso como leña.

El género *Celtis* sp. se encuentra en el valle de Ongamira por una de sus especies, el *Celtis tala* (Tala) y es una de las especies presentes en el Bosque Chaqueño Serrano en particular. Sus frutos son consumibles (Arenas 2003) y su madera, además de ser útil como leña, sirve para la manufactura de herramientas (Cabrera 1976).

El género *Bougainvillea* sp., conocido como Tala Falso (*Bougainvillea stipitata*) es un taxón presente en el Bosque Chaqueño Serrano (Giorgis *et. al.* 2011). Es una especie similar al Tala (*C. tala*), aunque no se conoce mucho sobre otros usos además de leña.

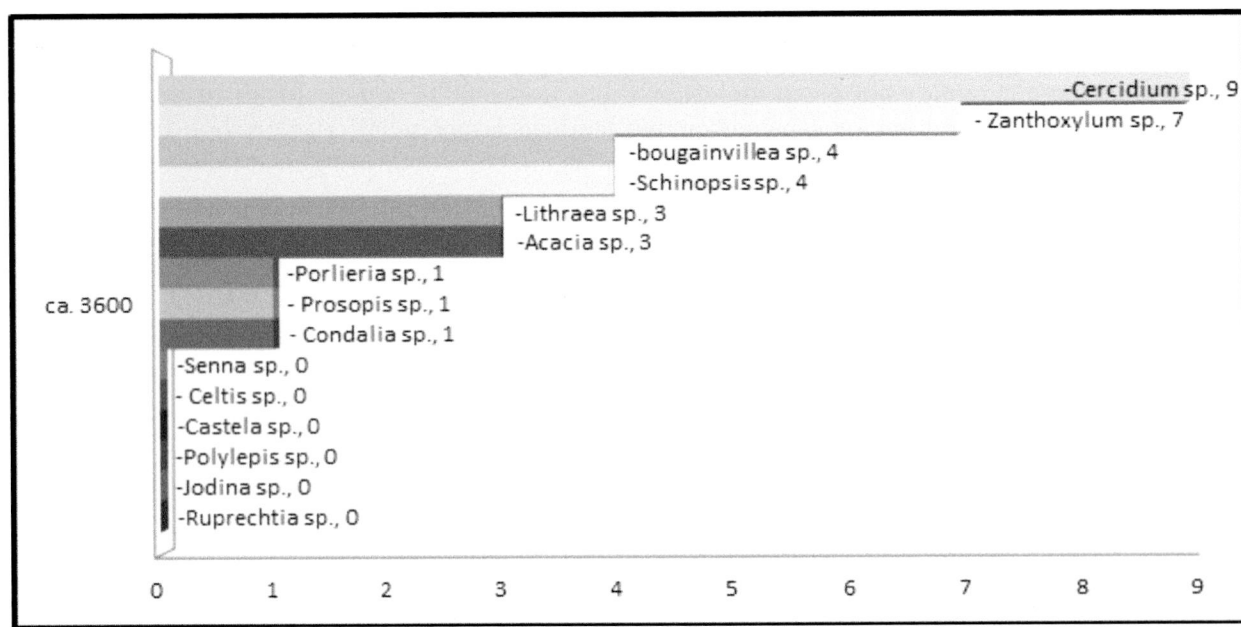

Figura 5.1.2.2.- Listado de especies por cantidad, identificadas en el conjunto *ca.* 3600 años AP.

Dentro del conjunto de *ca.* 3600 años AP podemos ver que los taxones más frecuentes son *Cercidium* sp. y *Zanthoxylum* sp. Le siguen *Lithraea* sp, *Acacia* sp., *Bougainvillea* sp. y *Schinopsis* sp .Luego se identificaron fragmentos de *Condalia* sp. Y aparecieron dos taxones que no habían aparecido en el conjunto anterior, *Porliera* sp. y *Prosopis* sp. No se identificaron fragmentos de *Senna* sp., *Jodina* sp., *Polylepis* sp., *Celtis* sp., *Ruprechtia* sp. y *Castela* sp.

Como podemos apreciar, se identificaron 9 taxones para este conjunto temporal. Esto nos indica que hay una elección de una diversidad de especies presentes en el ambiente circundante. Aunque bien, este conjunto de unidades se diferencia del posterior, *ca.* 3000 años AP, por la presencia de ciertos cambios en la elección de leñas.

El género *Cercidium* sp. continua siendo uno de los principales en cuanto a la frecuencia en el registro. El género *Zanthoxylum* sp., del cual solo se habían encontrado dos fragmentos en el período anterior, ahora es otro de los más representativos.

Como hemos dicho en el apartado anterior (5.1.1.) se precisan mayores estudios para entender más sobre este conjunto temporal. Sin embargo ciertos aspectos ya nos marcan un posible cambio en la elección a especies a quemar.

Aparece el género *Prosopis* sp. que cuenta con aproximadamente 28 especies conocidas (Castro 1994) y 7 presentes actualmente en el Bosque Chaqueño Serrano (Giorgis *et. al.* 2011). Entre los principales se menciona el Algarrobo Blanco (*P. alba*), Algarrobo Negro (*P. nigra*), Tintitaco (*P. torquata*), entre otros. Se puede encontrar actualmente en el valle de Ongamira ejemplares de *P.* alba y de *P. nigra*. Es conocida la importancia que tiene la madera para los grupos humanos tanto para la construcción, la alimentación a partir de sus frutos, y como leña (Castro 1994; Arenas 2003; Lema *et. al.* 2012).

El género *Porliera* sp. se encuentra en el Bosque Chaqueño Serrano bajo una especie arbórea (Giorgis *et. al.* 2011), el Guayacán o *Porliera microphylla*. Se conoce poco sobre esta especie, como algunas propiedades medicinales (Arambarri *et. al.* (2009). Siendo un árbol de gran tamaño, es posible su uso como leña para la combustión.

En el caso del conjunto de *ca.* 4000 años AP, solo se registró un género, *Castela* sp. (Tabla 4.3.2.27.1.). Para el caso del Bosque Chaqueño, se registra la presencia de *Castela coccinea* Griseb (Giorgis *et. al.* 2011). Vuelve a aparecer en el conjunto de *ca.* 3000 años AP.

5.1.3.- En relación a los procesos de selección de leñas

Los procesos que llevan a la presencia de fragmentos de carbón recuperados en una excavación arqueológica y analizados por un investigador forman parte de filtros sociales y naturales que afectan a la composición y variabilidad taxonómica y/o morfológica de la leña recogida (Théry-Parisot *et. al* 2010). Estos filtros actúan bajo principios e ideas específicas en cada caso particular. A la hora de pensar el registro en el Alero Deodoro Roca es necesario tener en cuenta desde aspectos que tienen que ver con la oferta ambiental (filtro natural) y la leña seleccionada (mediando un filtro cultural a través de cosmovisión, preferencias, etc.); la actividad de la combustión en sí misma con cambios en la composición de la muestra (filtro natural, cambios anatómicos, fragmentación diferenciada, quema diferenciada) y las actividades relacionadas al manejo del fuego (filtro cultural, encendido, uso, apagado, limpieza). Junto a los procesos post-depositacionales que afectan al registro luego de generado, donde procesos tafonómicos afectan al registro.

Luego, el investigador durante la excavación de ese registro, construye una muestra a partir de la selección del material recuperado. Y por último, el investigador que luego analiza la misma a través de la antracología haciendo una selección de qué va a analizar.

Por todo esto, es necesario comprender la procedencia del registro antracológico y las posibles formas en que hubiese llegado allí. A lo largo del análisis se recuperaron fragmentos de carbón de distintos tamaños y morfológicamente diferentes. Como hemos mencionado en el capítulo 3, la muestra a estudiar para realizar la identificación taxonómica fue separada del conjunto restante que estaba caracterizado principalmente por fragmentos de carbón de menor tamaño.

En lo que refiere a la fragmentación, se separó la muestra en distintos tamaños y en las categoría *rama fina*, *corteza* y *con grietas*. Quedando así un número de fragmentos que fueron contabilizados y caracterizados por su morfología (Tabla 4.3.6.1., 4.3.6.2. y 4.3.7.1.). Y el mismo número de fragmentos que fueron contabilizados por su tamaño (Tabla 3.3.2.22, 3.3.2.23 y 3.3.2.24).

Las *ramas* finas se trataron de ramas de menor tamaño que no se hallaban partidas longitudinalmente por lo que conservaban toda la circunferencia. Precisamente, eran más difíciles de estudiar taxonómicamente dado el tamaño y el grado de alteración sufrida por el fuego.

En lo que se refiere a fragmentación por tamaño, de forma arbitraria se separaron en 3 tamaños distintos los fragmentos de carbón dando como resultado que la UE14 era la que tenía mayor número de fragmentos pequeños, siguiéndoles en menor cantidad la UE52, UE45, UE50 y UE102 (Tabla 3.3.2.22.). En cuanto a fragmentos de tamaño medio, la UE14 volvió a ser la que tenía mayor cantidad, teniendo las restantes cantidades menores (Tabla 3.3.2.23.). Y, por último, en cuanto a fragmentos de mayor tamaño, la UE45 y la UE14 son las que tenían más cantidad, siguiendo las restantes (Tabla 3.3.2.24). Entre ambos conjuntos temporales, en principio hay bastantes similitudes, aunque se destaca en la UE45 (conjunto *ca.* 3600 años AP) la presencia de carbones de mayor tamaño y menor cantidad de fragmentos pequeños, comparativamente en cuanto a la UE14 (conjunto *ca.* 3000 años AP) y restantes unidades.

En lo que refiere a la separación por *ramas finas*, de la UE52 y UE45 se recuperaron mayor cantidad de estos fragmentos. Siguiendo estaban la UE14, UE22, UE33 y UE61 con menor cantidad (Tabla 4.3.6.1.). La UE45 corresponde al conjunto de *ca.* 3600 años AP mientras que las restantes al de *ca.* 3000 años AP. Nuevamente podemos ver una diferencia entre estos conjuntos ya que la unidad estratigráfica de mayor tamaño en el conjunto de *ca.* 3000 años AP es la UE14 (Tabla 4.3.2.2.1.), asociada a grandes cantidades de malacofauna y presenta menor cantidad de ramas finas, mientras que la UE52 es una muestra compuesta principalmente por fragmentos de carbón pequeños y de menor tamaño. Para el caso de la UE45, comparativamente similar en cuanto a cantidad de fragmentos a la UE14, presenta mayor cantidad de *ramas finas*.

En lo que se refiere a la separación de *cortezas* (Tabla 4.3.6.2.) la UE14 es la principal, siguiendo la UE50, UE45 y en menor tamaño la UE34, UE33, UE61, UE101 y UE7. Como hemos mencionado, la UE45 corresponde al conjunto de *ca.* 3600 años AP y las restantes al conjunto de *ca.* 3000 años AP. La UE14 tiene una sobrerrepresentación de este tipo de registro en comparación con las restantes unidades, incluso con la UE45.

Ambos tipos de registro, tanto *ramas finas* como *corteza* nos hablan de eventos de combustión que no se consumieron completamente. La presencia de corteza se deba probablemente a una mayor cantidad de ramas con presencia de la misma, pensando que la composición de los fogones de ambos conjuntos pueden haber resultado de la siguiente forma:

-Para el conjunto de *ca.* 3000 años AP, se destaca la UE14 en cuanto a mayor cantidad de fragmentos, como mencionamos en un apartado anterior, esto se encuentra vinculado a las condiciones de integridad del fogón y las técnicas de excavación. Podemos ver que si bien tiene un alto nivel de fragmentación, teniendo mayor cantidad de fragmentos de menor tamaño, la composición con ramas finas es menor en esta unidad. Aunque presenta un alto índice de cortezas. Esto nos da la posibilidad a pensar en carbones de distintos tamaños, pero principalmente de ramas medianas con corteza, capaces de alcanzar altas temperaturas (teniendo en cuenta la composición de la muestra y su asociación con la malacofauna) y con el resultante de un alto grado de fragmentación.

En lo que respecta a la UE52, destacada por tener un alto nivel de fragmentación en distintos tamaños, pero principalmente en fragmentos pequeños; podemos ver que se recuperaron grandes cantidades de ramas finas y en menor cantidad, cortezas. Nos puede referir a ramas medianas, con corteza, pero principalmente compuestas por ramas finas en su morfología.

En lo que respecta a la UE50, vemos que su distribución en fragmentos es relativamente pareja para los tres tamaños, pero se destaca una mayor presencia de corteza. Lo que nos lleva a pensar en que probablemente estaba compuesta por ramas medianas con corteza.

Las restantes unidades presentan menor cantidad de fragmentos de carbón y por lo tanto de fragmentación por lo que hace difícil unificar esta información.

-Para el conjunto de los *ca.* 3600 años AP, la UE45 es la destacable en cuanto a cantidad de material analizado. Por una parte vemos que la composición de la muestra se presenta con altos niveles de fragmentación en distintos tamaños, pero principalmente en tamaños más grandes. A su vez, presenta un alto número de ramas finas y la presencia de cortezas, aunque en menor cantidad en relación a las otras unidades estratigráficas. Este registro nos permite pensar en ramas medianas, probablemente de mayor tamaño, con corteza, y con ramas finas que ayudaron a iniciar la combustión. No pudiendo completarse la misma hasta su totalidad pero si alcanzando altas temperaturas (teniendo en cuenta la presencia de sedimento termoalterado asociado a esta unidad y la escases de ceniza).

Relacionado a la fragmentación, aunque presentado de otra manera en el registro, es el estado de de la muestra. Se registraron fragmentos de carbón con la presencia de *grietas* debido a la alteración sufrida por el calor. Las unidades estratigráficas con mayor cantidad son la UE111, UE50, UE14 y le siguen en menor cantidad la UE102, UE61, UE45 y UE29. Como hemos mencionado, a excepción de la UE111, la UE45 se encuentra en el conjunto de *ca.* 3600 años AP y las restantes al conjunto *ca.* 3000 años AP.

Con respecto al conjunto temporal de *ca.* 4000 años AP, la UE111 se caracteriza por ser una muestra de menor tamaño, tomada del perfil de la excavación, con una composición de carbones de tamaños grandes y medianos principalmente, y la presencia de fragmentos con grietas. A esto se le suma ser la única unidad en dónde se registraron fragmentos de carbón con presencia de huecos de xilófagos. Son necesarios continuar los estudios a futuro bajo excavaciones ampliadas en este contexto temporal para poder aportar mayor información.

5.2.- Reflexiones finales

5.2.1.-El registro antracológico en el Alero Deodoro Roca para el período temporal entre ca. 3000 años AP y ca. 4000 años AP.

En este trabajo nos propusimos realizar un aporte al estudio de la flora nativa de Córdoba a través del tiempo para un espacio en concreto, el valle de Ongamira, describiendo la muestra antracológica de referencia para leñosas existentes en el Bosque Chaqueño Serrano y realizando la identificación taxonómica de las especies leñosas carbonizadas presentes en el registro arqueológico. A partir de ello, se pudieron realizar inferencias sobre las formas y modos de selección o uso de las especies vegetales para la combustión por los seres humanos que habitaron la región. Y por último, se colaboró a entender los procesos de formación de sitio en relación a los espacios de combustión, permitiendo así la incorporación de una nueva perspectiva para aportar sobre la funcionalidad del sitio.

Los resultados obtenidos del análisis antracológico ya fueron mencionados en el acápite de resultados y discutidos posteriormente, teniendo para el registro arqueológico del Alero Deodoro Roca, un conjunto temporal de tres períodos diferenciados cronológicamente mediante asociaciones estratigráficas y por la variabilidad en la selección de taxones para el uso de la combustión en el sitio. También fueron mencionadas las posibles formas de composición del registro y procesos de formación de las estructuras de combustión. Teniendo en cuenta que nos estamos refiriendo a fogones de estructura plana (Leroi-Gourhan 1973), la misma combustión estará supeditada a ciertos fenómenos y procesos que alteraran su uso y resultado.

En este apartado nos interesa señalar algunas recurrencias y discontinuidades observadas en el conjunto y que servirán de futuras hipótesis de trabajo.

- La variabilidad de taxones identificados en el registro arqueológico (15) nos supone un conocimiento del entorno, a la hora de pensar en las actividades de combustión, y un aprovechamiento del mismo basado en decisiones que muestran elecciones de especies vegetales que pueden ser útiles como fuente de cocción y calor, como también para otras actividades.

Para el componente *ca.* 3000 años AP es notoria la elección de leñas de estructuras de combustión que se encuentran asociadas a malacofauna (Cattáneo *et. al.* 2014b, Izeta *et. al.* 2013; Yanes *et. al.* 2014). Esta elección, variada en especies, fue realizada por un tipo de leña en concreto, de ramas medianas a chicas, con un alto poder calorífico y de rápido consumo. Esta variabilidad taxonómica y la variabilidad estratigráfica en áreas y estructuras de combustión, presente en este componente, suponen un uso reiterativo del alero para actividades de combustión. Dejándonos como interrogante la frecuencia de este uso reiterativo tanto en relación al tiempo (estacional) como en el espacio (en relación a la movilidad hacia otros sitios cercanos). Se ha interpretado un uso de la poda natural de las especies disponibles.

Para el componente *ca.* 3600 años AP, la variabilidad en la elección de taxones no disminuye, aunque se eligieron otras especies leñosas. En cuanto a selección de leñas, se supone el uso del criterio de ramas medianas a chicas, con un alto poder de calor y un rápido consumo de la misma. A diferencia del componente más tardío de *ca.* 3000 años AP, no se encuentra directamente relacionado a la malacofauna, aunque si a otras actividades como la talla y el consumo de fauna de mayor tamaño (Costa, 2014; Cattáneo *et. al* 2014). Sin embargo, como se mencionó, este componente tiene posibilidades de continuar siendo excavado, lo que nos deja interrogantes sobre las formas en que se continúan las estructuras de combustión, y la composición de las especies leñosas utilizadas en las mismas.

En lo que respecta al componente *ca.* 4000 años AP, las muestras no aportaron variabilidad taxonómica, dado que se es un componente que precisa futuras investigaciones. Pero si nos ofrece información con respecto a la alteración del registro tanto térmicamente durante la combustión con la presencia de grietas, como naturalmente con la presencia de galería de insectos.

En cuanto a los xilófagos, son insectos que actúan bajo la madera fresca, en pie, o muerta, dependiendo de cada tipo (Caruso 2014). Son de utilidad para futuros estudios en donde conocer el tipo de insecto nos permita conocer más sobre la gestión del material leñoso.

En cuanto a la alteración térmica mediante la presencia de grietas sobre el leño, pueden ser indicadoras del estado de humedad que tenía la madera al momento de entrar en la combustión (Caruso 2014) y por lo tanto se podría, en un futuro, conocer más sobre la gestión de la leña al momento de la quema.

- La utilización de distintas especies leñosas para la combustión nos lleva a pensar sobre otros posibles usos de la misma que sean relacionados con la quema del material pero no el fin del mismo. En el análisis antracológico se destaca la presencia de un género (*Cercidium sp.*) frecuente en los componentes de *ca.* 3000 y *ca.* 3600 años AP. La utilidad del Brea (*Cercidium praecox*) por su resina por parte de otros grupos humanos ya fue mencionada en el apartado anterior. Nos queda como interrogante, la posibilidad de pensar la elección de un taxón específico para una actividad en donde la quema del mismo estuviese involucrada con otro fin que no fuese la cocción de alimentos, por ejemplo. En el caso de este taxón, sería interesante a futuro poder trabajarlo en relación a la manufactura de instrumentos líticos, distinguida en ambos componentes temporales (Caminoa 2013, Cattáneo y Caminoa 2013).

- Siguiendo a Cattáneo *et. al.* (2014) y la caracterización de las distintas UE y a partir de los análisis realizados en este trabajo creemos que existe la posibilidad de que haya un cambio en las estrategias de recolección y elección de leña para la combustión y otras actividades. Esto representado a partir de la presencia/ausencia de ciertos taxones que no se repiten en los conjuntos, y algunos que se mantienen. Esto nos plantea como interrogante a futuro estudiar los distintos procesos que fueron afectando al registro antracológico que pueden haber sido de orden natural: oferta de este recurso en el ambiente circundante, los procesos tafonómicos posteriores al uso, la combustión diferencial, o fragmentación diferenciada, entre otros puntos. Como también de carácter antrópico a partir de la elección y recolección de ciertas especies vegetales diferenciando las que se utilizarían en la combustión, como las que se utilizarían para otras actividades. Dentro de esto, las posibilidades de uso de las especies se pueden haber dado en otro lugar del alero, o simplemente se aprovecharon otras partes de la planta como sus frutos para la alimentación, teniendo en cuenta la escasa presencia del género *Prosopis sp.* y la ausencia del género *Geoffraeasp.* en el registro.

La presencia de ciertos taxones generan hipótesis sobre usos, como también las ausencias nos hacen pensar en hipótesis donde la decisión del individuo este intermediando en algún aspecto. Pensando en trabajos a futuros, es necesario realizar más investigaciones que aporte información al respecto de la variabilidad taxonómica de las especies encontradas en el registro arqueológico, tanto de su presencia como su ausencia en las actividades de combustión. Pensando que el enfoque debe estar en la *"(...) descripción e interpretación de las estrategias de recolección de leña como históricamente constituidas, socialmente mediadas y, en última instancia, como prácticas del paisaje observables arqueológicamente (...)"* (Llorens Picornell Gelabert *et. al.* 2011: 376).

5.2.2.- El Alero Deodoro Roca, sector B, entre ca. 3000 y ca 4000 años AP en el contexto de las discusiones arqueológicas regionales.

Los estudios sobre la gestión de recursos leñosos para los sitios arqueológicos de Córdoba buscan poner en discusión la forma en que los grupos humanos utilizaron distintas estrategias y formas de relacionarse con la combustión a partir de la elección de especies leñosas presentes en el entorno. Los trabajos de la Dra. López en conjunto con el Dr. Pastor en contextos cronológicos más tardíos, proponen un uso de especies vegetales localizada para cada tipo de sitio arqueológico (Tala Cañada 1, Talainín 2, Río Yuspe 11 y 14), dirigida por la selección de taxones frecuentes en el ambiente aunque no con una alta variabilidad (Pastor 2006, López 2006).

En este sentido, la idea de cambio en las formas de vida a lo largo del tiempo, está mediada por la diversificación del uso del ambiente y la adopción de una gestión de recursos leñosos particulares para contextos temporales distintos. Sumado a esto, el relevamiento bibliográfico muestra la existencia de un cambio ambiental para el contexto cronológico de estudio (Cioccale 1999; Carignano 1999; Laguens y Bonnin 2009; Cabido *et. al.* 2010). Incluso hasta posibles cambios poblacionales para las distintas regiones de la provincia (Nores *et. al.* 2011; Nores y Demarchi, 2011; Salega y Fabra 2013).

El cambio en el ambiente para nuestra región en el contexto temporal de estudio ha sido constatado por estudios isotópicos realizados sobre valvas de moluscos de los distintos niveles del sitio (Yanes *et. al.* 2014), como también por la presencia de *Reithrodon auritus*, una especie de roedor característica de los ambientes seco y áridos presentes en el registro pero ausente en la actualidad (Mignino *et. al.* 2014).

Para el contexto cronológico estudiado, las personas que habitaron el Alero Deodoro Roca realizaron un manejo de los recursos leñosos a través de la elección de especies para determinadas actividades. Esta elección se encontró basada en un conocimiento sobre el entorno y en relaciones establecidas con otros grupos humanos. A futuro, sería de interés trabajar sobre el alcance de estas ocupaciones para otros espacios del valle de Ongamira, pensando que el paisaje pudo ser habitado a través de las prácticas y a través de relaciones potenciales e infinitas (Laguens 2009). Y, en este sentido, *"(…) ver cómo los grupos van construyendo redes de relaciones entre el medio y otras poblaciones humanas, analizando como en este proceso se van definiendo prácticas con una lógica propia y cómo sobre esta base luego se van generando distintos alcances de lo local, se generan identidades, hay rupturas, continuidades y se forjan diferencias."* (Laguens 2009b: 23).

-Referencias Bibliográficas-

Referencias Bibliográficas

Aguirre M. G., 2011. *Recursos leñosos utilizados en la Puna Meridional Argentina: Punta de la Peña 9 como caso de estudio*. En De las Muchas historias entre las plantas y la gente. Alcances y perspectivas de los estudios arqueobotánicos en América Latina. Editores Sneider Rojas-Mora y Carolina Belmar.

Allué E. y García-AntóTrassierra, 2003. *La transformación de un recurso biótico en abiótico: aspectos teóricos sobre la explotación del combustible leñoso en la prehistoria*.

Allué E., Euba I., Picornell L., Solé A., 2013. *Perspectivas teóricas y metodológicas en antracología para el estudio de las relaciones entre las sociedades humanas y su entorno*. En Revista Arkeogazte, N°3, pp. 27-49.

Alvarez J. y Villagra P., 2009. *Prosopis flexuosa DC. (Fabacea, Mimosoideae)*. En Kurtziana, tomo 35 (1): 47-61.

Ameghino.F.1885.*Informe sobre el Museo Antropológico y Paleontológico de la Universidad Nacional de Córdoba durante el año 1885*. Boletín de la Academia Nacional de Ciencias de Córdoba, VIII, p.347-360, Bs. As.

Arenas P., 2003. *Etnografía y alimentación entre los toba-ñachilamoleek y wichí-lhuku'tas del Chaco Central (Argentina)*, Edición del autor, Buenos Aires, 562 p.

Arrambari A.; Freire S; Bayón N.; Colares M.; Monti C.; Novoa M. y Hernández M.; 2009. *Micrografía foliar de arbustos y pequeños árboles medicinales de la provincia biogeográfica de las Yungas (Argentina)*. Kurtziana tomo 35 (1): 15-45

Badal–Garcia, E., 1992. *L'anthracologiepréhistorique: à propos de certainsproblèmesméthodologiques*. In: Vernet, J.L. (Ed.), Les charbons de bois les anciensécosystèmes et le rôle de l'Homme: Bul. Soc. Bot. de France, 139, pp. 167–189.

Balout, L., 1952. *A propos des charbons de boispréhistoriques*. B.S.H.N. de l'Afrique du nord, 43, pp. 160–163.

Berberián,E,SPastor,DRivero, MMedina,ARecalde,LLópez yFRoldán. 2008. *Últimosavances de la investigación arqueológicaenlasSierrasdeCórdoba*.Comechingonia 11:135-164.

Binford L., 2007. *Humo de sauce y colas de perros: los sistemas de asentamiento de los cazadores-recolectores y la formación de los sitios arqueológicos*. En Clásicos de teoría arqueológica contemporánea, compilado por Orquera y Horwitz.

Boelcke, O. 1989. *Plantas vasculares de la Argentina*. Bs.As., Ed. Hemisferio Sur, 2ª reimpresión, 186-369 pp.

Bolzón de Muniz G., Nisgoski S., Lomelí-Ramírez M. G., 2010. *Anatomía y ultraestructura de la madera de tres especies de Prosopis (Leguminosae-Mimosoideae) del Parque Chaqueño Seco, Argentina*. En Madera y Bosques 16 (4), 2010:21-38.

Bravo S., Giménez A. M., Moglia J., 2001. *Efectos del Fuego en la Madera de Prosopis alba Griseb. y Prosopis nigra (Griseb.) Hieron, Mimosaceae*. En Bosque 22 (1): 51-63

Brea M., M. J. Franco, M. Bonomo y G. Politis, 2013.*Análisis antracológico preliminar del sitio arqueológico Los Tres Cerros 1 (Delta Superior del río Paraná), provincia de Entre Ríos*. Revista del Museo de la Plata, sección Antropología 13 (87).

Burkart, R., N. O. Bárbaro, R. O. Sánchez y Gómez, D. A. 1999. *"Eco-regiones de la Argentina"*. *Administración de Parques Nacionales*. Programa Desarrollo Institucional Ambiental.

Cabido M, Carranza M. L., Acosta A. y Páez S., 1991. *Contribución al conocimiento fitosociológico del Bosque Chaqueño Serrano en la provincia de Córdoba, Argentina*. Revista PhytocoenologiaNro 19(4) páginas 547-566.

Cabido, M. & A. Acosta. 1985. *Estudio fitosociológico en bosques de Polylepis australis en las Sierras de Córdoba, Argentina*. Doc. Phytosoc. 9: 385-400.

Cabido, M. R., et al. 1986. *Sierras Grandes. Sitio Pampa de Achala, Pastizales y bosquecillos de altura, subpiso superior*. Proyecto Regional Andino Pachón- Achala. Mab 6. Montevideo, Uruguay.

Cabido M, Pons E, Cantero J. J., Lewis J. P., Anton A., 2008. *Photosynthetic pathway variation among C4 grasses along a precipitation gradient in Argentina*. Journal of Biogeography 35, páginas 131-140.

Cabrera, A. 1972. *Fitogeografía de la República Argentina*. Boletín de la Sociedad Argentina de Botánica, Volumen XIV, Nro 1 y 2.

Cabrera, A. 1976. *Regiones fitogeográficas argentinas*. 2 ed. Enciclop. Arg. Agric. Y Jardinería. ACME, Bs As.

Cabido, C., M. L. Carranza, A. Acosta & S. Páez. 1991. *Contribución al conocimiento fitosociológico del Bosque Chaqueño Serrano en la provincia de Córdoba, Argentina*. Phytocoenología 19: 547-566.

Cagnolo L., Cabido M., Valladares G., 2006. *Plant species richness in the Chacho Serrano Woodland from Central Argentina: Ecological traits and habitat fragmentation effects*. Revista Elsevier, BiologicalconservationNro 132, páginas 510-519.

Caminoa, J., y Andrés Robledo, 2011. *Alero Deodoro Roca. Nuevos Métodos y paradigmas en el análisis de la tecnología lítica elaborada mediante talla*. ArqueoGasta. Estudiando el pasado...repensando el futuro. Compilado por A. Calisaya, V. Erramouspe y V. Martin Silva. 1ed Tucumán.

Capitanelli, R.G. 1979. *"Clima"*. En Vázquez, J.; R.Miatello y M.Roque (Dir.) Geografía Física de la Provincia de Córdoba. De. Bolt. Buenos Aires. pp 45-138.

Carignano, C, 1999. Late Pleistocene to recent climate change in Córdoba Province, Argentina: Geomorphological evidence. Quaternary International 57-58: 117-134

Caruso Fermé L., Mansur M.E. & Piqué R. 2008. – *Voces en el bosque: el uso de recursos vegetales entre cazadores-recolectores de la zona central de Tierra del Fuego*.Darwiniana46 (2): 202-212.

Caruso Fermé L., 2013. *Los recursos vegetales en Arqueología*. Ed. Dunken.

Caruso Fermé L., 2013. *Decoding wood exploitation strategies in archaeological sites in South-Eastern Italy*. Royal Belgian Institute of Natural Sciences Edited by Freddy Damblon BAR International Series 2486.

Castellanos A., 1933. *El hombre prehistórico de la provincia de Córdoba (Argentina)*. Revista de la Sociedad de Amigos de la Arqueología, VII, Montevideo.

Castro M., 1994. *Maderas argentinas de Prosopis*. Atlas anatómico. Presidencia de la Nación, Secretaría General.

Cattáneo,G.R.1992-1994.*Estrategiastecnológicas.Un modelo aplicado a las ocupaciones prehistóricas del Valle de Copacabana.NO de la provincia de Córdoba*. Publicaciones 47:1-30.

Cattáneo, G. R. 1994. *Investigaciones arqueológicas en el Valle de Copacabana: Una propuesta de análisis tecnológico*. En Los Primeros Pasos. Comp. Olivera y Radovich. pp.161-169.INAPL.Bs. As.

Cattáneo, G. R. 2002. *Una Aproximación a la Organización de la Tecnología Lítica entre los Cazadores- Recolectores del Holoceno Medio/Pleistoceno Final en la Patagonia Austral*, BARInternacionalSeries1580. Oxford

a-Cattáneo, G. R. Izeta, A., T. Costa y A. Oliva Bustamante 2011. *Ongamira: hacia una nueva interpretación del pasado de las sociedades originarias en el norte cordobés*. Mesa "Pensar lo indígena: Las sociedades originarios de Córdoba. Indagaciones, reflexiones e interpretaciones" Jornadas Nacional de Historia de Córdoba, CIFFyH, UNC.

b-Cattáneo, Gabriela Roxana y Andrés D. Izeta 2011. *Ongamira: Nuevos trabajos arqueológicos en el Alero Deodoro Roca (Ischilín, Córdoba)*. IX Jornadas de Arqueología y Etnohistoria del Centro Oeste, Río Cuarto, 24 al 26 de Agosto de 2011, UNRC.

a- Cattáneo, G. R. y Caminoa J. 2013. *La tecnología lítica de cazadores recolectores de las Sierras Centrales Australes: el caso de Alero Deodoro Roca, Ongamira, Ischilín, Córdoba*. Actas del XVIII Congreso Nacional de Arqueología, La Rioja.

b-Cattáneo G. R., Izeta A. Takigami, 2013. *Primeros fechados radiocarbónicos para el Sector B del sitio Alero Deodoro Roca (Ongamira, Córdoba, Argentina)*. En Revista Relaciones de la SAA nro XXXVIII (2).

Cattáneo G. R., Izeta A. D., Robledo A. I., Takigami M., Tokanai F. y Kato K. (2010-2014) *"Las relaciones estratigráficas y cronológicas del sitio ADR, Sector B (20102013)"*. Arqueología en el Valle de Ongamira, Córdoba. Capítulo 3. Cattáneo G. R. e Izeta A. D. Editores. Editado por IDACOR CONICET y Museo de Antropología FFyHUNC.

Chabal, L., Fabre, L., Terral, J. F. & Théry-Parisot, I. (1999). *L'anthracologie*. In (Ferdière, A., ed.) *La Botanique*. Paris: Eds. Errance, pp. 43-104.

Chabal, L., 2001. *Les Potiers, le bois et la forêt à Sallèlesd'Aude (I–IIIe s. ap. J.-C.), 20ans de recherches à Sallèlesd'Aude: le Monde des potiers gallo-romains*. Colloque27–28 sept. 1996. AnnalesLittéraires de l'Université de Besançon, Sallèlesd'Aude, pp. 93–110.

Cialdella, A.M., 1984 *El género Acacia en la Argentina*. En Darwiniana 25 (1-4): 59-111

Cingolani, A. M., M. R. Cabido, D. Renison & B. Solís Neffa. 2003. *Combined effects of environment and grazing on vegetation structure in Argentine granite grasslands*. J. Veg. Sci. 14: 223-232.

Ciocale, 1999. M. Climatic fluctuations in the Central Region of Argentina in the last 1000 years. *Quaternary International* 62: 35-47

Costa T. (2014) "*Los humanos, los animales y el territorio. Sus interacciones en el pasado en las Sierras Pampeanas Australes, Provincia de Córdoba, Argentina*". Informe de avance de Tesis para optar por el Doctorado en Arqueología. Ffyh. UNC.

Costa, T, A. D. Izeta y G. R. Cattáneo. (2011). "*Hacia una caracterización de los camélidos del sitio Alero Deodoro Roca, Ongamira, Córdoba. Un estudio comparativo*". II Congreso Nacional de Zooarqueología Argentina. Olavarría.

Couvert, M., 1968. *Etude des charbonspréhistoriques. Méthode de préparation et d'identification*. Libyca 16, 249–256.

Demaio P. Karlin, U.O. Medina, M. 2002. Árboles *nativos del centro de Argentina*. LOLA Botánica (Eds)

Diaz, S., M. Bonnin, A. Laguens y M. R. Prieto. 1987. Estrategias de explotación de los recursos naturales y procesos de cambio de la vegetación en la cuenca del rio Copacabana, I: Mediados del siglo XVI- mediados del siglo XIX. Publicaciones del Instituto de Antropología XLV: 67-132

Dumarçay, G., Lucquin, A., & March, R. J. (2008). *Cooking and firing, an experimental approach by S.E.M on heated sandstone*. In L. Longo & N. Skakun (Eds.) "Prehistoric Technology" 40 years later: Functional studies and the Russian legacy. Proceedings of the International Congress Verona (Italy), 20–23 April 2005 BAR 1783: 345–355

Eichhorn B., Caroline Robion-Brunner, Vincent Serneels, SébastienPerret, 2013. *Reconstruction of the vegetation and use of wood by anthracological analysis of Holocene montane and subalpine altitude sites of the eastern Pyrenees*. Royal Belgian Institute of Natural Sciences Edited by Freddy Damblon BAR International Series 2486.

Fernández Rua, R. 1983. *El alcaloide de la corteza de Fagara coco: la fagaridina*. Córdoba, folíolo - 12 pp. y tablas.

Figueiral I., LucieChabal, Laurent Fabre, 2013. *Use of wood and environment in Bronze Age Ebla (NW Syria): results of theanthracological analyses*. Royal Belgian Institute of Natural Sciences Edited by Freddy Damblon BAR International Series 2486.

Figueiral, I., 1992. *Methods in anthracology: a study of* final *Bronze and Iron ages sites located in North-West-Portugal*. In: Vernet, J.L. (Ed.), Les charbons de bois les anciensécosystèmeset le rôle de l'Homme: Bul. Soc. Bot. de France, 139, pp. 191–204.

Friesen, V. 2004. *Una guía para plantas leñosas del chaco*. Iniciativa para la Investigación y Transferencia de Tecnología Agraria Sostenible (INTTAS). Loma Plata, Paraguay. 120 pp.

Giménez A. M., Moglia G., Hernández P., Bravo S., 2000. *Leño y corteza de Prosopis nigra (Grseb.) Hieron, Mimosaceae, en relación a algunas magnitudes dendrométricas*. En Revissta Forestal Venezolana 44 (2), 29-37.

Giorgis, M. A., A. M. Cingolani, F. Chiarini, J. Chiapella, G. Barboza, L. Ariza Espinar, R. Morero, D. E. Gurvich, P.A. Tecco, R. Subils & M. Cabido. 2011. *Composición florística del Bosque Chaqueño Serrano en la provincia de Córdoba, Argentina*. Kurtziana 36 (1): 9-43.

Godwin, H., Tansley, A.G., 1941. *Prehistoric charcoals as evidence of former vegetation, soil and climate.*

Journal of Ecology 29 (1), 117–126.

González, A.1956-58. *Reconocimiento arqueológico de la zona de Copacabana (Córdoba).* Revista do Museu Paulista X:173-223

González, A. R., 1960. *La estratigrafía de la gruta de Intihuasi (Prov. De San Luis, R. A.) y sus relaciones con otros sitios precerámicos de Sudamérica.* En Revista del Instituto de Antropología, t. 1, Córdoba.

Harris, Eduard C. 1991. *Principios de estratigrafía arqueológica.* Barcelona, Editorial Crítica.

Heinz, C., 1990. *Dynamique des végétations holocènes en Méditerrané e nordoccidental ed'après l'anthraco analyse de sites préhistoriques: méthodologie et paléoécologie.* Paléobiologie continentale XVI (2).

Herrera, M. M., Blanco Pool F., Paz J. 2010. *Así somos nosotros los comechingones.* Edición de Los Autores.

IAWA 1989. List of microscopic features for hardwood identification. E.A. Wheeler, P. Baas&Grason Eds. 1989. IAWA Bull. 10: 219-332

Inda H., Del Puerto L., 2007. *Antracología y subsistencia: Paleoetnobotánica del fuego en la prehistoria de la región este del Uruguay – Puntas del San Luis, Paso Barrancas, Rocha, Uruguay.* En Paleoetnobotánica del Cono Sur: estudio de casos y propuestas metodológicas. Ed. Marconetto, Babot y Oliszewski, Museo de Antropología FFyH-UNC y Ferreira Editor 137 a 150.

Izeta, A. 2013. *Colecciones Arqueológicas y Archivos Documentales de sitios arqueológicos de la provincia de Córdoba. Primeros resultados del proyecto de informatización del Museo de Antropología (FFyH, UNC).* Actas del XVIII Congreso Nacional de Arqueología, La Rioja.

a-Izeta, A., Robledo A., García S. 2013 *Arqueomalacofauna de sitios arqueológicos de la provincia de Córdoba, una aproximación desde los conjuntos del sitio Alero Deodoro Roca, Valle de Ongamira, Córdoba.* Actas del XVIII Congreso Nacional de Arqueología, La Rioja.

b-Izeta, A., Costa T., Gordillo S., Cattáneo G.R., y Robledo A., 2013 *"Los Gaterópodos del sector B del sitio Alero Deodoro Roca, valle de Ongamira (Córdoba. Argentina). Un análisis preliminar".* Revista Chilena de Antropología. Santiago de Chile.

c-Izeta, A., T. Costa, S. Gordillo y R. Cattáneo, 2013. *"Distribución de la malacofauna asociada a sitios arqueológicos de la Provincia de Córdoba".* I Congreso Argentino de Malacología, FCNyM, UNLP, La Plata.

Jofré, Ivana C. 2004. *Arqueología del fuego. Tebenquiche Chico.* Tesis de Licenciatura inédita. Escuela de Arqueología, Universidad Nacional de Catamarca.

Jofré, Ivana Carina. 2005. *La formación del registro antracológico: Estudio estadístico de los efectos de las técnicas arqueológicas de recuperación sobre carbón vegetal.* La Zaranda de Ideas.

Jofré C., 2007. *Estudio antracológico en Tebenquiche Chico (Departamento Antofagasta de la Sierra, Provincia de Catamarca).* En Paleoetnobotánica del Cono Sur: estudio de casos y propuestas metodológicas. Ed. Marconetto, Babot y Oliszewski, Museo de Antropología FFyH-UNC y Ferreira Editor 153 a 177

Laguens,A. 1993-1994. *Observación controlada y análisis estadístico de procesos de formación en un sitio en el árido del centro de Argentina.* Relaciones de la Sociedad de Argentina de AntropologíaXIX: 215-255. Buenos Aires, Argentina.

Laguens,A. 1999. *Arqueología del contacto hispano indígena. Un estudio de cambios y continuidades en las Sierras Centrales de Argentina.*BAR, International Series 801. John & Erica Hedges, Oxford: UK.

Laguens, A. 2006-2007. *El poblamiento inicial del sector austral de las Sierras Pampeanas de Argentina desde la ecología del paisaje.* Anales de Arqueología y Etnología 61-61: 67-106, Mendoza.

Laguens A., 2008. *Tiempos, espacios y gente: Reflexiones sobre las prácticas de la arqueología de Córdoba desde Córdoba, Argentina.* En Arqueoweb.

a-Laguens, A. 2009. Arqueología de las sierras centrales: problemas y perspectivas actuales. En: *Las sociedades de los paisajes áridos y semi-áridos del Centro-Oeste argentino*, ed. por Y. Martini, G. Pérez Zavala y Y. Aguilar, Editorial UN de Río Cuarto, pp. 17-28

b-Laguens A, 2009. *Arqueología de las Sierras Centrales: problemas y perspectivas actuales.* En Las sociedades de los paisajes áridos y semi-áridos del Centro Oeste argentino, Río Cuarto.

a-Laguens A. y Bonnin M, 2009. *Sociedades Indígenas de las Sierras Centrales, Arqueología de Córdoba y San Luis*. Editorial Universidad Nacional de Córdoba, Córdoba.

b-Laguens y Bonnin, 2009. *Categoría arqueológicas para construir el pasado de Córdoba y San Luis*. En Las sociedades de los paisajes áridos y semi-áricos del Centro-Oeste argentino, Río Cuarto.

Laguens, A., 2009. *De la diáspora al laberinto: Notas y reflexiones sobre la dinámica relacional del poblamiento humano en el centro-sur de Sudamérica*. En Arqueología Suramericana.

Lancelotti C., Margareta Tengberg, StéphanieThiébault, 2013. *New data about Wood Use in the Northwest of the Iberian Peninsula*. Royal Belgian Institute of Natural Sciences Edited by Freddy Damblon BAR International Series 2486.

Lema V., 2008. ¿De qué hablamos cuando hablamos de domesticación vegetal en el NOA? Revisión de antiguas propuestas bajo nuevas perspectivas teóricas. En Arqueobotánica y teoría arqueológicoa: discusiones desde Suramérica. Ed. Sonia Archila, Marco Giovanetti y Veronica Lema.

Lema V., Capparelli A., Martínez A., 2012. *Las vías del algarrobo: antiguas preparaciones culinarias en el noroeste argentino*. En Las manos en la masa. Arqueologías, Antropologías e Historias de la Alimentación en Suramérica. Ed. Babot, Marschoff y Pazzarelli, 639-665.

Leney, L., Casteel, R.W., 1975. *Simplified procedure for examining charcoal specimens for identification*. Journal of archaeologicalscience 2, 153–159.

León H., W. 2002. Anatomía e identificación macroscópica de la madera. Universidad de Los Andes. Consejo de Publicaciones-CDCHT. Mérida, Venezuela. 120 p

Lindskoug H, 2013. *Cenizas de desintegración, análisis de residuos de combustión de contextos finales de Aguada de Ambato, Catamarca. S. X a XII*. Tesis doctoral inédita.

López, M. L., 2006. *Usos de recursos combustibles madereros en pampas de altura: los casos de Río Yuspe 11 y Río Yuspe 14*. Actas del X Congreso Nacional de Estudiantes de Arqueología, Mendoza, 2006.

Luti, R., M. A. Bertrán de Solís, M. F. Galera, N. Müller de Ferreira, M. Berzal, M. Nores, M. A. Herrera & J. C. Barrera. 1979. *Geografía Física de la provincia de Córdoba*, pp. 297-368. Ed. Boldt, Buenos Aires. Vegetación. En J. Vázquez, R. Miatello & M. Roque (eds.)

March R., 1992. *L'utilisation du bois dans les foyers prèhistoriques: uneapprocheexpèrimentale*. Bull. Soc. Bot. Française 130, ActualiteesBotaniques (2/3/4), 254-253.

March R., Lucquin A., Joly D., Ferreri J., Muhieddine M., 2012. *Processes of Formation and Alteration of Archaeaological Fire Structures: Complexity viewed in the light of experimental approaches*. En J. ArchaeologyMethod&Theory.

Marconetto, M. B., 2006. *La gente, la leña, el monte*. En: El modo de hacer las cosas: Artefactos y ecofactos en Arqueología. Facultad de Filosofía y Letras. Universidad de Buenos Aires. C. Pérez de Micou Comp.

a-Marconetto B, 2008. *Linneus en el Ambato, el uso de la clasificación taxonómica en Arqueobotánica*. En *Arqueobotánica y teoría arqueológica: discusiones desde Suramérica*. Por Archila S., Giovannetti M., Lema V. compiladores.

b-Marconetto, M. B., 2008. *Recursos forestales y el proceso de diferenciación social en tiempos prehispánicos. Valle de Ambato, Catamarca BAR S 1785*. Oxford: South American Archaeology Series 3.

Marconetto, M. B., 2009. *Rasgos anatómicos asociados al estrés hídrico en carbón vegetal arqueológico, valle de Ambato (Catamarca), fines del primer milenio*.Darwiniana 47(2): 247-249.

Martijena N., 1987. *Wood Anatomy of Lithraea ternifolia (Gill.) Barkley & Rom*. En Boletin de IAWA ns., Vol 8 (1).

Martínez, G.J.; Fernández, A. 2011.*Recursos forestales combustibles en áreas de interés para la conservación de las Sierras de Córdoba, Argentina*. XXXIII Jornadas Argentinas de Botánica. Octubre, 2011. Posadas, Misiones. Argentina.

Martínez López M.C. y Sánchez Martínez F., 1985. Materiales arqueológicos de origen orgánico: La madera. Cuaderno de Trabajo 29. INAH. Mexico.

Medina, M y Merino, M. 2012. *Zooarqueología de Puesto La Esquina 1 (ca. 360 AP, Pampa de Olaen, Córdoba). Su importancia biogeográfica y paleoecológica.* Intersecciones en Antropología 13: 473-484. 2012.

Menghin, O. F. A. y A. R. González 1954 *Excavaciones arqueológicas en el yacimiento de Ongamira, Córdoba (Rep. Arg.)* (Nota preliminar). Notas del Museo de La Plata XVII, Antropología N° 67: pp. 213-274.

Mignino, J. y García, M. S. 2013 "*Análisis Arqueofaunístico de la Colección Montes, Reserva Patrimonial, Museo de Antropología, Facultad de Filosofía y Humanidades UNC*". Libro de resumentes XIII Congreso Nacional de Estudiantes de Arqueología.

Mignino J., Martínez J., Izeta A., 2014. *Late Holocene (-3.9kybp-present) environmental conditions through the analysis of microfauna. Upper Ongamira Valley, Northern* Córdoba *Province, Central Argentina*. Poster en ICAZ 2014, Mendoza

Montes A., *Ongamira*. Fondo Documental Aníbal Montes, http://rdu.unc.edu.ar/bitstream/handle/11086/745/Ongamira%2c%20perfiles%20en%20la%20sanja... pdf?sequence=1 . Consulta en 25/11/2014.

Montes, A. 1943 *Yacimiento arqueológico de Ongamira. Congreso de Historia del Norte y Centro*, tomo I, pp. 239-252. Córdoba, 1941.

Nores R., Demarchi D., 2011. *Análisis de haplogrupos mitocondriales en restos humanos de sitios arqueológicos de la provincia de Córdoba*. En Revista Argentina de Antropología Biológica, Volumen 13, Numero 1, Páginas 43-54

Nores R., Fabra M., Demarchi D., 2011. *Variación temporal y espacial en poblaciones prehispánicas de Córdoba. Análisis de ADN antiguo*. En Revista del Museo de Antropología 4: 187-194.

Ortega, F. y Marconetto B., 2011 *La explotación de recursos combustibles: su uso y representación en la costa rionegrina a través de los restos antracológicos*. En Arqueología de pescadores y marisqueadores en nordpatagonia, editado por M. Cardillo y F. Borella, pp. 112-128. Editorial Dunken, Buenos Aires.

Ortega, Florencia V. 2012. "*A la luz de los datos..." de un análisis antracológico en la costa norte de Patagonia (Río Negro)*. La Zaranda de Ideas: Revista de Jóvenes Investigadores en Arqueología 8: 151-158. Buenos Aires.

Outes, 1911. *Los tiempos históricos y protohistóricos de la provincia de Córdoba*. Revista del Museo de la Plata, t. XVII (seg. Serie, t. IV), Univ. Nac. de la Plata.

Pastor, S. 2006. *Arqueología del valle de Salsacate y pampas de altura adyacentes (Sierras Centrales de Argentina). Una aproximación a los procesos sociales del período prehispánico tardío (900-1573 d.C.)*. Tesis doctoral de la Universidad Nacional de La Plata.

Picornell Gelabert L., 2009. *Antracología y Etnoarqueología. Perspectivas para el estudio de las relaciones entre las sociedades humanas y su entorno*. En Cumplutum Vol 20, Num 1: 133-155

Picornell Gelabert L., Asoutí E., Allué Martí E., 2011. *The ethnoarchaeology of firewood management in the Fang villages of Equatorial Guinea, central Africa: Implications for the interpretation of wood fuel remains from archaeological sites*. En Journal of Anthropological Archaeology 30: 375-384

Picornell Gelabert L., Gabriel ServeraVives, Santiago Riera Mora, Ethel Allué Martí, 2013. *Signature of forest fires in prairie soils*. Royal Belgian Institute of Natural Sciences Edited by Freddy Damblon BAR International Series 2486.

Piqué I Huerta R. 1999. – *Producción y uso del combustible vegetal: una evaluación arqueológica*. Treballsd'Etnoarqueologia 3.

Piqué i Huerta R., 2006. *Los carbones y las maderas de contextos arqueológicos y el paleoambiente* en "Ecosistemas" Asociación Española de Ecología Terrestre.

Ribidhich, Alejandra María. El modelo clásico de la fitogeografía de argentina: un análisis crítico. *INCI* [online]. 2002, vol.27, n.12 [citado 2013-09-01], pp. 669-675.

Rivero D. E. (2009)"*Ecología de cazadores-recolectores del sector central de las Sierras de Córdoba (Rep. Argentina)*". BAR International Series *2007*. Oxford.

Romanczuk, C. 1987. *Ulmaceae, Cruciferae (Descurainia)*. En A. Burkart. 3: 15–22., En A. E. Burkart (ed.) Fl. Il. Entre Ríos. Instituto Nacional de Tecnología Agropecuaria, Buenos Aires.

Ruiz Leal, A. 1972. *Aportes al inventario de los recursos naturales renovables de la Provincia de Mendoza*. Flora Popular Mendocina. IADIZA. Deserta 3: 1-299.

Salega S. y Fabra M., 2013. *Niveles de actividad física en poblaciones de las sierras y las llanuras de la provincia de Córdoba (Argentina) durante el Holoceno Tardío*. En Revista Relaciones de la Sociedad Argentina de Antropología XXXVIII (2), 401-420

Salysbury, K.J., Jane, F.W., 1940. *Charcoal from maiden Castle and their significance in relation to the vegetation and climatic conditions in Prehistoric times*. Journal ofEcology 28, 310–325.

Sario,G.2012.*LosrecursoslíticosprehistóricosenelValledeCopacabana(Dto.Ischilín,Córdoba)*. VJornadasArqueológicas Cuyanas. Resumenpublicado, pp.36.Mendoza.

Silva Lucas & Melisa A. Giorgis &MadhurAnand& Lucas Enrico & Natalia Pérez-Harguindeguy& Valeria Falczuk& Larry L. Tieszen& Marcelo Cabido, 2011. *Evidence of shift in C4 species range in central Argentina during the late Holocene*. Plant Soil (2011) 349:261–279

Simpson I., Vesteinsson O., Adderley W., McGovern T., 2003. *Fuel resource utilization in landscapes of settlement*. Journal of ArchaeologicalScience 30 (1401-1420).

SAYAGO, M. 1969. Estudio fitogeográfico del norte de Córdoba. Bol. Acad. Nac. Cienc. Córdoba. 46 (2-4): 1-428.

Sola, W., 1942. *Arboles y arbustos de Córdoba*, Ed. Estrada, Cba., 83-84 - 97 pp.

Solari, M.E. 2000 *Antracología, modo de empleo: en torno a paisajes, maderas y fogones*. Revista Austral de Ciencias Sociales 3:167-174.

Sousa Sánchez, M., M. Ricker& H. M. Hernández Macías. 2003. *An index for the tree species of the family Leguminosae in Mexico*. Harvard Pap. Bot. 7(2): 381–398.

Steibel, P. y Troiani, H, 1999. *El género Prosopis (Leguminosae) en la provincia de La Pampa (República Argentina)* Rev. Fac. Agronomía – UNLPam Vol. 10 N°2.

Stieber, J., 1967. *A MagyarországiFelsöpleisztocénvegetàciò-történeteazanthrakotò-miaieredmények* (1957 IG) Tükrében. FöldtaniKözlöny 97 (3), 308–317.

Stucker, G.V. 1980. *Contribución al estudio del Fagara coco*. Congreso Internacional de Biología, Montevideo, oct. 1930.

Théry-Parisot, I., 1998. *Économie du combustible et Paléoecologie en contexteglaciaire et périglaciaire, Paléolithicquemoyen et supérieur du sud de la France. Anthracologie, Expérimentation, Taphonomie*. PhD Thesis, Université de Paris I Panthéon-Sorbonne.

Théry-Parisot, I., 2001. *Economie des combustibles auPaléolithique. Expérimentation, anthracologie, Taphonomie*. D.D.A. 20. CNRS-Editions, Paris.

Théry-Parisot, I., 2002. Gathering of firewood during the Palaeolithic. In: Thiébault, S. (Ed.), *Charcoal Analysis. Methodological Approaches*. Palaeoecological Results and Wood Uses. BAR International Series 1063, Oxford, pp. 243–249.

Théry-Parisot, I., Texier, P.J., 2006. *L'utilisation du bois mort dans le site moustérien de la Combette (Vaucluse). Apportd'uneapprochemorphométrique des charbons de bois à la définition des fonctions de site, au Paléolithique*. Bulletin de la SociétéPréhistoriqueFrançaise 103 (3), 453–463.

Théry-Parisot I., Chabal L., Chzavzes J., 2010. *Anthracology and taphonomy, from wood gathering to charcoal analysis. A review of the taphonomic processes modifying charcoal assemblages, in archaeological contexts*. Paleaogeography, Palaeoclimatology, Palaeoecology 291, 142-153.

Thiébault, S., 1980. Étude *critique des aires de combustion en France, Mémoire de Maîtrise*. Université de Paris I, Paris.

Ulibarri, E. A. 1987. *Olacaceae, Santalaceae, Loranthaceae*. 3: 98–100,. In A. E. Burkart (ed.) Fl. Il. Entre Ríos. Instituto Nacional de Tecnología Agropecuaria, Buenos Aires.

Vargas Caballero, I. G., A. Lawrence & M. Eid., 2000. Árb. *Arbust. Sist. Agroforest. Valles Interand. Santa Cruz* 1–145. Fundación Amigos de la Naturaleza, Santa Cruz.

Vega Riveros C., Meglioli P., Villagra P., 2011. *Biología de especies australes. Prosopis alpataco Phil.*

(Fabaceae, Mimosoideae). En Kurtziana vol. 36 no. 2

Villalba R., Villagra P., Boninsegna J. A., Morales M. y Moyano V., 2000. *Dendroecología y dendroclimatología con especies del género Prosopis en Argentina*. En Multequina 9 (2): 1-18.

Wandsnider L.A., 1997. *The roasted and the boiled: food composition and heat treatment with special emphasis on pit-hearth cooking*. Journal of Anthropological Archaeology 16 (1), 1-48.

Western, A.C., Brothwell, D., Higgs, E., Clark, G., 1963. *Wood and charcoal in archaeology. Science in archaeology: a comprehensive survey of Progress and Research*. Thames& Hudson, pp. 150–158.

Yurena Yanes, Andrés D. Izeta, Roxana Cattáneo, Thiago Costa, Sandra Gordillo. 2014. "*Holocene paleoenvironmental (~4.5-1.7 cal. kyr BP) conditions in central Argentina inferred from entire-shell and intra-shell stable isotope composition of land snails*". The Holocene 24 (10): 1193–1205.

Zuloaga, F. O., 1997. *Catálogo de las plantas vasculares de la república Argentina*. Monogr. Syst. Bot. Missouri Bot. Gard. 74(1–2): 1–1331.

Zuloaga, F. O., O. Morrone, M. J. Belgrano, C. Marticorena& E. Marchesi. (eds.) 2008. *Catálogo de las Plantas Vasculares del Cono Sur (Argentina, Sur de Brasil, Chile, Paraguay y Uruguay)*.Monografia Syst. Bot. Missouri Bot. Gard. 107(1): i–xcvi, 1–983; 107(2): i–xx, 985–2286; 107(3): i–xxi, 2287–3348.

-Anexo Colección de Referencia-

Anexo Taxonomía

7.1.- Ficha Listado de Caracteres Diagnósticos

El siguiente listado de caracteres es una modificación del listado presentado por la IAWA (IAWA 1989) y tomado de la base de datos virtual Insidewood (insidewood.lib.ncsu.edu).

	IAWA Planilla Caracteres diagnósticos	
Nombre:	Fecha	**Nro.CAT:**
	IAWA Descripción de la Muestra	Presente/Ausente
Anillos de crecimiento	Anillos de crecimiento marcados	
	Anillos de crecimiento indiferenciados	
	Vasos	
	Porosidad Circular	
Porosidad	Porosidad Semi-circular	
	Porosidad Difusa	
	Vasos en bandas tangenciales	
Disposición de vasos	Vasos en patrón diagonal y/o radial	
	Vasos en patrón dendrítico	
	Vasos exclusivamente solitarios (90% o más)	
Agrupamiento de vasos	Vasos múltiples radiales de 4 o más	
	Vasos en grupos comunes	
Contorno vasos solitarios	Contorno angular de vasos solitarios	
	Placa de perforación simple	
Placas de perforación	Placa de perforación escaliforme	
	Placa de perforación reticulada, foraminada y/o otros typos de placas de perforación múltiple	
	Puntuaciones entre vasos escaliforme	
Puntuaciones entre vasos: Disposición y tamaños	Puntuaciones entre vasos opuestos	
	Puntuaciones entre vasos alternos	
Diámetro tangencial del vaso	Diámetro tangencial del vaso (40 a 200)	
Vasos por milímetro cuadrado	Vasos por mm2	
Tílides y depósitos en los vasos	Tílides y otros depósitos	
Madera sin vasos	Madera sin vasos	
	Parénquima axial	
	Parénquima axial ausente o extremadamente raro	
Parénquima axial apotraqueal	Parénquima axial difuso	
	Parénquima axial difuso globalmente	

Parénquima axial paratraqueal	Parénquima axial paratraqueal escaso
	Parénquima axial vasicéntrico
	Parénquima axial aliforme
	Parénquima axial aliforme romboide
	Parénquima axial aliforme alado
	Parénquima axial confluente
	Parénquima axial unilateral paratraqueal
Parénquima en bandas	Parénquima axial en bandas más de 3 células de ancho
	Parénquima axial en bandas angostas o líneas hasta tres células de ancho
	Parénquima axial reticulado
	Parénquima axial escaliforme
	Parénquima axial en marginal o en bandas marginales
Célula tipo parénquima axial o hebra larga	Tipo Célula parenquimática
	Radios
	Radios exclusivamente uniseriados
	Radios con ancho de 1 a 3 células
Ancho de radios	Radios largos de 4 a 10 series
	Radios largos más de 10 series
	Radios agregados/agrupados
	Todas las células radiales procumbentes
Radios: composición celular	Todas las células radiales verticales y/o cuadradas
	Cuerpo de células radiales procumbentes con 1 fila de células marginales verticales y/o cuadrados
Otras Observaciones	

7.2.- Clave de Género

A partir de las descripciones realizadas sobre las especies leñosas que componen la colección de referencia (Ver capítulo 4) se confeccionó la siguiente clave de Género junto a la Dra. R. Scrivanti, a los fines de realizar la identificación taxonómica de las muestras arqueológicas.

1. Anillos demarcados. Porosidad semicircular a difusa
    2. Disposición de vasos dendríticos
        3. Contorno del vaso circular   *Condalia sp.*
        3'. Contorno del vaso angular   *Castela sp.*
    2'. Disposición de vasos solitarios y en series radiales cortas
        4. Radios estratificados (homógeneo celulares procumbentes)   *Geoffraea sp.*
        4`. Radios no estratificados
            5. Radios leñosos 1 a 4 células

Anexo Taxonomía

      6. Heterogéneos: cel. procumbentes + vertical)
          7. Radios leñosos uniseriados — *Lithraea sp.*
      6´. Homogéneos: células procumbentes
          7'. Radios leñosos tetraseriados — *Cercidium sp.*
   5´. Radios leñosos multiseriados (más de 3).
      8. Vasos en series radiales cortas (2 a 4)
      Sistema radial homogéneo (cel. procumbentes)
         9. Parénquima vasicéntrico-confluente — *Acacia sp.*
         9'. Escaso parénquima vasicéntrico,
         y parénquima en banda (anillo) — *Ruprechtia sp.*
      8'. Vasos en series radiales cortas (2 a 5)
      y series radiales múltiples o largas (6 a 9) — *Prosopis sp.*

1'. Anillos no demarcados. Porosidad difusa
   10. elementos vasculares de trayectoria rectilínea
      11. Vasos dendrítico. Parénquima apotraqueal — *Jodina sp.*
      11'. Vasos agrupados en series radiales cortas y racimos.
Parénquima en bandas — *Bougainvillea sp.*
      11''. Vasos solitarios. Parénquima paratraqueal vasicéntrico
         12. Radios leñosos homecelulares (cel. procumbentes) — *Schinopsis sp.*
         12'. Radios leñosos heterocelulares (procumbentes + verticales)
            13. Contorno del vaso circular — *Senna sp.*
            13'. Contorno del vaso elíptico — *Ziziphus sp.*
            13''. Contorno del vaso angular — *Schinus sp.*
   10'. Elementos vasculares de trayectoria usualmente sinuosa
      14. Contorno del vaso predominantemente circular
         15. Sistema radial homogéneo, uni y bicelulares — *Porliera sp.*
         15'. Sistema radial heterogéneouni, y pluricelulares (4 a 8 cél.)
            16. Radios leñosos homocelulares (procumbentes) — *Zanthoxylum*
            16'. Radios leñosos heterocelulares (procumb. + vert.) — *Celtis sp.*
      14'. Vasos solitarios exclusivos, de contorno del vaso elíptico — *Aspidosperma sp.*
      14''. Vasos solitarios de contorno del vaso angular y múltiples (2 a 3) — *Polylepis sp.*

-Anexo Muestras Arqueológicas-

Anexo Colección de Referencia

8.1.- Muestras Arqueológicas Determinadas – Descripción Anatómica

A continuación se presentan la descripción anatómica de las muestras arqueológicas que han sido determinadas a nivel de género. La descripción se realizó siguiendo el listado de IAWA de caracteres anatómicos (IAWA 1989) sobre la planilla de caracteres, mostrada en el Anexo 7.1. A los fines de ordenar la descripción tanto de elementos como de características de cada muestra, se presenta la descripción por cada fragmento (Cat: número de catálogo).

Unidad Estratigráfica 7	
Cat:344-C62-1 *Lithraea sp.* Característica: Rama Mediana	Anillos visibles por muchos poros. Porosidad difusa, muchos poros pequeños, patrón radial múltiples en línea de 2, 4 y 6. Vasos solitarios de contorno circular. Parénquima vasicéntrico. Radios seriados de 1 y 2. Células procumbentes y algunas verticales. Vasos largos, angostos y rectilíneos.
Cat:344-C62-2 *Lithraea sp.* Característica: Rama Mediana	Anillos visibles por muchos poros. Porosidad difusa, muchos poros pequeños, patrón radial múltiples en línea de 2, 4 y 6. Vasos solitarios de contorno circular. Parénquima vasicéntrico. Radios seriados de 1 y 2. Células procumbentes y algunas verticales. Vasos largos, angostos y rectilíneos.
Unidad Estratigráfica 14	
Cat: 301-1 *Ruprechtia sp.* Característica: Rama Mediana	Anillos visibles. Porosidad semicircular y de pocos solitarios distribuidos en patrón radial y tangencial en anillo agrupados de 2 a 3. Contorno de vasos circular. Parénquima difuso, vasicéntrico con tendencia a confluente y en banda en los anillos. Radios medianos con escasa estratificación, ancho de 4 células y largo de 10. Células procumbentes. Elementos sinuosos largos y placa simple horizontal.
Cat: 301-4 *Bougainvillea sp.* Característica: Rama Chica	Anillos no visibles. Porosidad difusa en patrón radial a lo largo y casi dendrítico. Poros solitarios de contorno angular y agrupados en patrón radial de 5 a 10. Parénquima difuso apotraqueal y paratraqueal escaso vasicéntrico, ¿bandas tangenciales de 1 célula? ¿Reticulado? ¿Radios estratificados? Seriados cortos, largos de 4. Elementos cortos y placa horizontal rectilínea.
Cat: 301-8 *Schinopsis sp.* Característica: Rama Chica	Anillos no visibles, vasos difusos y en patrón radial; solitarios de contorno circular y agrupados de 2 a 3. Parénquima vasicéntrico aliforme. Radios seriados de 1 o 2, con células procumbentes. Vasos grandes, largos y placa horizontal rectilínea.
Cat: 301-10 *Ruprechtia sp.* Característica: Rama Chica	Anillos visible por poros, porosidad difusa a semicircular. Patrón de vasos radial y tangencial en anillo (mucha cantidad). Solitarios de contorno circular y agrupados de 2 a 3. Parénquima vasicéntrico. Radios anchos de 4 o 5 células y largos. Células procumbentes y verticales. Vasos largos anchos de placa horizontal.
Cat: 164-C32-2 *Senna sp.* Característica: Rama Chica	Con corteza. Anillos de crecimiento no visibles. Porosidad difusa. Vasos solitarios en patrón radial. Parénquima vasicéntrico confluente, algunos aliformes, en banda en los anillos de crecimiento. Radios anchos de 3 células, cortos de 6. Células procumbentes. Vasos de trayecto sinuoso y con placa de perforación simple.
Cat: 164-C32-4 *Ruprechtia sp.* Característica: Rama Chica	Anillos de crecimiento marcados. Porosidad difusa a semicircular. Disposición de vasos en patrón tangencial agrupados de 2 y 3 en patrón radial y 3 a 4 en tangencial. Poros solitarios de contorno circular. Presencia de falsos anillos de crecimiento. Parénquima vasicéntrico confluente en bandas tangenciales. Radios multiseriados de hasta 6 células de ancho y largos de hasta 10. Células procumbentes. Elementos sinuosos pero largos, placas horizontales simples.

Cat: 164-C32-8 *Porliera sp.* Característica: Rama Chica	Anillos de crecimiento visibles. Porosidad difusa (?) disposición de los vasos en patrón radial solitarios con contorno circular, y agrupados de 2 a 3 radialmente. Parénquima vasicéntrico aliforme unilateral (algunos). Radios seriados medianos de tamaño. Células procumbentes. Vasos de trayecto algo sinuoso, placa horizontal. Vasos largos con terminaciones.
Cat: 164-C32-9 *Ruprechtia sp.* Característica: Rama Chica	Anillos visibles. Porosidad semicircular a circular. Vasos en disposición tangencial en anillos y radial agrupados de 3 a 4. Solitarios de contorno circular. Parénquima difuso apotraqueal en anillo y vasicéntrico. Radios multiseriados anchos hasta 6 células, largos. Células procumbentes. Elementos algo sinuosos. Rama chica cortada a la mitad.
Cat: 164-C32-12 *Polylepis sp.* Característica: Rama Chica	Anillos no visibles. Porosidad difusa (muchos vasos concentrados). Disposición de vasos radial (igual tamaño que parénquima) agrupados de 2 a 3. Vasos solitarios de contorno angular. Parénquima escaso o de igual tamaño que vasos. Vasicéntrico. Radios grandes anchos de 6 células y largos. Células procumbentes. Elementos sinuosos abundantes, placa simple horizontal.
Cat: 164-C32-13 *Ruprechtia sp.* Característica: Rama Chica	Anillos visibles. Porosidad semicircular. Disposición de vasos en bandas tangenciales en anillo agrupados de 2 a 3. Solitarios de contorno circular. Parénquima confluente en banda. Radios angostos de 3, largos. Falso anillo de crecimiento. Elementos rectilíneos.
Cat: 163-C31-1 *Castela sp.* Característica: Rama Chica	Anillos de crecimiento visibles, porosidad difusa en patrón tangencial en los anillos y dendrítico. Vasos solitarios de contorno angular y agrupados en bandas tangenciales. Parénquima apotraqueal difuso y vasicéntrico. Los vasos marcan el anillo y están radiales de 2 o 3 agrupados. Radios cortos y angostos. Células procumbentes. Vasos cortos. Leño deformado
Cat: 163-C31-2 *Cercidium sp.* Característica: Rama Chica	Anillos de crecimiento visibles. Porosidad difusa. Patrón de vasos radial (de tamaño chico los vasos). Algunos agrupados de 2 o 3. Contorno de vasos angular. Vasos se confunden con parénquima. Radios anchos de 4 células y cortos. Células procumbentes. Vasos angostos y cortos, placa horizontal.
Cat: 163-C31-3 *Cercidium sp.* Característica: Rama Chica	Anillos de crecimiento visibles. Porosidad difusa. Patrón de vasos radial (de tamaño chico los vasos). Algunos agrupados de 2 o 3. Contorno de vasos angular. Vasos se confunden con parénquima. Radios anchos de 4 células y cortos. Células procumbentes. Vasos angostos y cortos, placa horizontal.
Cat: 163-C31-4 *Schinopsis sp.* Característica: Rama Chica	Anillos no visibles. Porosidad difusa en patrón radial (abundante). Disposición de vasos solitarios de contorno circular y algunos agrupados de 2 o 3. Parénquima vasicéntrico y asociado a radios. Radios grandes anchos y largos, algunos pequeños seriados. Células procumbentes. Más grandes de lo que parece. Elementos angostos con puntuaciones en los vasos. Leño corte mitad tangencial
Cat: 163-C31-6 *Cercidium sp.* Característica: Rama Chica	Anillos visibles, por los vasos. Porosidad difusa. Vasos en patrón radial agrupados de 2 o 3. Vasos solitarios de contorno circular. Parénquima vasicéntrico y en anillo. Radios anchos de 4 células. Células procumbentes. Vasos angostos y cortos.
Cat: 163-C31-8 *Cercidium sp.* Característica: Rama Chica	Anillos visibles. Porosidad difusa en patrón radial (¿dendrítico?). Vasos solitarios agrupados de 2 a 3. Vasos solitarios de contorno circular. Parénquima vasicéntrico con tendencia a confluente. Radios largos y angostos de 3 células en gran cantidad y pequeños. Células procumbentes. Elementos angostos y agrupados. Vasos de trayecto rectilíneo.
Cat: 163-C31-10 *Schinopsis sp.* Característica: Rama Chica	Anillos de crecimiento no visibles, porosidad difusa en patrón radial (posible tangencial). Vasos solitarios y agrupados de a 2. Parénquima vasicéntrico uniendo vasos en confluente. Radios anchos de 4 o 5 y largos. Células procumbentes. Elementos angostos. Partido a la mitad tangencial

ANEXO COLECCIÓN DE REFERENCIA

Cat: 163-C31-13 *Schinopsis sp.* Característica: Rama Chica	Anillos no visibles. Porosidad difusa en patrón radial. Vasos solitarios pero más agrupados de 2 a 3. Vasos de contorno circular. Parénquima vasicéntrico. Radios pequeños de 2 o 3 de ancho y cortos. Elementos de tamaño medio rectos y placa horizontal.
Cat: 163-C31-14 *Cercidium sp.* Característica: Rama Chica	Anillos visibles por los vasos, porosidad difusa a semicircular. Patrón radial salvo en anillos que es tangencial. Vasos solitarios de contorno ovalado a angular y agrupados en patrón radial de 3 a 5. Parénquima apotraqueal difuso, vasicéntrico, ¿en banda? Radios cortos pero anchos de 4. Vasos angostos y sinuosos.
Cat: 159-A74-1 *Acacia sp.* Característica: Rama Chica	Leño con anillos demarcados. Porosidad difusa con un patrón radial y a lo largo de los anillos. Los poros solitarios son escasos, de contorno circular, y los agrupados son algunos hasta 3. El parénquima es vasicéntrico y en torno al anillo. No se alcanzan a ver b bien los radios, solo que son anchos y con células procumbentes y verticales. Los vasos son de trayecto curvilíneo.
Cat: 160-A74-1 *Acacia sp.* Característica: Rama Mediana	Rama mediana a pequeña. En CT se observan los anillos, con porosidad semicircular a difusa. La disposición de vasos es en bandas tangenciales en su mayoría. Los vasos están solitarios en su mayoría y algunos agrupados en múltiples de 2 y 3. El contorno de los vasos es circular. El parénquima axial apotraqueal es difuso. También se presenta el parénquima axial paratraqueal vasicéntrico y aliforme. El parénquima es de 3 células de ancho. Los radios son uniseriados y largos entre 4 a 10 series. Las células radiales son procumbentes.
Cat: 160-A74-2 *Acacia sp.* Característica: Rama Chica	Rama pequeña. En CT se pueden distinguir los anillos de crecimiento, con una porosidad circular a difusa. Los vasos se distribuyen en un patrón radial en series cortas y en un patrón tangencial en torno al anillo de crecimiento. La mayoría de los vasos están agrupados de 2 a 3 aunque también se pueden ver una gran cantidad de vasos solitarios. El contorno de los vasos es circular. En su plano tangencial se puede observar el parénquima axial paratraqueal vasicéntrico con alguna presencia de aliforme. Las células parenquimáticas son de 2 a 3 células por hebra. La muestra presenta radios anchos de 3 a 4 células y largos con series mayor a 10. Se observan células radiales procumbentes. Las perforaciones de los vasos son simples y las puntuaciones son entre vasos alternados.
Cat: 160-A74-4 *Condalia sp.* Característica: Rama Mediana	Rama mediana. Anillos poco visibles (?). Leño con porosidad semicircular a difusa con patrón dendrítico en grupos de 6 a 8 poros. El parénquima es visible vasicéntrico con tendencia a confluente. Puede mostrar tendencias a escaliforme. Los radios son largos de 4 a 10 series con células procumbentes y cuadradas
Cat: 160-A74-6 *Celtis sp.* Característica: Rama Mediana	Difícil de ver en CT por la disposición de radios y vasos puede ser rama más grande. No se pueden distinguir los anillos de crecimiento. Porosidad semicircular a difusa con patrón radial. Vasos solitarios y agrupados de 3 a 6. Contorno de vasos circular. Parénquima vasicéntrico aliforme común y aliforme. Radios seriados largos más de 10 series. Células procumbentes y cuadradas. Placa de perforación simple
Cat: 160-A74-7 *Condalia sp.* Característica: Rama Mediana	Anillos poco visibles (muy pequeños), con porosidad difusa y patrón de los vasos dendríticos. Agrupación de vasos en grupos. Vasos de contorno circular. Parénquima confluente y se alcanza a ver unilateral. Radios anchos hasta 5 células y largos menos de 10. Células procumbentes con células verticales. Placa de perforación simple.
Cat: 160-A74-9 *Lithraea sp.* Característica: Rama Chica	Anillos visibles. Porosidad semicircular a circular. Vasos agrupados en patrón radial de 2 a 3, solitarios y agrupados en los anillos. Contorno de vasos elíptico. Parénquima difuso apotraqueal, vasicéntrico confluente y en banda con los anillos. Radios uniseriados, cortos y angostos, con células procumbentes. Placa de perforación simple, oblicua y vasos con trayecto sinuoso

Cat: 160-A74-12 *Condalia sp.* Característica: Rama Chica	Anillos visibles. Porosidad semicircular. Disposición de vasos en bandas simples de patrón radial y grupos con tendencia a dendrítico. Escasos poros solitarios de contorno angular. Parénquima vasicéntrico confluente, ¿en banda? Anillos anchos de más de 3 células y largos de 4 a 10 series. Células procumbentes con líneas de células verticales
Cat: 160-A74-14 *Lithraea sp.* Característica: Rama Chica	Anillos visibles, porosidad difusa y con patrón radial agrupados en múltiples de 2 o 3. Poros solitarios de contorno circular. Parénquima vasicéntrico y de escasa visibilidad (¿aliforme?). Radios cortos de hasta 3 células de ancho con células procumbentes.
Cat: 353-1 *Condalia sp.* Característica: Rama Mediana	Anillos marcados, porosidad semicircular, distribución de vasos en patrón dendrítico y tangencial en anillo. Contorno de vasos circular. Parénquima escaso vasicéntrico, en banda en anillos (escaliforme? ¿Confluente?). Radios uniseriados cortos de 4 series. Células procumbentes. Elementos rectilíneos con fin mediano, placa simple.
Cat: 165-C37-2 *Zanthoxylum sp.* Característica: Rama Chica	Anillos no visibles. Porosidad difusa con patrón radial y tangencial. Disposición en vasos de múltiples radiales de 2 o 3 elementos. Vasos solitarios con porosidad circular. Parénquima vasicéntrico en bandas tangenciales (?) o aliforme (?). Radios anchos de 4 células y cortos de menos de 6 series. Células procumbentes. Vasos con trayectoria sinuosa y placa de perforación simple.
Cat: 165-C37-5 *Ruprechtia sp.* Característica: Rama Chica	Anillos demarcados, porosidad semicircular. Disposición de vasos en anillo con patrón tangencial y a lo largo del leño con patrón dendrítico. Agrupado. Parénquima vasicéntrico y en banda (anillos). Radios multiseriados anchos. Placa de perforación simple y el vaso es de trayecto sinuoso y largo. Marca de insecto.
Cat: 165-C37-7 *Cercidium sp.* Característica: Rama Chica	Anillos demarcados. Porosidad semicircular con patrón radial (gran cantidad). Vasos solitarios en su mayoría, de contorno circular. Parénquima escaso apotraqueal y en banda en los anillos. Células procumbentes. Elementos vasculares sinuosos.
Unidad Estratigráfica 29	
Cat: 599-B39-2 *Schinopsis sp.* Característica: Rama Chica	Anillos no visibles, porosidad difusa. Patrón de vasos radial en grupos de 2 y 3 y solitarios de contorno circular. Parénquima vasicéntrico. Células procumbentes. Vasos largos y trayecto rectilíneo. Alterado por fuego
Cat: 599-B39-3 *Schinopsis sp.* Característica: Rama Chica	Anillos no visibles. Porosidad difusa, patrón radial. Solitarios de contorno circular. Agrupados de 2 y 3. Parénquima vasicéntrico. Radios largos con células procumbentes. Alterado por fuego
Unidad Estratigráfica 33	
Cat: 584-1 *Lithraea sp.* Característica: Rama Chica	Anillos visibles por vasos y parénquima. Porosidad difusa a semicircular. Vasos en patrón radial, solitarios de contorno ovalado, y agrupados de 2 o 3. Parénquima vasicéntrico y en banda en el anillo. Radios seriados 1 célula de ancho y 6 de cortos. Células procumbentes. Vasos rectilíneos largos
Unidad Estratigráfica 34	
Cat: 320-DO8-6 *Cercidium sp.* Característica: Rama Chica	Anillos visibles por los poros. Patrón de vasos difusa, aunque se concentra en anillos. Disposición de vasos radial y tangencial en anillos. Vasos solitarios en el 50% y agrupados de 2 a 3. Contorno circular. Parénquima vasicéntrico aliforme con tendencia confluente en todo el leño formando bandas tangenciales. Radios seriados ancho de 4 células, cortos menos de 10 de series. Células procumbentes. Elementos largos anchos y visibles, placa oblicua.

Anexo Colección de Referencia

Cat: 320-DO8-7 *Acacia sp.* Característica: Rama Mediana	Anillos visibles por los poros. Porosidad semicircular a circular. Patrón de vasos radial y tangencial en anillos. Vasos solitarios de contorno circular y agrupados de 3 a 5. Parénquima vasicéntrico con tendencia confluente en gran parte del leño formando bandas en torno a los anillos. ¿Falsos anillos? Radios anchos de más de 6 células y largos de más de 10 en abundancia. Elementos cortos y delgados rectilíneos.
Cat: 321-4 *Cercidium sp.* Característica: Rama Chica	Anillos demarcados. Porosidad difusa en patrón radial, abundantes vasos solitarios de contorno circular. El parénquima es apotraqueal, con posibilidad de tener también vasicéntrico aunque no está distinguible de los vasos. Los radios son anchos de 3 a 4 células y cortos entre 4 y 5, con células procumbentes. Los vasos son sinuosos y la placa de perforación simple.
Cat: 320-A66-1 *Acacia sp.* Característica: Rama Mediana	Anillos visibles. Porosidad semicircular y de patrón tangencial en anillo y diagonal en el leño. Vasos solitarios de contorno angular y agrupados de 3 a 4. Parénquima vasicéntrico aliforme confluente en diagonal, forma banda en anillos. Radios anchos de 4 a 6 células y largos de más de 10. Células procumbentes y verticales. Vasos de trayecto algo sinuoso y alargado. Presenta cristales. Carbón con corteza
Cat: 320-A66-2 *Lithraea sp.* Característica: Rama Mediana	Anillos de crecimiento poco visibles. Porosidad difusa y poros grandes, en patrón radial agrupados de 2 a 3 (pocos) y solitarios de contorno circular. Parénquima apotraqueal (?) y vasicéntrico, parece unirse con otros poros. Radios uniseriados y células procumbentes. Vasos angostos y alargados de trayecto rectilíneo a algo sinuosos. Carbón grande con corteza
Cat: 320-A66-3 *Acacia sp.* Característica: Rama Mediana	Anillos visibles. Porosidad difusa con poros grandes distribuidos en patrón radial con muchos poros. Solitarios en su mayoría y agrupados de 2, contorno circular. Parénquima vasicéntrico con tendencia aliforme y un poco en anillo. Radios cortos menos de diez y anchos de más de 6 células. Células procumbentes. Vasos grandes con placa oblicua tamaño medio. Poros de leño temprano apretados. Carbón muy grande con corteza.
Cat: 320-A66-4 *Acacia sp.* Característica: Rama Mediana	Anillos visibles, con vasos en anillos. Porosidad difusa a semicircular en patrón dendrítico en todo el leño y tangencial en el anillo. Vasos agrupados en racimos, contorno circular. Parénquima vasicéntrico acompañando el racimo y en bandas de los anillos. Radios anchos de 3 a 4 y cortos menos de diez. Células procumbentes. Elementos largos sinuosos. Carbón grande de rama mediana con nudo.
Cat: 320-A66-5 *Lithraea sp.* Característica: Rama Mediana	Anillos visibles. Porosidad difusa en patrón radial. Vasos solitarios en su mayoría, de contorno circular. Parénquima escaso vasicéntrico y en banda en los anillos. Radios anchos de 2 a 3 y cortos menos de diez. Células procumbentes. Elementos angostos y sinuosos.
Cat: 320-A66-8 *Acacia sp.* Característica: Rama Chica	Anillos visibles. Porosidad semicircular a difusa. Patrón de vasos tangencial en anillo y radial agrupados de 3 a 6. Parénquima vasicéntrico con tendencia a confluente y en banda en anillo. Radios grandes anchos y largos. Elementos largos, angostos y placa oblicua.
Cat: 320-A66-9 *Castela sp.* Característica: Rama Chica	Anillos visibles con porosidad semicircular a difusa. Patrón tangencial en anillo y radial (dendrítico). Poros solitarios y agrupados de 2 a 3. Contorno circular. Parénquima vasicéntrico y en banda en os anillos. Radios anchos de más de 5 y medianos de menos de 10. Elementos angostos, cortos y seguidos, placa oblicua
Cat: 378-A02-1 *Cercidium sp.* Característica: Rama Mediana	Anillos demarcados. La porosidad es difusa a semicircular con un patrón radial de vasos solitarios de contorno angular y agrupados de 2 a 3 y tangencial en el anillo de crecimiento. El parénquima solo es visible como vasicéntrico. Los radios son seriados con un ancho de 1 a 2 células y largos. Los vasos son rectilíneos y de placa de perforación simple.

Cat: 378-A02-2 Cercidium sp. Característica: Rama Chica	Anillos demarcados. Porosidad semicircular a difusa. Los vasos están agrupados en su mayoría de 2 a 4, con patrón radial y tangencial en el anillo de crecimiento. El parénquima visible es vasicéntrico. Los radios son seriados de 1 a 2, cortos. Los vasos son rectilíneos y largos. Muestra alterada por el calor.
Cat: 378-A02-3 Lithraea sp. Característica: Rama Chica	Anillos demarcados. Porosidad difusa con gran cantidad de vasos distribuidos en patrón radial de múltiples entre 3 a 4 elementos. Los vasos solitarios son de contorno angular. El parénquima es vasicéntrico, con la posibilidad de que sea confluente en banda. Los radios son seriados de 1 a 3, cortos. Las células procumbentes y verticales. Los vasos son con placa de perforación simple y de trayecto rectilíneo. Presencia de cristales.
Unidad Estratigráfica 43	
Cat: 627-1 Bougainvillea sp. Característica: Rama Chica	Anillos no visibles, de porosidad difusa y patrón de vasos dendrítico. Vasos solitarios. Parénquima difuso apotraqueal y paratraqueal vasicéntrico. Radios seriados cortos estratificados, células procumbentes y verticales.
Cat: 627-2 Bougainvillea sp. Característica: Rama Chica	Anillos no visibles, de porosidad difusa y patrón de vasos dendrítico. Vasos solitarios. Parénquima difuso apotraqueal y paratraqueal vasicéntrico. Radios seriados cortos estratificados, células procumbentes y verticales.
Cat: 435-E51-1 Prosopis sp. Característica: Rama Chica	Anillos visibles, porosidad difusa a semicircular. Patrón de vasos radial en grupos de 2 y 3 y múltiples de 6, también en y solitarios. Porosidad circular. Parénquima apotraqueal difuso. Parénquima paratraqueal vasicéntrico aliforme confluente. Radios largos con células procumbentes.
Unidad Estratigráfica 45	
Cat: 663-1 Schinopsis sp. Característica: Rama Mediana	Anillos no visibles, porosidad difusa y distribución en líneas radiales a lo largo del radio. Vasos solitarios de contorno circular y múltiples radiales de 3 a 5. Parénquima vasicéntrico con líneas radiales, un poco aliforme. Radios uniseriados de 4 o 5 de largo, ¿estratificados? Células procumbentes. Elementos medio rectilíneos y placa horizontal
Cat: 445-1 Acacia sp. Característica: Rama Mediana	Anillos visibles, porosidad difusa de vasos grandes. Patrón de distribución radial. Agrupados de 2 o 3 y solitarios de contorno circular. Parénquima vasicéntrico confluente y en banda en anillos. Radios largos y anchos (más de 6). Células procumbentes. Vasos continuos largos y rectilíneos, placa simple. Rama con corteza.
Cat: 445-2 Lithraea sp. Característica: Rama Mediana	Anillos visibles de porosidad semicircular de vasos pequeños y de calidad media. Patrón de distribución radial y tangencial en anillo. Solitarios de contorno circular y agrupados en anillo. Parénquima vasicéntrico y en bandas en el anillo. Radios angostos de 2 células de ancho y largos de 4 a 10 series. Células procumbentes y verticales. Rama completa con corteza y nudo.
Cat: 445-3 Acacia sp. Característica: Rama Mediana	Anillos visibles. Porosidad difusa con porosos solitarios y agrupados de 2 o 3 en patrón de distribución radial. Vasos de contorno circular. Parénquima vasicéntrico confluente y en bandas en el anillo. Radios largos y anchos (más de 6). Células procumbentes. Vasos continuos largos de trayecto rectilíneo con placa de perforación simple. Rama mediana completa con corteza igual a cat 1)
Cat: 445-4 Condalia sp. Característica: Rama Mediana	Anillos visibles, con porosidad semicircular a circular. Disposición de vasos en patrón tangencial en anillos y algo dendrítico o radial. Poros solitarios, concentrados en anillos y en grupos de 2 a 4. Contorno de vasos circular. Parénquima apotraqueal difuso y vasicéntrico, axial reticulado. Radios de 2 células de ancho y largos entre 4 y 10. Vasos angostos y entrecortados cortos con placa horizontal y patrón rectilíneo. Rama mediana con corteza y nudo completa resquebrajada.

ANEXO COLECCIÓN DE REFERENCIA

Cat: 445-6 *Bougainvillea sp.* Característica: Rama Mediana	Anillos de crecimiento visible, porosidad difusa a semicircular. Patrón de vasos tangencial en anillos y radial solitarios de contorno circular. Parénquima vasicéntrico y en banda en el anillo. ¿Radios? O no tiene o son angostos y seriados con células procumbentes. Elementos largos, placa horizontal. En corte tangencial tiene un cuadriculado no identificable.
Cat: 445-7 *Lithraea sp.* Característica: Rama Mediana	Anillos visibles de porosidad difusa en patrón radial. Vasos agrupados de 2 a 3 en patrón radial y solitarios de contorno circular a ovalada. Parénquima vasicéntrico confluente formando bandas que van en diagonal. Radios angostos con 2 células pero largos, células procumbentes. Vasos largos, angostos y continuos. Leño mediano a grande cortado a la mitad tangencial
Cat: 445-8 *Schinopsis sp.* Característica: Rama Mediana	Anillos no visibles, porosidad difusa en patrón radial. Vasos solitarios de contorno angular y agrupados de a 2. Parénquima vasicéntrico con líneas de parénquima radial. Células procumbentes. Vasos continuos entrecortados de trayecto rectilíneo y placa horizontal. Leño mediano entero con corteza
Cat: 445-9 *Cercidium sp.* Característica: Rama Mediana	Anillos visibles con muchos vasos. Porosidad semicircular distribuida en patrón tangencial. Vasos solitarios y agrupados en el anillo, de contorno elíptico. Parénquima difuso apotraqueal y paratraqueal vasicéntrico y en la banda del anillo. Radios anchos de 3 células y largos entre 4 a 10. Células procumbentes. Vasos angostos. Leño mediano partido tangencial con corteza
Cat: 445-10 *Acacia sp.* Característica: Rama Mediana	Anillos poco visibles, porosidad difusa en patrón radial con poros de distintos tamaños. Solitarios de contorno circular y en su mayoría agrupados radialmente de 2 o 3. Parénquima vasicéntrico aliforme con tendencia confluente. Radios largos y anchos de más de 3 células. Células procumbentes. Vasos con trayecto rectilíneo. Leño medianoa grande entero con corteza.
Cat: 445-11 *Cercidium sp.* Característica: Rama Mediana	Anillos visibles de porosidad semicircular con patrón de distribución tangencial en anillo. Vasos agrupados en anillo múltiples de 3 a 6. Vasos de contorno angular. Radios seriados de 3 células de ancho y largos. Células procumbentes. Vasos sinuosos. Leño mediano y partido tangencial, alterado por el calor así que difícil de identificar.
Cat: 445-13 Cercidium sp. Característica: Rama Mediana	Anillos visibles. Porosidad semicircular a difusa. Disposición de vasos en patrón tangencial en anillo y diagonal agrupados y solitarios de contorno angular. Parénquima vasicéntrico confluente y estirado en el leño radial, en banda en el anillo. Radios angostos de 2 células pero largos de más de 10. Vasos largos continuos.
Cat: 445-14 *Schinopsis sp.* Característica: Rama Mediana	Anillos no visibles, porosidad difusa (vasos esparcidos) en patrón radial. Pocos vasos solitarios de contorno circular y varios agrupados de 3 a 6. Parénquima vasicéntrico y vasos pequeños que se confunde. Radios angostos de 2 a 3 células y largos de más de 10, poco estratificados con células procumbentes. Vasos angostos y continuos rectilíneos.
Cat: 445-15 *Cercidium sp.* Característica: Rama Mediana	Anillos visibles con porosidad difusa a semicircular. Patrón de vasos radial con mucha cantidad. Vasos solitarios de contorno angular y agrupados de 2 a 3 en todo el leño. Parénquima vasicéntrico rodeando todos los vasos, poco visible. Radios largos probablemente uniseriados con células procumbentes. Cristales presentes. Vasos angostos y rectilíneos.
Cat: 445-18 *Zanthoxylum sp.* Característica: Rama Chica	Anillos no visibles, porosidad difusa de pocos vasos. Disposición en diagonal a radios y solitarios en su mayoría. Parénquima vasicéntrico. Radios largos, angostos con células procumbentes. Vasos largos angostos de trayecto rectilíneo
Cat: 445-20 *Zanthoxylum sp.* Característica: Rama Chica	Anillos no visibles, porosidad difusa de pocos vasos. Disposición en diagonal a radios y solitarios en su mayoría. Parénquima vasicéntrico. Radios largos, angostos con células procumbentes. Vasos largos angostos de trayecto rectilíneo

Cat: 445-21 *Zanthoxylum sp.* Característica: Rama Chica	Anillos no visibles, porosidad difusa de pocos vasos. Disposición en diagonal a radios y solitarios en su mayoría. Parénquima vasicéntrico. Radios largos, angostos con células procumbentes. Vasos largos angostos de trayecto rectilíneo
Cat: 445-22 *Cercidium sp.* Característica: Rama Chica	Anillos visibles por poros, disposición de vasos difusa con muchos poros. Patrón radial por todo el leño agrupados de 2 a 3 y vasos solitarios. Radios angostos y seriados largos con células procumbentes. Vasos largos, placa simple.
Cat: 445-24 *Cercidium sp.* Característica: Rama Chica	Anillos visibles por línea de poros. Porosidad semicircular a difusa con muchos poros. Disposición de vasos en banda tangencial en anillo. Vasos solitarios de contorno circular y agrupados algunos de 2 a 3. Parénquima vasicéntrico en su mayoría y en bandas tangenciales. Radios seriados cortos de más de 10 series y células procumbentes. Vasos angostos rectilíneos.
Cat: 445-25 *Cercidium sp.* Característica: Rama Chica	Anillos visibles de porosidad difusa a semicircular. Disposición de vasos en bandas en anillo y pocos poros en el leño tardío. Vasos solitarios en leño tardío y en anillo, de contorno circular. Parénquima apotraqueal difuso y paratraqueal vasicéntrico en anillos confluente. ¿Radios seriados cortos? Células procumbente. Vasos anchos y largos rectilíneos placa horizontal.
Cat: 445-31 *Zanthoxylum sp.* Característica: Rama Chica	Anillos no visibles, porosidad difusa en patrón radial .Vasos solitarios, algunos pocos agrupados. Vasos de contorno circular. Parénquima vasicéntrico confluente. Células procumbentes y verticales
Cat: 445-32 Zanthoxylum sp. Característica: Rama Chica	Anillos no visibles, porosidad difusa. Patrón de vasos solitarios radial. Parénquima vasicéntrico, células procumbentes y verticales. Vasos largos.
Cat: 445-34 *Zanthoxylum sp.* Característica: Rama Chica	Anillos no visibles, porosidad difusa en patrón radial .Vasos solitarios, algunos pocos agrupados. Vasos de contorno circular. Parénquima vasicéntrico confluente. Células procumbentes y verticales. Son 3 muestras.
Cat: 445-36 *Lithraea sp.* Característica: Rama Chica	Anillos marcaros por vasos, porosidad semicircular a difusa. Anillos de patrón radial solitarios de contorno circular y agrupados de 2 o 3 y múltiples radiales de hasta 4. Parénquima difuso apotraqueal, y paratraqueal vasicéntrico. Radios largos de 2 o 3 células de ancho. Con células procumbentes y verticales. Vasos angostos y trayecto rectilíneo. Con cristales
Cat: 445-37 *Zanthoxylum sp.* Característica: Rama Chica	Anillos no visibles, porosidad difusa con patrón radial en grupos radiales de 4 a 8 y grupos de 2 a 3. Parénquima vasicéntrico. Radios seriados con células procumbentes.
Cat: 445-38 *Cercidium sp.* Característica: Rama Chica	Anillos visibles de porosidad difusa. Vasos en patrón diagonal con tendencia dendrítica, solitarios de contorno circular y agrupados en grupos radiales de 2 a 3. Parénquima vasicéntrico confluente. Radios con célula procumbentes. Placa simple y elemento vascular rectilíneo.
Cat: 445-39 *Cercidium sp.* Característica: Rama Chica	Anillos visibles, porosidad difusa a semicircular. Patrón de vasos radial (de pocos vasos) solitarios y agrupados de 2 o3. Parénquima vasicéntrico en algunos casos confluente. Radios cortos y angostos de células procumbentes.
Cat: 445-40 *Castela sp.* Característica: Rama Chica	Anillos visibles por los poros, de porosidad semicircular a difusa. Patrón tangencial en anillo y dendrítico de poroso grandes. Vasos solitarios y algunos agrupados de a 6. Parénquima vasicéntrico confluente en banda. Radios seriados de 2 células de ancho y cortos de 6 a 8. Células procumbentes y vasos algo sinuosos segmentados de placa horizontal

ANEXO COLECCIÓN DE REFERENCIA

Unidad Estratigráfica 50	
Cat: 386-A03-1	Anillos no visibles (muchos poros). Porosidad difusa, abundantes y pequeños. Disposición radial solitarios y algunos agrupados. Contorno angular. Parénquima difuso apotraqueal y paratraqueal vasicéntrico poco distinguible. Radios seriados largos. Células procumbentes. Vasos largos
Ruprechtia sp.	
Característica: Rama Mediana	
Cat: 369-6	Anillos no visibles, porosidad difusa. Poros pequeños y en gran cantidad. Patrón de vasos radial agrupados de 2 o 3 y solitarios de contorno angular. Parénquima vasicéntrico. Células procumbentes. Vasos angostos, largo medio
Ruprechtia sp.	
Característica: Rama Chica	
Unidad Estratigráfica 52	
Cat: 341-2	Anillos no visibles. Porosidad difusa con poros grandes, en patrón radial los vasos solitarios de contorno circular y agrupados de 2 o 3 y múltiples radiales de 4. Parénquima vasicéntrico. Radios seriados 5 largo y 1 de ancho. Células procumbentes y verticales. Vasos angostos con placa simple rectilíneos
Acacia sp.	
Característica: Rama Chica	
Cat: 341-5	Anillos no visibles. Porosidad difusa con poros grandes, en patrón radial los vasos solitarios de contorno circular y agrupados de 2 o 3 y múltiples radiales de 4. Parénquima vasicéntrico. Radios seriados 5 largo y 1 de ancho. Células procumbentes y verticales. Vasos angostos con placa simple rectilíneos
Acacia sp.	
Característica: Rama Chica	
Cat: 341-6	Anillos no visibles. Porosidad difusa con poros grandes, en patrón radial los vasos solitarios de contorno circular y agrupados de 2 o 3 y múltiples radiales de 4. Parénquima vasicéntrico. Radios seriados 5 largo y 1 de ancho. Células procumbentes y verticales. Vasos angostos con placa simple rectilíneos
Acacia sp.	
Característica: Rama Mediana	
Cat: 326-4	Anillos visibles de porosidad semicircular a difusa. Disposición radial de vasos con muchos poros de tamaño medio. Vasos solitarios en su mayoría, de contorno circular y agrupados de 2 o 3. Parénquima vasicéntrico. Radios de 4 6, angostos de 1, 2 y 3 células. Células procumbentes. Vasos largos sinuosos siguiendo el radio.
Acacia sp.	
Característica: Rama Mediana	
Cat: 326-5	Anillos visibles de porosidad semicircular a difusa. Disposición radial de vasos con muchos poros de tamaño medio. Vasos solitarios en su mayoría, de contorno circular y agrupados de 2 o 3. Parénquima vasicéntrico. Radios de 4 6, angostos de 1, 2 y 3 células. Células procumbentes. Vasos largos sinuosos siguiendo el radio.
Acacia sp.	
Característica: Rama Mediana	
Cat: 326-6	Anillos visibles de porosidad semicircular a difusa. Disposición radial de vasos con muchos poros de tamaño medio. Vasos solitarios en su mayoría, de contorno circular y agrupados de 2 o 3. Parénquima vasicéntrico. Radios de 4 6, angostos de 1, 2 y 3 células. Células procumbentes. Vasos largos sinuosos siguiendo el radio.
Acacia sp.	
Característica: Rama Mediana	
Cat: 326-7	Anillos visibles de porosidad semicircular a difusa. Disposición radial de vasos con muchos poros de tamaño medio. Vasos solitarios en su mayoría, de contorno circular y agrupados de 2 o 3. Parénquima vasicéntrico. Radios de 4 6, angostos de 1, 2 y 3 células. Células procumbentes. Vasos largos sinuosos siguiendo el radio.
Acacia sp.	
Característica: Rama Mediana	
Cat: 326-9	Anillos no visibles, porosidad difusa, vasos en patrón radial, solitarios y agrupados de 2 o 3.
Zanthoxylum sp.	
Característica: Rama Chica	
Cat: 326-10	Anillos visibles de porosidad semicircular a difusa. Disposición radial de vasos con muchos poros de tamaño medio. Vasos solitarios en su mayoría, de contorno circular y agrupados de 2 o 3. Parénquima vasicéntrico. Radios de 4 6, angostos de 1, 2 y 3 células. Células procumbentes. Vasos largos sinuosos siguiendo el radio.
Acacia sp.	
Característica: Rama Chica	
Unidad Estratigráfica 61	
Cat: 695-3	Anillos visibles, porosidad difusa en patrón radial. Vasos solitarios de contorno circular y agrupados de 2 o 3 con múltiples radiales de 3 o 4. Parénquima vasicéntrico y en banda en el anillo. Radios seriados, cortos, con células procumbentes. Vasos largos de trayecto rectilíneo
Cercidium sp.	
Característica: Rama Chica	

Cat: 346-1 *Castela sp.* Característica: Rama Chica	Anillos no visibles, porosidad difusa en patrón dendrítico. Vasos en grupos múltiples (dendrítico). Parénquima vasicéntrico confluente. Radios anchos y largos, con células procumbentes. Vasos de trayecto rectilíneo y angostos.
Unidad Estratigráfica 65	
Cat: 367-E33-2 *Schinopsis sp.* Característica: Rama Mediana	Anillos no visibles o no distinguibles. Porosidad difusa, patrón radial de vasos solitarios de contorno circular. Vasos en patrón radial de grupos múltiples de 3 o 4. Parénquima vasicéntrico y un poco de apotraqueal difuso. Radios largos de células procumbentes. Vasos de trayecto rectilíneo
Unidad Estratigráfica 101	
Cat: 231-3 *Cercidium sp.* Característica: Rama Chica	Anillos visibles de porosidad difusa en patrón radial. Vasos solitarios y agrupados en grupos comunes 2 o 3 y múltiples de 2, 4 y 5. Parénquima vasicéntrico. Radios angostos y largos con células procumbentes. Placa simple y vasos rectilíneos
Unidad Estratigráfica 102	
Cat: 266-1 *Acacia sp.* Característica: Rama Mediana	Anillos demarcados, porosidad difusa a semicircular en patrón radial. Vasos solitarios y algunos agrupados de 2 y3. Vasos de contorno circular. Parénquima vasicéntrico confluente aliforme. Radios largos y anchos, células procumbentes. Vasos largos de trayecto rectilíneo. Presencia de cristales.
Cat: 266-2 *Lithraea sp.* Característica: Rama Mediana	Anillos demarcados. Porosidad difusa a semicircular. Patrón de vasos radial. Agrupamiento de vasos múltiples radiales de 2, 4 y 6 y en grupos comunes de 2 y 3. Vasos solitarios de contorno circular. Parénquima vasicéntrico. Radios cortos de 10 y anchos de 4 células. Células procumbentes y verticales. Vasos angostos a rectilíneos.
Cat: 266-4 *Acacia sp.* Característica: Rama Chica	Anillos demarcados, porosidad difusa a semicircular en patrón radial. Vasos solitarios y algunos agrupados de 2 y3. Vasos de contorno circular. Parénquima vasicéntrico confluente aliforme. Radios largos y anchos, células procumbentes. Vasos largos de trayecto rectilíneo. Presencia de cristales.
Cat: 266-5 *Lithraea sp.* Característica: Rama Chica	Anillos demarcados. Porosidad difusa a semicircular. Patrón de vasos radial. Agrupamiento de vasos múltiples radiales de 2, 4 y 6 y en grupos comunes de 2 y 3. Vasos solitarios de contorno circular. Parénquima vasicéntrico. Radios cortos de 10 y anchos de 4 células. Células procumbentes y verticales. Vasos angostos a rectilíneos.
Cat: 266-6 *Jodina sp.* Característica: Rama Chica	Anillos no visibles, porosidad difusa en patrón dendrítico. Vasos agrupados en grandes cantidades. Contorno de vasos angular. Parénquima apotraqueal y parénquima poco visible, se confunde con los vasos, tendencia a vasicéntrico. Radios largos e 10 y anchos de 4 a 6 células. ¿Células procumbentes? y Vasos de trayecto rectilíneo.
Cat: 264-E75-2 *Cercidium sp.* Característica: Rama Chica	Anillos visibles, porosidad difusa en patrón radial. Vasos solitarios de contorno angular y agrupados de 2 o 3. Parénquima vasicéntrico. Radios de 3 o 4 células de ancho y largos de 6 o 10. Células procumbentes.
Cat: 255-C28-2 Cercidium sp. Característica: Rama Chica	Anillos visibles de porosidad difusa con patrón radial. Vasos solitarios y agrupados de 2 o 3. Vasos de contorno angular. Parénquima vasicéntrico. Radios de 3 o 4 células de ancho y largos de 6 a 10. Células procumbentes.
Unidad Estratigráfica 111	
Cat: 290-A40-2 *Castela sp.* Característica: Rama Chica	Anillos visibles (pocos poros). Porosidad semicircular a difusa. Disposición de vasos en patrón radial y un poco dendrítico (?). Vasos solitarios de contorno angular, en patrón múltiple radial o dendrítico de 2, 4 y 6 y en grupos comunes de 2, 8 y 4. Parénquima apotraqueal difuso y paratraqueal vasicéntrico y en bandas angostas o líneas de hasta 3 células de ancho. Radios angostos de 4 células de ancho y largos. Células procumbentes y vasos largos, angostos y de trayecto rectilíneo.

Cat: 290-A40-3 *Castela sp.* Característica: Rama Chica	Anillos visibles (pocos poros). Porosidad semicircular a difusa. Disposición de vasos en patrón radial y un poco dendrítico (?). Vasos solitarios de contorno angular, en patrón múltiple radial o dendrítico de 2, 4 y 6 y en grupos comunes de 2, 8 y 4. Parénquima apotraqueal difuso y paratraqueal vasicéntrico y en bandas angostas o líneas de hasta 3 células de ancho. Radios angostos de 4 células de ancho y largos. Células procumbentes y vasos largos, angostos y de trayecto rectilíneo. Huecos xilófagos
Cat: 290-A40-4 *Castela sp.* Característica: Rama Chica	Anillos visibles (pocos poros). Porosidad semicircular a difusa. Disposición de vasos en patrón radial y un poco dendrítico (?). Vasos solitarios de contorno angular, en patrón múltiple radial o dendrítico de 2, 4 y 6 y en grupos comunes de 2, 8 y 4. Parénquima apotraqueal difuso y paratraqueal vasicéntrico y en bandas angostas o líneas de hasta 3 células de ancho. Radios angostos de 4 células de ancho y largos. Células procumbentes y vasos largos, angostos y de trayecto rectilíneo. Huecos xilófagos

8.2.- Muestras Arqueológicas Indeterminables – Descripción Anatómica

A continuación se presentan las descripciones anatómicas de los fragmentos de carbón que no han sido identificados ya sea por falta de información en la descripción o por no poder asignarlos a ningún taxón de los que se tenía como referencia.

Indeterminables	
Cat: 159-A74-4 Característica: Rama Chica	Los anillos de crecimiento no son visibles, la porosidad es difusa, hay pocos vasos que se distribuyen en un patrón radial en líneas agrupadas de 2 a 4 células. El parénquima es vasicéntrico pero con escasa visibilidad. Hay poca información, se rompe la muestra.
Cat: 159-A74-5 Característica: Rama Chica	Anillos no distinguibles. Porosidad semicircular en principio, se agrupan en bandas tangenciales en lo que correspondería al anillo y agrupados con patrón radial de a 4. El parénquima es en banda confluente, asociado a los anillos. Los radios son seriados con células procumbentes.
Cat: 320-A66-7 Característica: Rama Chica	Difícil identificar. Anillos visibles de porosidad difusa con alineación tangencial en anillo. Poros solitarios de contorno circular. Parénquima vasicéntrico.
Cat: 301-3 Característica: Rama Mediana	Anillos poco visibles, porosidad semicircular (muchos poros grandes) en patrón tangencial en anillos y radial. Solitarios grandes. Parénquima difuso (?) y vasicéntrico. Vasos largos.
Cat: 435-E52-1 Característica: Rama Chica	Anillos no visibles de porosidad difusa en patrón dendrítico. Vasos agrupados múltiples y algunos en grupos radiales de 4 o 5. Vasos de contorno angular. Parénquima vasicéntrico. Radios anchos de 3 o 4, largos. Célula procumbente.
Cat: 400-2 Característica: Rama Chica	Anillos visibles, porosidad difusa a semicircular. Patrón radial. Vasos solitarios con mucha cantidad, contorno circular. Parénquima vasicéntrico.
Cat: 266-8 Característica: Rama Chica	Anillos visibles, porosidad difusa a semicircular. Patrón de vasos radial. Vasos solitarios y agrupados de 2 o 3. Parénquima vasicéntrico. Vasos de trayecto rectilíneo y largos
Cat:336-2 Característica: Rama Chica	Anillos visibles por la línea de poros. Porosidad difusa en patrón radial (pocos poros y pequeños). Solitarios en poca cantidad, agrupados en múltiples radiales de 2 o 3. Contorno de vasos circular. Parénquima poco distinguible de poroso, vasicéntrico. Células procumbentes, vasos rectilíneos y angostos.

Cat: 290-A40-5	Anillos visibles de porosidad difusa (muchos poros). Disposición de vasos radial. Vasos solitarios y agrupados en grupos de 2, 4 y 6. Contorno de vasos angular. Parénquima vasicéntrico. Radios de 4 células de ancho, células procumbentes y trayecto de vasos sinuoso
Característica: Rama Chica	
Cat: 290-A40-9	Anillos visibles de poros grandes Porosidad difusa a semicircular. Patrón radial y tangencial en anillo. Vasos solitarios de contorno circular y agrupados de 2 o 3. Parénquima vasicéntrico. Vasos largos sinuosos.
Característica: Rama Chica	
Cat:631-2	Anillos no visibles, porosidad difusa. Disposición en patrón radial y dendrítico (?). Vasos agrupados en su mayoría, pocos solitarios de contorno angular. Parénquima vasicéntrico confluente entre grupos. Radios cortos de 6-10 con células procumbentes
Característica: Rama Mediana	
Cat:631-3	Anillos no visibles. Porosidad difusa, patrón radial. Grupos de 2, 4, 6 y 8, pocos solitarios. Contorno circular. Parénquima vasicéntrico.
Característica: Rama Mediana	
Cat: 341-3	Anillos visibles (poros), porosidad semicircular a difusa, en patrón radial. Vasos solitarios en su mayoría, pocos agrupados de 2 o 3. Contorno circular. Parénquima vasicéntrico confluente en anillo por banda. Radios anchos de 2o 3 y largos de más de 10. Vasos largos con placa oblicua simple algo sinuosos.
Característica: Rama Chica	
Cat: 399-1	Anillos visibles. Porosidad difusa a semicircular, patrón radial. Vasos solitarios y algunos agrupados de 2 o 3. Contorno circular. Parénquima vasicéntrico en banda en anillo. Células procumbentes y verticales. Vasos cortos y anchos, placa horizontal.
Característica: Rama Chica	